网络空间安全丛书

密态深度学习

Encrypted Deep Learning

■ 刘西蒙　熊金波◎著

人民邮电出版社

北　京

图书在版编目（CIP）数据

密态深度学习 / 刘西蒙，熊金波著. -- 北京：人
民邮电出版社，2024.10
（网络空间安全丛书）
ISBN 978-7-115-64058-1

Ⅰ．①密… Ⅱ．①刘… ②熊… Ⅲ．①机器学习
Ⅳ．①TP181

中国国家版本馆CIP数据核字(2024)第062190号

内 容 提 要

密态深度学习可以在不解密加密数据的前提下对授权用户提供深度学习服务，并可防止非授权用户对授权用户的数据进行窃取与利用。该技术突破了密态数据无法在非可信环境下被有效利用的技术瓶颈，实现了"安全学习，万物互联"。本书从大数据、人工智能面临的隐私挑战出发，以密态深度学习理论框架与技术方法研究为主线，从理论模型到实际应用，系统阐述了密态深度学习的理论与技术。密态深度学习能够随时随地对密态数据进行安全分析，充分利用加密信息资源，实现"服务在云端，信息随心行"的理想状态。

本书可为密码学、人工智能安全、大数据安全相关科研人员和企业研发人员提供参考，可以作为网络空间安全一级学科博士生、硕士生的重要参考书，也可以作为计算机相关专业高年级本科生的补充读物。

◆ 著　　　　刘西蒙　熊金波

　　责任编辑　王　夏

　　责任印制　马振武

◆ 人民邮电出版社出版发行　　北京市丰台区成寿寺路 11 号

　　邮编　100164　　电子邮件　315@ptpress.com.cn

　　网址　https://www.ptpress.com.cn

　　固安县铭成印刷有限公司印刷

◆ 开本：700×1000　1/16

　　印张：12.5　　　　　　　　2024 年 10 月第 1 版

　　字数：245 千字　　　　　　2024 年 10 月河北第 1 次印刷

定价：129.80 元

读者服务热线：(010)53913866　印装质量热线：(010)81055316
反盗版热线：(010)81055315

前　言

随着电子信息技术的不断发展，电子信息技术形成了包含云计算、边缘计算、大数据、人工智能、机器学习、工业控制系统等具有移动性、异构性、多安全域等诸多特性的复杂环境系统。该复杂环境系统孕育和催生出了新的信息传播方式和信息服务模式，通过密态计算（Encrypted Computing）协同数据挖掘（DM，Date Mining），实现深度学习（DL，Deep Learning），已经成为信息化发展的必然趋势，表现出"数据互通，智慧互联"的新的信息服务模式，使人们对信息的获取和利用方式已经或者即将达到"服务在云端，信息随心行"的理想状态。在这种新型信息传播方式和服务模式下，信息资源、服务等面临新的安全需求和安全挑战，网络空间安全已经被提升到国家安全战略层面，保障数据安全则成为整个网络空间安全防护的核心。

密态深度学习作为一种极为重要的数据防护与价值挖掘技术，在不解密数据的前提下高效训练安全深度学习模型，实现对资源和服务的深度利用，并防止非授权用户对数据实施恶意行为。该技术弥补了无法在云端利用加密数据的不足，实现了"安全学习，万物互联"，并实现了加密数据在非可信环境下的实用化。本书从大数据、人工智能面临的隐私挑战出发，以密态深度学习理论框架与技术方法研究为主线，结合作者多年的科研实践经验，从理论模型到实际应用，系统阐述了密态深度学习相关理论与技术。传统加密方法在不解密密文的情况下，无法对密态消息进行处理，限制了对加密数据的应用。而密态深度学习可以随时随地对加密数据进行安全处理，对加密信息资源进行深度开发与利用。

全书共 8 章，主要内容如下。

第 1 章为绪论，从信息技术发展和服务需求的角度出发，阐述大数据、数据挖掘和人工智能技术的发展背景，系统介绍三者的发展历程及关键技术，并对其实际应用进行详细分析，最后分别指出这些技术在迅猛发展的同时所面临的隐私及安全挑战。

第 2 章概述与密态深度学习相关的基础理论，包括深度学习的基础知识，密

1

态深度学习所需要的代数基础，同态加密、安全多方计算、差分隐私等密码学基础知识。

第 3 章详细介绍基于 AdaBoost 的密态计算，系统阐述分析 AdaBoost 分类器的网络结构，基于加法秘密共享协议和边缘计算设计了一种轻量级的隐私保护 AdaBoost 人脸识别分类框架（POR），对现有的安全指数函数和安全对数函数进行改进，同时设计一系列计算密态图像特征的协议，实现对密态数据的训练与分类。

第 4 章详细介绍联邦极端梯度增强的密态计算，介绍联邦学习中应用程序扩展和同态加密中存在的一系列挑战，构建一种支持强制聚合的联邦极端梯度增强的密态计算方案。

第 5 章详细介绍隐私保护联邦 K-means。该方法基于两种隐私保护技术，即联邦学习和秘密共享。该方法设计了一套秘密共享协议来实现 K-means 的轻量级高效联邦学习，用于下一代蜂窝网络的主动缓存。

第 6 章详细介绍基于同态加密的密态神经网络训练，针对基于同态加密的隐私保护神经网络中存在的计算效率低和精度不足问题，介绍一种在三方协作下支持进行隐私保护训练的高效同态神经网络。

第 7 章详细介绍基于卷积神经网络的密态计算，围绕密态环境下的卷积神经网络展开讨论，基于加法秘密共享等设计了一系列的安全交互协议，分析卷积神经网络各层所用到的函数，然后设计将安全交互协议应用到卷积神经网络各层的方法，实现密态数据的训练与分类。

第 8 章详细介绍基于长短期记忆（LSTM）网络的密态计算，深入分析 LSTM 网络的结构，在此基础上介绍将安全交互协议应用到 LSTM 网络各层的方法，实现对密态数据的训练与分类。

本书内容系统且新颖，从传统加密的发展模式到新的信息服务模式对数据安全提出的新需求和新挑战，再到各种密态深度学习的基础理论、关键技术及实用性，对密态深度学习进行了全面阐述。本书所介绍的很多内容已超越当前已有技术，是领域前沿，极具新颖性。

本书主要由刘西蒙研究员、熊金波教授完成，是刘西蒙研究员团队多年来在密态计算理论方面研究成果的总结。在本书编写过程中，作者得到了西安电子科技大学马建峰教授、李晖教授、朱辉教授、苗银宾副教授，中国科学院信息工程研究所李凤华研究员，福州大学郭文忠教授及其团队，福建师范大学黄欣沂教授、许力教授、姚志强教授的支持，并得到了网络系统信息安全福建省高校重点实验室（福州大学）、福建省网络安全与密码技术重点实验室（福建师范大学）团队的董晨博士，蔡剑平、王雨扬、毕仁万等博士生，林翔、冯睿琪、贾佩衡、张杰、王雷蕾等硕士生的协助，他们进行了大量的细致工作，在此表示衷心感谢！感谢人民邮电出版社的大力支持，并对本书出版的所有相关人员的辛勤工作表示感谢！

本书的出版得到国家自然科学基金项目（No.62072109，No.61872088）、国家自然科学基金重点项目（No.U1804263，No.U1905211）、福建省"闽江学者"特聘教授奖励支持计划、福建省"雏鹰计划"青年拔尖人才、福建省自然科学基金项目（No.2021J06013）的支持和资助。

本书代表作者对于密态深度学习的观点。由于作者水平有限，书中难免有不妥之处，敬请各位读者赐教与指正！

刘西蒙

2024 年 3 月

目　录

第1章
绪论

本章对大数据、数据挖掘、人工智能、数据安全与网络安全等基础知识进行了归纳与总结，系统阐述了这些技术的概念、发展与应用及关键技术，并重点梳理了数据挖掘与人工智能面临的安全问题与隐私挑战。

🔍 1.1 大数据

1.1.1 引言

从上古时代的"结绳记事"，到文字发明后的"文以载道"，再到现代科学的"数据建模"，数据在人类社会的发展变迁中一直起着至关重要的作用，它承载了人类基于数据和信息认识世界的努力及取得的巨大进步。从 20 世纪 70 年代开始，全球范围内的互联网快速发展。美国互联网数据中心（IDC，Internet Data Center）指出，互联网上的数据每年以 50% 的速度在增长，目前，世界上 95% 以上的数据是自互联网蓬勃发展之后产生的。正是数据的飞速增长驱使了大数据技术的产生与蓬勃发展。与此同时，大数据中隐藏着巨大的机会和价值，将为金融、交通、医疗等众多领域带来变革性的发展。

1.1.2 概念

大数据来源于实际生活，又应用并服务于生活中的各个方面。所以大数据的定义呈现多样化发展的趋势，从不同的角度看，大数据的定义不同。

最早提出大数据概念的麦肯锡全球研究院指出，大数据是一个大的数据池，其中的数据可以被采集、传递、聚集、存储和分析。与固定资产和人力资本等重要的生产要素类似，没有数据，很多现代经济活动、创新和增长都不会发生[1]。这一定义指出，大数据可以扮演一个重要的经济角色，强调了大数据在全球经济社会发展中的重要性，把大数据当作一种与固定资产和人力资本类似的重要生产要素。

美国国家科学基金会给出的大数据定义是，大数据是指由科学仪器、传感器、网上交易、电子邮件、视频、点击流等现在和将来可用的数字源产生的大规模的、多样的、复杂的、纵向的、分布式的数据集[2]，主要基于大数据的来源和大数据的技术特征，强调了大数据来源的多样性和特征的复杂性。

维基百科给出的定义是，大数据是指规模庞大且复杂的数据集合，很难用常规的数据库管理工具或传统数据处理应用对其进行处理。大数据面临的主要挑战包括数据抓取、策展、存储、搜索、共享、转换、分析和可视化，主要从大数据的处理方法和处理工具的视角认识大数据。

目前，人们对大数据的定义不同，是因为人们看待大数据的视角与应用人数据的目的不同，人们要在大数据的定义这一问题上达成共识非常困难。但较为统一的认知是大数据具有数据规模大、数据种类多、数据处理速度快和数据价值密度低这 4 个方面的特征。

1.1.3 发展与应用

1997 年 10 月，大卫·埃尔斯沃思和迈克尔·考克斯在第 8 届美国电气电子工程师学会（IEEE）关于可视化的会议论文集中使用了"大数据"的概念。1998 年，*Science* 杂志发表了一篇题为《大数据科学的可视化》的文章，大数据作为一个专用名词正式出现在公共期刊上。在这一阶段，大数据只是作为一个概念或假设存在，少数学者对其进行了研究和讨论，但其意义仅限于数据量的巨大，没有对数据的收集、处理和存储进行进一步的探索。

21 世纪初期，互联网行业迎来了飞速发展期。2001 年 2 月，梅塔集团分析师道格·莱尼发布了一份研究报告，提出了大数据的 3V 特性。2005 年 9 月，蒂姆·奥莱利发表了《什么是 Web2.0》一文，他断言"数据将是下一项技术核心"。2007 年，Hadoop 成为 Apache 顶级项目，并成为数据分析的主要技术。2008 年，思科发布了一份报告，这份报告预言"从现在到 2012 年，IP 流量将每两年翻一番"。在这一阶段，大数据开始受到理论界的关注，其概念和特点得到了进一步的丰富，相关的数据处理技术层出不穷，大数据开始显现出活力。

2011 年 5 月，全球知名咨询公司麦肯锡全球研究院发布了报告《大数据：创新、竞争和生产力的下一个新领域》，大数据开始备受关注，这也是专业机构第一次全方位地介绍和展望大数据。同年 11 月，我国工业和信息化部在《物联网"十二五"发展规划》中，提出将信息处理技术作为 4 项关键技术创新工程之一，其中包括了海量数据存储、数据挖掘、图像视频智能分析，这都是大数据的重要组成部分。2014 年，"大数据"首次出现在我国《政府工作报告》中。该报告指出，要设立新兴产业创业创新平台，在大数据等方面赶超先进，引领未来产业发展。"大数据"随即成为国内热议词汇。近 10 年来，我国大数据产业高速发展，信息智能化程度得到显著提升，大数据的发展进入了全面兴盛时期，渗透到各行各业，不断改变原有行业的技术并且创造出新的技术增长点，2020 年，中国大数据产业规模达 6388 亿元，2023 年，大数据产业规模已超过 10000 亿元。

1. 大数据在医疗行业中的应用

大数据让就医看病变得更简单。随着大数据技术与医疗行业的深度融合，大数据平台积累了海量的病例报告、治疗方案、药物报告等信息资源。所有常见病例、既往病例等都记录在案，医生通过有效、连续的诊疗记录，能够为患者提供优质、合理的诊疗方案。

通过大数据平台，可以搜集到各种患者的特征、病例和治疗数据，并建立按医疗行业分类的患者数据库。医生可以查阅患者的疾病特征、实验室报告及化验报告，然后参考数据库，为患者进行快速诊断，并且帮助定位疾病原因。在制定治疗方案时，医生可以根据患者的遗传特征和相似的基因、年龄及身体状况制定有效的治疗方案。这些数据也为制药行业开发更有效的药物和医疗产品提供了帮助。

解决患者的疾病难题，最为简单的方式就是防患于未然。利用大数据对群众进行人体数据监测，将各自的健康数据、生命体征指标都集合在数据库和健康档案中。通过大数据分析应用，推动覆盖全生命周期的预防、治疗、康复和健康管理的一体化健康服务发展，这是未来健康服务管理的新趋势。

2. 大数据在零售行业中的应用

大数据技术可以精准定位零售行业市场。一家企业想要进行某一个零售行业区域的市场开拓，最先要做的就是进行项目评估和可行性分析，通过了解市场用户的消费习惯才能最终决定这块市场是否适合进行开拓。他们需要了解当前区域市场供求、流动人口、消费水平及客户消费习惯等问题，这些就需要用大数据来支撑，对这些大数据的分析就是市场定位的过程。

大数据技术可以支撑行业收益管理。大数据时代的来临，为企业收益管理工作的开展提供了更加广阔的空间。需求预测、细分市场和敏感度分析对数据需求量很大，而传统进行分析与预测的数据大多采集的是企业自身的历史数据，容易忽视整个零售行业的信息数据，因此难免使预测结果存在偏差。在实施行业收益管理的过程中，企业如果能在自有数据的基础上，依靠一些自动化信息采集软件来收集更多的零售行业数据和零售行业市场信息，这将有利于制定准确的收益策略，进而获得更高的收益。

大数据技术可以挖掘零售行业新需求。作为零售企业，可以收集网上零售行业的评论数据，建立网评大数据库，然后利用分词、聚类、情感分析了解消费者的消费行为及价值取向，收集评论中体现的新消费需求和企业产品质量问题，以此来改进和创新产品，量化产品价值，制定合理的价格及提高服务质量，从中获取更大的收益。

3. 大数据在刑侦调查中的应用

刑侦调查中最重要的工作就是搜集并分析信息，这一工作的特征与大数据分析模式极为吻合。传统的刑侦调查模式往往是从受害者的社会关系入手，逐步排查犯罪嫌疑人，这样的排查方式往往有一定的局限性，犯罪嫌疑不明显的犯罪嫌疑人常常难以被锁定。而现在我们可以利用大数据技术扩大搜索范围，寻找与受害者、犯罪现场及作案时间等有关的犯罪信息，同时将搜索到的信息进行关联对比，更加快速、准确地锁定犯罪嫌疑人。

犯罪嫌疑人往往会留下很多线索及生物信息，逐个核对查找这些信息会浪费大量警力与时间。利用大数据技术可以快速查找犯罪嫌疑人的信息，指纹识别技术已经被广泛应用于刑侦调查当中，成为打击犯罪的有效工具。目前，国内各省市自治区都建有各自的指纹数据库，共存有约 3 亿枚来自不同场合、时间、地点的指纹。这些指纹数据库目前的访问需求量约为每秒 80 万枚指纹。

在对犯罪嫌疑人实施抓捕的过程中，寻找到犯罪嫌疑人的位置，通常是抓捕工作的重点。传统的定位工作通常是依据犯罪嫌疑人的活动习惯并采用长期守候的方式，对犯罪嫌疑人进行抓捕，但这样的方式效率较低并且占用了大量的警力。在大数据技术的支持下，我国刑侦部门可以运用大数据分析系统对犯罪嫌疑人进行搜寻。首先，可以针对犯罪嫌疑人作案前遗留的信息进行分析，并总结出犯罪嫌疑人的持续逃亡能力；其次，可以运用信息技术，对当地主要出入口的监控信息进行分析，以确定犯罪嫌疑人的大致行动范围；最后，刑侦部门可以对重点行动范围内新出现的手机号码及交流工具进行跟踪，从而获得更加准确的抓捕范围。

1.1.4 大数据关键技术

1. 大数据采集技术

数据采集是大数据生命周期的第一个环节，它利用射频识别（RFID，Radio Frequency Identification）数据、传感器数据、社交网络数据、移动互联网数据等获得海量的结构化、半结构化及非结构化数据。可能会有数量极大的用户同时进行并发访问和操作，所以必须采用专门针对大数据的采集方法，主要包括数据库采集、网络数据采集与文件采集。对于 MySQL 和 Oracle 等传统的关系型数据库采集，可以使用 Sqoop 和结构化数据库间的 ETL 工具。网络数据采集主要是指通过网络爬虫或者网站公开 API 等方式，从网站上获取数据信息的过程。通过这种方式可将网络上非结构化数据、半结构化数据从网页中提取出来，并以结构化的方式将其存储为统一的本地数据文件。文件采集主要可以用 Flume 进行实时文件采集和处理。

2. 大数据预处理技术

数据的世界是庞大而复杂的、有残缺的、虚假的和过时的。想要获得高质量的数据分析与挖掘结果，就必须在数据准备阶段提高数据质量。大数据预处理可以对采集到的原始数据进行清洗、填补、平滑、合并、规格化及检查一致性等操作，将那些杂乱无章的数据转化为相对单一且便于处理的结构，为后期的数据分析奠定基础。数据预处理主要包括数据清理、数据集成、数据转换及数据归约 4 个部分，其中数据清理主要包含遗漏值处理、噪声数据处理、不一致数据处理，主要使用 ETL 工具；数据集成是指将多个数据源中的数据合并存储到一个一致的数据存储库中，需要着重解决模式匹配、数据冗余、数据值冲突检测与处理问题；数据转换就是处理在抽取上来的数据中存在不一致的过程；数据归约是指在尽可能保持数据原貌的前提下，最大限度地精简数据量，主要包括数据方聚集、维归约、数据压缩、数值归约和概念分层等。

3. 大数据存储与管理技术

大数据存储与管理技术是指利用存储器将采集到的数据存储起来，建立相应的数据库，以便进行管理和调用。大数据存储与管理重点解决复杂结构化、半结构化和非结构化大数据管理与处理技术，主要突破大数据的可存储、可表示、可处理、可靠性及有效传输等几个关键问题。大数据存储技术路线主要有基于 MPP 架构的新型数据库集群、基于 Hadoop 的技术扩展和封装及大数据一体机。基于 MPP 架构的新型数据库集群，重点面向行业大数据，通过利用列存储、粗粒度索引等多项大数据处理技术，结合 MPP 架构高效的分布式计算模式，完成对分析类应用的支撑，运行环境多为低成本的 PC 服务器，具有高性能和高扩展性的特点，在企业分析类应用领域获得极其广泛的应用。基于 Hadoop 的技术扩展和封装，围绕 Hadoop 衍生出相关的大数据技术，应对传统关系型数据库较难处理的数据和场景，例如，针对非结构化数据的存储和计算等，充分利用好 Hadoop 开源的优势。伴随相关技术的不断进步，其应用场景也将逐步扩大，目前最为典型的应用场景就是通过扩展和封装 Hadoop 来实现对互联网大数据存储、分析的支撑。大数据一体机是一种专为大数据的分析处理而设计的软硬件结合的产品，由一组集成的服务器、存储设备、操作系统、数据库管理系统及为数据查询、处理、分析用途而预先安装及优化的软件组成，高性能大数据一体机具有良好的稳定性和纵向扩展性。

4. 大数据分析与挖掘技术

大数据分析与挖掘的主要目的是把隐藏在一大批看起来杂乱无章的数据中的信息集中起来，对这些信息进行萃取、提炼，以找出潜在的有价值的信息和所研究对象的内在规律的过程。主要从数据可视化、数据挖掘算法、预测性分析、语义引擎及数据质量管理 5 个方面进行着重分析。

数据可视化主要借助于图形化手段，清晰有效地传达信息、进行信息沟通，主要被应用于海量数据关联分析中。由于所涉及的信息比较分散，数据结构有可能不统一，借助功能强大的可视化数据分析平台，可辅助人工操作对数据进行关联分析，并制作出完整的分析图表，其方法清晰直观，更易于接受。数据挖掘算法是根据数据创建数据挖掘模型的一组试探计算方法。为了创建该模型，算法首先分析用户提供的数据，针对特定类型的模式和趋势进行查找。并使用分析结果定义用于创建数据挖掘模型的最佳参数，将这些参数应用于整个数据集，以便提取可行模式和详细统计信息。大数据分析最重要的应用领域之一就是预测性分析，预测性分析结合了多种高级分析功能，包括特别统计分析、预测建模、数据挖掘、文本分析、实体分析、优化、实时评分、机器学习等，从而对未来或其他不确定的事件进行预测。语义引擎是为已有的数据加上语义，可以把它想象成在现有结构化或者非结构化数据库上的一个语义叠加层。语义技术最直接的应用是搜索引擎，可以将人们从烦琐的搜索条目中解放出来，让用户更快、更准确、更全面地获得所需信息，提高用户的互联网体验。数据质量管理是指对数据从计划、获取、存储、共享、维护、应用、消亡等生命周期的每个阶段里可能引发的各类数据质量问题进行管理，通过识别、度量、监测、预警等一系列数据管理活动，提高组织的管理水平，并进一步提高数据质量。

5. 大数据展现与应用技术

大数据技术能够将隐藏于海量数据中的信息和知识挖掘出来，为人类的社会经济活动提供依据，从而提高各个领域的运行效率，大大提高整个社会经济的集约化程度。在我国，大数据重点应用于以下三大领域：商业智能、政府决策、公共服务。例如，商业智能技术、政府决策技术、电信数据信息处理与挖掘技术、电网数据信息处理与挖掘技术、气象信息分析技术、环境监测技术、大规模基因序列分析比对技术、Web 信息挖掘技术、多媒体数据并行化处理技术、影视制作渲染技术，以及其他各行业的云计算和海量数据处理应用技术等。

1.2　数据挖掘

1.2.1　引言

随着移动互联网的高速发展，对物联网、云计算的广泛应用，全球数据量呈现爆炸式增长。信息爆炸时代，海量信息为人们的生活带来许多负面影响，最主要的就是难以提炼有效信息，过多无用的信息必然会产生信息距离（即信息状态转移距离，是对一个事物信息状态转移所遇到障碍的测度）和有用知识的丢失，这也就是 John Nalsbert 所说"信息丰富而知识贫乏"的窘境[3]。如何从增长迅速、庞大繁杂的数据中发现并提取隐藏在其中的有用的信息和知识成为当下信息产业极为关注的问题。针对这些问题，相关学者提出了数据挖掘技术。

1.2.2　概念

数据挖掘是指从数据库的数据中非平凡地提取隐含的、以前未知的和潜在有用的信息（如知识规则、约束、规则）的过程[4]。这是一门涉及面很广的交叉学科，通常与计算机科学技术有关，并通过机器学习、数理统计、情报检索、可视化技术、专家系统（依靠过去的经验法则）和模式识别等诸多方法来实现其主要功能。

数据挖掘的数据类型可以是结构化数据，也可以是文本和多媒体数据、时空数据、事务数据、遗留数据等；数据挖掘的知识可以是关联规则、特征规则、分类规则、判别规则、聚类、进化和偏差分析等；数据挖掘的方法可以是基于泛化的挖掘、基于模式的挖掘、基于统计或数学理论的挖掘和集成方法等[5]；最终可以将被发现的知识用于信息管理、查询优化、决策支持及数据自身的维护等方面。

数据挖掘的一般步骤如下。①明确最终目标；②建立数据挖掘库；③分析数据，找到对预测输出影响最大的数据字段和决定是否需要定义导出数据字段；④从相关的数据源中选取所需要的数据并将其整合成用于数据挖掘的数据集；⑤训练和测试数据挖掘模型；⑥评价模型得到的结果、解释模型的价值；⑦将模型提供给分析人员作为参考或是把模型应用到不同的数据集上。

目前，数据挖掘算法主要包括分类算法、聚类算法和关联规则 3 类，这 3 类数据挖掘算法基本上涵盖了目前商业市场对算法的所有需求。其中，分类算法包括 C4.5[6]、朴素贝叶斯[7]、支持向量机[8]（SVM，Support Vector Machine）、K 近邻（KNN，K-Nearest Neighbor）[9]和 AdaBoost[10]等；聚类算法主要是 K-means[11]算法；关联规则主要是 Apriori[12]算法。

1.2.3　发展与应用

数据挖掘起源于数据库知识发现（KDD，Knowledge Discovery in Database），1989 年 8 月，在第 11 届国际人工智能联合会议的专题讨论会上 KDD 被提出。之后在 1991 年、1993 年和 1994 年又陆续举行了 KDD 专题讨论会，国外科学家在这方面进行了大量研究并发表了很多论文和研究成果，同时，也有人将 KDD 称为数据挖掘，但两者并不完全等同。为了统一认识，在 1996 年出版的《知识发现和数据进展》中，对 KDD 和数据挖掘进行了新的定义，KDD 被定义为从数据中辨别有效的、新颖的、潜在有用的、最终可理解的模式的过程。由此可见，数据挖掘是 KDD 的子过程。

经过了几十年的发展，数据挖掘研究取得了丰硕的成果，渐渐地形成了一套基本的理论基础，主要包括分类、聚类、模式挖掘和规则提取等。数据挖掘的总体目标是从大型的数据集中提取信息，并且将其转化为可理解的结构以便进一步使用。在大数据时代下，数据挖掘的应用非常广泛，只要产业有具有分析价值与

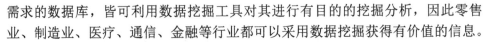

需求的数据库，皆可利用数据挖掘工具对其进行有目的的挖掘分析，因此零售业、制造业、医疗、通信、金融等行业都可以采用数据挖掘获得有价值的信息。

1. 数据挖掘在物流运输中的应用

随着生活水平的提高，网上购物在满足人民美好生活需求的同时也带来了物流运输拥堵等问题。在大数据时代，使用无人机探测道路状况反馈的数据，采用数据挖掘技术精准计算物流网络运输所需要的参数，可以高效地缓解物流运输拥堵的问题。随着未来交通网络长度和复杂度的增加，只有通过数据挖掘技术才能快速计算出结果，才可以从复杂的道路数据中提取出高效的信息价值。

2. 数据挖掘在健康医疗中的应用

作为一个人口大国，我国在医疗保健、人口老龄化等领域的信息数据量不断增长，如何从这些数据中挖掘出其中的价值成为一个亟待解决的问题。医疗数据的结构、规模、范围和复杂度等都在不断扩大，利用数据挖掘技术可以根据医疗数据的一些特点对医疗数据进行分类，例如，模式的多态性、信息的缺失性（数据中涉及个人隐私问题导致的缺失值）、时序性、冗余性，从而可以为医生或患者提供准确的辅助决策。

3. 数据挖掘在能源行业中的应用

数据挖掘在能源行业中的应用主要是指在石油天然气全产业链、智能电网和风电行业中对电力、石油、燃气等能源领域数据进行综合采集、处理、分析及应用。例如，在油气勘查开发过程中，利用大数据分析的方法寻找探点；在智能电网行业中，利用大数据实时监测技术监测家庭用电量，为客户优化用电方案，通过错峰限电，避免高峰时期电力负荷过重的局面，为消费者对于能源的利用机会提供更多经济性的选择；在风电行业中，对风电场进行在线监测，利用大数据技术对其中周期性、瞬时性的数据进行采集和分析，生成允许维护人员进行管理的数据，这将极大地简化大规模监测系统的部署。

能源大数据不仅是大数据技术在能源领域的深入应用，也是能源生产、消费及相关技术革命与大数据理念的深度融合，将加速推进能源产业发展及商业模式创新。随着企业更加注重科技创新，大数据在能源行业应用的前景将越来越广阔。

1.2.4 数据挖掘相关技术

1. 云计算环境下的并行数据挖掘算法与策略

针对大规模海量数据，需要研究采用云计算环境下的并行数据挖掘算法与策略。算法和策略模型作为并行数据挖掘的核心环节，将对现有应用较多的聚类算法、分类算法、关联规则等基于 MapReduce 计算模型进行改进，主要从数据集的扫描、分解和归约等方面开展并行性的改进研究，并结合具体应用比较不同算法的性能及适用的数据类型。

2. 基于云计算的物联网数据挖掘技术

物联网通过信息传感设备，按照约定协议，将现实世界的物体和互联网连接，并使用云计算、云存储等云服务对数据进行收集、存储、分析及应用。物联网中的数据具有海量性、复杂性等特点，且物联网中的传感设备多，数据变化快，因此物联网要求数据挖掘技术具有高效、质量控制、决策控制和分布式处理的能力，传统的数据挖掘技术不能满足物联网数据处理的要求，因此要采用基于云计算的物联网数据挖掘技术来解决以上问题[13]。

1.3　人工智能

1.3.1　引言

人工智能（AI，Artificial Intelligence）是引领新一轮科技革命和产业变革的战略性技术，产生于 20 世纪 50 年代，经过半个多世纪的发展，已经渗透到各个领域中。随着计算机技术的飞速发展，人工智能技术也取得了极大的发展，越来越多的行业开始应用人工智能技术。人工智能始终处于计算机发展的最前沿，高级计算机语言、计算机界面及文字处理器的存在或多或少要归功于对人工智能的研究。人工智能研究带来的理论和洞察力指引了计算机技术发展的未来方向。

1.3.2　概念

人工智能是研究、开发用于模拟、延伸和扩展人的智能的理论、方法、技术及应用系统的一门新的科学技术。人工智能是计算机科学的一个分支，企图了解智能的实质，并生产出一种新的能以与人类智能相似的方式进行反应的智能机器。

美国麻省理工学院的温斯顿教授认为：“人工智能就是研究如何使计算机去完成过去只有人才能完成的智能工作。”而斯坦福大学的尼尔逊教授对人工智能下了这样一个定义：“人工智能是关于知识的学科——怎样表示知识及怎样获得知识并使用知识的科学。”这些说法反映了人工智能学科的基本思想和基本内容。即人工智能是研究人类智能活动的规律，构造具有一定智能的人工系统，研究如何让计算机去完成以往需要人的智力才能胜任的工作，也就是研究如何应用计算机的软硬件来模拟人类某些智能行为的基本理论、方法和技术。

人工智能是一种认知、决策、反馈的过程。由于科学技术的逐步发展，实现了更优的算法模型、算力和大数据，人工智能范畴在以往的基础上涉及更多领域。人工智能将涉及计算机科学、心理学、哲学和语言学等学科，甚至涉及自然科学和社会科学的所有学科，其范围已远远超出了计算机科学的范畴，人工智能与思

维科学的关系是实践和理论的关系，人工智能处于思维科学的技术应用层次，是它的一个应用分支。

1.3.3　发展与应用

1956 年，在美国达特茅斯学院召开了有关人工智能的夏季讨论会，将人工智能正式确定为一门学科。在人工智能这一技术首次被提出后，相继出现了一系列显著的成果，如机器定理证明、跳棋程序、通用问题求解程序、LTSP 表处理语言等。在这段长达十余年的时间里，计算机被广泛应用于数学和自然语言领域，用来解决代数、几何和英语问题。但由于计算机性能不足、问题的复杂性及数据的缺失，很多人工智能项目停滞不前，人工智能技术进入第一次低谷期。

1980 年，卡内基梅隆大学为数字设备公司设计了一套名为 XCON 的"专家系统"。这是一种采用人工智能程序的系统，可以简单地将其理解为"知识库+推理机"的组合，XCON 是一套具有完整专业知识和经验的计算机智能系统。由于这种专家系统的出现，人工智能研究迎来新的高潮，并于 1969 年成立了国际人工智能联合大会。但仅仅过了 7 年，这个曾经轰动一时的人工智能系统就宣告结束历史进程，人工智能技术进入第二次低谷期。

自 20 世纪 90 年代中期开始，随着人工智能技术，尤其是神经网络技术的逐步发展，以及人们对人工智能开始抱有客观理性的认知，人工智能技术开始进入平稳发展时期。1997 年 5 月 11 日，IBM 的计算机系统"深蓝"战胜了国际象棋世界冠军卡斯帕罗夫，又一次在公共领域引发了现象级的人工智能话题讨论，人工智能的研究方向开始由单个智能主体研究转向网络环境下的分布式人工智能研究。随着深度学习的发展，2016 年，谷歌 DeepMind 团队研发的围棋程序 AlphaGo 相继战胜了李世石和柯洁，在很大程度上改变了大众对人工智能的认知，这是人工智能发展的又一个重要里程碑；2020 年，DeepMind 团队研发的 AlphaFold 2 实现了对蛋白质分子的高精度预测，科学家们后续可以针对每个蛋白质分子设计出对应的分子进行调控（抑制或者激活），这将改变传统药物的研发过程。人工智能的发展为生命科学和医药研究提供了便利条件，也将为科学家们带来更多研究灵感。如今，大数据时代的到来给人工智能的发展带来了新的契机，人工智能正与各行各业进行有机融合，并深刻地影响着人们生活中的各个方面。

1. 人工智能在农业领域中的应用

人工智能在农业领域中的应用主要体现在智能种子的选育与检测、智能土壤灌溉、智能种植、农作物智能监控等方面。通过人工智能选种、检测，提升了种子的纯度和净度，对提高农产品产量起到了很好的保障作用。通过利用人工智能技术对土壤湿度进行实时监控，利用周期灌溉、自动灌溉等多种方式，提高灌溉精准度和水的利用率。这样既能节省用水，又能保证农作物良好的生长环境。可以通过人工智能技术预测农作物正确的收获时间，结合市场行情预测当前适合种植的农作物，实现智能种植。利用人工智能技术能够达到从选种、耕种到作物监控，再到土壤管理、病虫害防治、收割等的全方位覆盖。人工智能在农业领域中的应用，不仅能够帮助提高生产效率，也能实现绿色农业。在农业生产中，人工智能有助于农业生产精细化，从而促进农业提质增效。

2. 人工智能在医疗领域中的应用

当前，人工智能在医疗领域中的应用已经非常广泛，从应用场景来看，主要分为虚拟助理、医学影像、药物挖掘、营养学 4 个方面。随着语音识别、图像识别等技术的发展，基于这些基础技术的泛人工智能医疗产业走向成熟，进而推动了整个智能医疗产业链的快速发展和一大批专业企业的诞生。一方面，医学影像与人工智能的结合是数字医疗领域内较新的分支和产业热点。医学影像包含了海量数据，即使是经验丰富的医生，面对庞大的数据有时也会无所适从。医学影像的解读需要长时间专业经验的积累，医生的培养周期相对较长，而人工智能在对医学影像的检测效率和精度两个方面，都可以达到比专业医生更快的水平，并可以减少人为操作误判率。另一方面，对于尚未进入动物实验和人体试验阶段的新药，可以利用人工智能技术来检测其安全性。利用人工智能技术可以对既有药物的副作用进行筛选搜索，由此选择那些产生副作用概率最小和实际产生副作用危害最小的药物进入动物实验和人体试验阶段，节约时间和成本。

3. 人工智能在智能交通领域中的应用

随着交通路口的大规模联网，汇集了海量车辆通行记录信息，利用人工智能技术，可以实时分析城市交通流量，进而实施调整红绿灯间隔、缩短车辆等待时间等举措，提升城市道路的通行效率。目前在智能交通领域中，人工智能分析及深度学习技术可以比较成熟地被应用于车牌识别任务中，在进行图像检测和识别时，不需要进行人工特征工程，只需要采用足够多的图像样本进行训练即可，通过进行逐层的迭代就可以获得较好的结果。在车辆颜色识别方面，人工智能基本上解决了光照条件变化、相机硬件误差所带来的颜色不稳定、过曝光等一系列问题，从而解决了图像颜色变化导致的识别错误问题。利用人工智能算法并根据市民的出行偏好、生活习惯、消费习惯等，可以得到城市人流、车流的迁徙与城市建设及公众资源的数据。这些大数据分析结果，为政府决策部门进行城市规划，特别是公共交通设施的基础建设提供指导和参考。

1.3.4 人工智能关键技术

1. 机器学习

机器学习（ML，Machine Learning）的研究主旨是使用计算机模拟人类的学习活动，是研究计算机识别现有知识、获取新知识、不断改善性能和实现自身完善的方法。机器学习主要关注预测、聚类、分类和降维问题。根据学习方式的不同可以将机器学习分为监督学习、无监督学习与强化学习，其中监督学习是对标记的训练样本进行学习，尽可能对训练样本集之外的数据进行分类预测，常见的算法有神经网络与决策树；无监督学习是对未标记的训练样本进行学习，以发现训练样本集中的结构性知识，常见的算法有聚类；强化学习是指智能系统在与环境的连续交互中学习最佳的行为策略，例如，机器人学习行走等。机器学习是人工智能的核心，是让计算机具备智能特性的根本途径。

2. 深度学习

深度学习（DL，Deep Learning）是机器学习的一个分支，可以被理解为具有多层结构的模型，是机器学习中具有深层结构的神经网络算法。深度学习是学习样本数据的内在规律和表示层次，从这些学习过程中获得的信息对文字、图像和声音等数据的解释有很大帮助。它的最终目标是让机器能够像人一样具有分析学习的能力，能够识别文字、图像和声音等数据。深度学习是一个复杂的机器学习算法，在语音和图像识别方面取得的效果，远远超过先前相关技术[14]。深度学习可以通过学习一种深层非线性网络结构，实现复杂函数的逼近，表征输入数据的分布式表示，展现了强大的从少数样本集中学习数据集本质特征的能力[15]。

3. 模式识别

模式识别（PR，Pattern Recognition）是指在某些一定量度或观测基础上把待识模式划分到各自的模式类中去的一种方法。计算机模式识别是指利用计算机对物体、图像、语音、字形等信息进行自动识别。模式识别以图像处理、计算机视觉、语音语言信息处理、脑网络组、类脑智能等为主要研究方向，研究人类模式识别的机理及有效的计算方法。模式识别研究主要集中在两方面，一方面是研究生物体是如何感知对象的，属于认知科学的范畴；另一方面是在给定的任务下，研究如何用计算机实现模式识别的理论和方法。模式识别的理论与方法在生物身份认证、图像理解、人脸识别等方面已经得到了成功的应用。

4. 自然语言理解

自然语言理解（NLU，Natural Language Understanding）是指计算机拥有识别理解人类文本语言的能力，是计算机科学与人类语言学的交叉学科。自然语言理解是一门新兴的边缘学科，以语言学为基础，内容涉及语言学、心理学、逻辑学、声学、数学和计算机科学。自然语言理解的研究，综合应用了现代语音学、音系学、语法学、语义学、语用学的知识，同时也向现代语言学提出了一系列的问题和要求。机器若想实现真正的智能化，自然语言理解是必不可少的一环。将自然语言理解分为语法语义分析、信息抽取、文本挖掘、信息检索、机器翻译、问答系统和对话系统 7 个方向。自然语言理解主要有 5 类技术，分别是分类、匹配、翻译、结构预测及序列决策。

5. 计算机视觉

计算机视觉（CV，Computer Vision）是"赋予机器自然视觉能力"的学科。自然视觉能力是指生物视觉系统体现的视觉能力，计算机视觉是使用计算机及相关设备对生物视觉进行的一种模拟，是人工智能领域中的一个重要部分，它的研究目标是使计算机具有通过二维图像认知三维环境信息的能力。计算机视觉是以图像处理技术、信号处理技术、概率统计分析、计算几何、神经网络、机器学习理论和计算机信息处理技术等为基础，通过计算机分析与处理视觉信息。计算机视觉的最终目标就是让计算机能够像人一样通过视觉来认识和了解世界，它主要通过算法对图像进行识别分析，目前计算机视觉最广泛的应用是人脸识别和图像识别，相关技术具体包括图像分类、目标跟踪、语义分割等。

6. 知识工程

知识工程就是研究知识的获取、表达和推理，把知识存储为知识库，对知识进行固化，使其易操作、易利用并形成知识集群，在计算机中对知识进行存储、组织、管理和使用。在人工智能第一次低谷期，费根鲍姆教授分析传统的人工智能忽略了具体的知识，提出了知识工程，将知识融合在机器中，让机器能够利用人类知识、专家知识解决问题。智能制造是人工智能技术与制造业的结合，其核心问题就是知识工程。这些知识能实现动态传感、实时感知、自主学习与自主决策，把人工智能知识工程的技术与产品实际开发、创新结合在一起，成功地实现了应用。

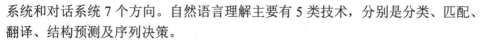 1.4 数据安全与网络安全

1.4.1 引言

随着计算机技术的发展，数字化、网络化正在快速地改变着世界，大到全球经济发展格局，小到每个人的日常生活，都与数据、网络息息相关。随着网络基础建设和互联网用户数量的激增，数据安全和网络安全问题越来越严重，数据安全和网络安全已经成为亟须解决的社会问题之一。

1.4.2 概念

1. 数据安全

在《中华人民共和国数据安全法》中，对数据安全的定义是：数据安全，是指通过采取必要措施，确保数据处于有效保护和合法利用的状态，以及具备保障持续安全状态的能力。

保证数据安全需要保证数据免受未经授权的泄露、篡改和毁坏，保证数据的机密性，即数据不被未授权者知晓的属性；保证数据的完整性，即保证数据正确、真实、未被篡改、完整无缺的属性；保证数据的可用性，即保证数据可以随时正常使用的属性。

2. 网络安全

网络安全的内涵正随着网络的发展不断改变。在美国国家安全委员会的《国家信息保障词汇表》中，将网络定义为：信息系统通过互联网组件集合的实现。这些互联网组件可以包括路由器、集线器、布线系统、电信控制器、密钥分发中心和技术控制设备；将网络安全的含义等同于信息保障，即通过确保可用性、完整性、可验证性、机密性和不可抵赖性来保护信息和信息系统，包括利用综合保护、监测和反应能力使信息得以恢复，以保障网络安全[16]。

网络安全是指网络系统的硬件、软件及其系统中的数据受到保护，不受偶然的或者恶意的因素影响而遭到破坏、更改、泄露，系统连续可靠正常地运行，网络服务不中断。网络安全从其本质上来讲就是网络中的信息安全。

在信息时代，几乎任何事件、任何对象都与网络有关，网络向终端、云端各个环节延伸，发展成为与陆、海、空、天并列的第五大主权空间——网络空间。因此，现在的网络安全更多指的是网络空间安全。

1.4.3 面临的威胁

1. 数据安全面临的威胁

数据安全所面临的威胁来自很多方面，可以宏观地将其分为自然威胁和人为威胁。

自然威胁可能来自各种自然灾害、恶劣的场地环境、电磁辐射和电磁干扰、电源故障、网络设备老化等。这些无目的的事件，有时会直接威胁数据的安全，影响数据的存储介质。

人为威胁主要是通过寻找系统的弱点，利用人为攻击手段，以达到破坏、更改、窃取数据等目的，造成经济上和政治上不可估量的损失。人为攻击可以分为被动攻击和主动攻击，被动攻击主要是通过窃听，获取消息的内容或进行通信流量分析，被动攻击不涉及数据的任何改变，对其的检测十分困难；主动攻击是指对数据流进行修改或者产生一个假的数据流，它虽易于被检测到却难以阻止。

2. 网络安全面临的威胁

（1）计算机病毒的肆虐。任何病毒只要侵入系统，便会对系统及应用程序产生不同程度的影响。轻则会降低计算机工作效率，占用系统资源，重则可导致数据丢失、系统崩溃。计算机病毒的繁殖性、传染性、破坏性都极强，凡是由软件手段能触及计算机资源的地方均可能受到病毒的破坏。计算机病毒层出不穷，并且逐渐呈现新的传播态势和特点，与黑客技术结合在一起而形成的"变异病毒""混种病毒"越来越多。计算机病毒被公认为是数据安全和网络安全的"头号大敌"。

（2）黑客的恶意攻击。近年来，计算机病毒的大规模传播与破坏都与黑客技术的发展有关。黑客技术与病毒传播相结合使病毒的传染力与破坏性倍增，这意味着网络安全遇到了新的挑战，即面临集病毒、木马、蠕虫和网络攻击于一体的威胁，可能爆发快速的、大规模的病毒感染，造成主机或服务器瘫痪、数据信息丢失，损失不可估量。尤其是在网络普及、国家信息基础设施网络化的情况下，黑客的攻击会造成经济损失，甚至会破坏社会稳定，危害国家安全。

（3）自身安全管理不完善。安全配置不当会产生安全漏洞，例如防火墙软件的配置不正确。许多站点在防火墙配置上无意识地扩大了访问权限，这些访问权限可能会被其他人员滥用。网络入侵的目的主要是取得使用系统的存储权限、读写权限及访问其他存储内容的权限，或者是作为进一步进入其他系统的跳板，恶意破坏这个系统，使其丧失服务能力。针对特定的网络应用程序，当它启动时，就打开了一系列的安全缺口，许多与该软件捆绑在一起的应用软件也会被启用。除非用户禁止该程序或对其进行正确配置，否则安全隐患始终存在。同时，技术和设计上的不完备，也会导致系统存在缺陷或安全漏洞，这些缺陷和安全漏洞主要存在于计算机操作系统和网络软件中，难以完全处理，使计算机病毒和黑客有了可乘之机。操作系统和应用软件采用的技术越来越先进和复杂，因此带来的安全问题就越来越多。

1.4.4 安全技术

1. 数据安全技术

保障数据安全，第 1 点是要保障数据本身的安全，第 2 点是要保障在进行数据传输时的安全，第 3 点是要保障在进行数据存储时的安全。

保障数据本身的安全主要是利用现代密码算法对数据进行保护。如通过数据加密、数据校验等方法来提高数据的保密性和完整性。数据加密是指通过利用加密算法和加密密钥将明文转化为密文，而解密则是通过解密算法和解密密钥将密文恢复成明文；数据校验是为保证数据的完整性进行的验证操作，通常用一种指定的算法对原始数据进行计算，得到一个校验值，接收方按同样的算法进行计算，得到一个校验值，如果两次计算得到的校验值相同，则说明数据是完整的，常见的数据校验方法有 MD5、CRC、SHA-1 等。

保障数据传输安全主要是采用数据传输加密技术对传输中的数据流进行加密，以防止通信线路上的窃听、泄露、篡改和破坏。数据传输的完整性通常通过数字签名的方式来实现，即数据的发送方在发送数据的同时利用单向哈希函数或者其他消息文摘算法计算出所传输数据的消息文摘，并把该消息文摘作为数字签名随数据一同发送。接收方在收到数据的同时也收到该数据的数字签名，接收方使用相同的算法计算出接收到数据的数字签名，并对该数字签名和接收到的数字签名进行比较，若二者相同，则说明数据在传输过程中未被修改，数据完整性得到了保证。

将数据存储在特定的介质上，在保护数据安全性的同时也需要保护存储数据的介质。对于部门或企业的数据，目前主要采用主动防护的手段，如通过磁盘阵列、数据备份管理、异地容灾等手段保证数据的安全。磁盘阵列是指把多个类型、容量、接口甚至品牌一致的专用磁盘或普通硬盘连成一个阵列，使其以更快的速度、更准确、更安全的方式读写磁盘数据，从而保证快速读取数据和极高安全性的一种手段。数据备份管理包括备份的可计划性、自动化操作、历史记录的保存或日志记录。异地容灾是一种以异地实时备份为基础的高效的、可靠的远程数据存储，在各单位的 IT 系统中，必然有核心部分，通常称之为生产中心，往往为生产中心配备一个备份中心，该备份中心是远程的，并且在生产中心的内部已经实施了各种各样的数据保护。当火灾、地震这种灾难发生时，一旦生产中心瘫痪了，备份中心会接管生产，继续提供服务。

2. 网络安全技术

（1）防火墙技术。防火墙是互联网安全的最基本组成部分。防火墙是由软件和硬件组成的系统，是架设在内部网络和外部网络之间的屏障，它根据由系统管理员设置的范围控制规则，对数据流进行过滤，限制内部网络数据和外部网络数据之间的自由流动，保护内部网络免受非法用户的入侵。

（2）数据加密技术。与防火墙配合使用的安全技术还有数据加密技术。数据加密技术是为提高信息系统及数据的安全性和机密性，防止秘密数据被外部破坏的主要技术手段之一。随着信息技术的发展，网络安全与信息保密日益引起人们的关注。各国除了从法律上、管理上加强对数据的安全保护外，也从软件技术和硬件技术两方面采取措施，推动数据加密技术和物理防范技术的不断发展。数据加密技术根据用途主要被分为数据传输、数据存储、数据完整性的鉴别及密钥管理技术[17]。

（3）入侵检测技术。入侵检测系统（IDS，Intrusion Detection System)是一种对网络传输进行即时监视，在发现可疑传输时发出警报或者采取主动反应措施的网络安全设备，它与其他网络安全系统的不同之处在于，IDS 是一种积极主动的安全防护系统。IDS 的核心功能是对各种事件进行分析，从中发现违反安全策略的行为。可以将入侵检测技术分为两类，一类是基于标志的入侵检测，另一类是基于异常情况的入侵检测。

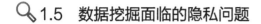1.5　数据挖掘面临的隐私问题

数据挖掘过程包括数据准备、数据分析和使用、数据应用 3 个阶段，涉及的个人信息隐私问题体现在数据挖掘的整个过程中，每个阶段都存在不同的隐私问题[18]。

1.5.1　数据的过度采集

数据挖掘是从大量数据中提取出有用信息和知识的过程，数据挖掘需要采集足够多且全面的数据并预处理这些数据。在数据采集过程中，存在着未征得信息所有者的同意、未声明数据的使用目的和范围，或者通过盗窃、欺诈或其他非法途径获得个人信息的情况。就普遍情况而言，数据挖掘者一般不会明确告知用户其提供的信息会被用来进行数据采集，也就是说，挖掘者对用户个人信息进行的数据挖掘活动是不合法的。例如，扫码注册 App 送小礼物，在注册 App 时提供手机号码就是打着送礼物的幌子获取用户个人信息，或者是某些购物应用软件未经用户授权监听用户的日常谈话内容，以推送相关产品等情况，都是过度采集用户数据侵犯个人隐私的表现。

1.5.2　个人信息的滥用

在数据的分析和使用阶段，数据挖掘过程存在的隐私泄露问题主要体现在对个人信息的滥用。第 1 种情况是泄露个人信息，一些商家会将交易过程中的个人隐私信息转卖给其他的公司或个人，或是一些从事贩卖个人信息的组织会将个人信息低价打包销售。第 2 种情况是对数据的使用超出原使用目的，例如，利用用户的个人薪资、职业、消费记录等信息和近期浏览的网页内容之间的关联性，推断出用户的消费偏好和贷款的可能性，甚至会有数据挖掘者对个人隐私数据进行非法编辑，篡改其真实性、完整性和准确性，这严重侵犯了用户的个人隐私权。第 3 种情况是泄露数据挖掘预测出的信息，一个典型的例子是某零售商通过进行历史记录分析，比家长更早知道其女儿已经怀孕的事实，并向其提供相关广告信息[19]。当数据被用于未经授权的其他目的时，会造成严重的隐私泄露问题。

1.5.3　数据的融合问题

数据挖掘的目的是从数据中获得有用的信息和规律，然后将其用于创造更大的利益和价值。在大数据时代，数据的数量和质量都达到了一个前所未有的状态，但是若没有一个很好的技术将这些"一盘散沙"的数据充分整合，就无法最大化

地发挥大数据的价值，因此，大数据处理技术面临的一个重要问题就是如何将个人、企业和政府的各种信息数据加以融合[20]。

1.6 人工智能面临的隐私问题

1.6.1 数据泄露带来的隐私风险

数据是人工智能的基础，人工智能需要以海量的个人信息为支撑，正是由于对大数据的使用、算力的提高和算法的突破，人工智能才能快速发展、得到广泛应用，并呈现出深度学习、跨界融合、人机协同、群智感知、自主操控等新特征。人工智能增强了对个人隐私的直接监控能力，越来越多的带有传感器的人工智能产品进入我们的生活，原本私密的个人空间和个人信息不断受到侵蚀，大量的个人隐私暴露在人工智能产品之下。通过数据采集和机器学习对用户的特征、偏好等进行"画像"，互联网服务商进而提供一些个性化的服务和推荐等，这种交换对于用户来说是不对等的。人工智能引发大规模个人隐私泄露事件频频发生，个人数据权利与机构数据权利的对比已经失衡，在对数据的收集和使用方面，用户是被动的。

1.6.2 人工智能算法引发的隐私风险

算法就是人工智能的本质，人工智能越智能也就意味着处理个人信息的能力越强，正是算法的不断突破，人工智能才能像人一样智能。但是目前人工智能算法本身存在一些问题，导致个人隐私存在很大风险。2018 年 12 月 14 日，因软件漏洞，Facebook 6800 万用户的私人照片遭到泄露，其照片 API 中的漏洞使约 1500 个 App 获得了用户私人照片的访问权限。一般来说，获得用户授权的 App 只能访问共享照片，但这个漏洞导致用户没有公开的照片也能够被读取。同样的算法中的漏洞使个人隐私泄露事件层出不穷。

人工智能想要实现自动化决策就需要大量数据进行训练，如果数据本身存在偏见或者歧视，那么最终的决策结果也会充满偏见或者歧视[21]。在人工智能技术中，有的算法并不遵循数据输入、特征提取、特征选择、逻辑推理、预测的过程，而是由计算机直接从事物原始特征出发，自动学习和生成高级的认知结果。在人工智能输入的数据和其输出的答案之间，存在着我们无法洞悉的"隐层"，它被称为"黑箱"。模型的复杂性远远超出了人类的理解范围，并且系统本身无法解释如何进行决策。这非常令人担忧，尤其是将这些系统部署在会直接影响我们的情况下时，如自动驾驶汽车或医疗应用。人工智能自动化决策的歧视和不透明问题，对于隐私保护提出了更加复杂的挑战。

1.6.3 人工智能的发展导致的安全威胁

人工智能虽然近年来取得了快速的发展，但仍在不少方面存在技术瓶颈，过高的期待和不负责任的炒作也常常导致行业泡沫。滥用人工智能应用也带来了道德和伦理上的风险，毕竟目前的人工智能是无法自主进行准确的道德判断的。并且随着科学技术的发展，人工智能的垄断极有可能造成新的数字"鸿沟"。发达国家若是垄断芯片、操作系统等技术的输出权，极有可能为其他国家使用人工智能带来很大风险，从而影响到全人类共享人工智能带来的福利。未来还需要采取相应的措施，确保人工智能所提供的利益不会保留给处于权力地位顶端的少数国家的少数人。

人工智能的发展不仅改变了人类的生活方式，也对人类法律提出了挑战。随着人工智能算法的不断进步，人工智能的"类人"表现将更加明显。比尔·盖茨、斯蒂芬·霍金、埃隆·马斯克、雷·库兹韦尔等人都在担忧，对人工智能技术不加约束地开发，会让机器获得超越人类智力水平的智能，并引发一些难以控制的安全隐患。这对社会治理、监管和法律制度都提出了挑战。

1.6.4 模型提取攻击导致的安全威胁

模型提取攻击又被称为模型萃取攻击，是一种攻击者通过循环发送数据并查看对应的响应结果，来推测机器学习模型的参数或功能，从而复制出一个功能相似甚至完全相同的机器学习模型的攻击方法。攻击者通过有限次访问预测服务的 API，从预测值反向推测模型的具体参数或结构，或者结合样本和预测值训练出一个替代模型[22]。以线性回归模型为例，假设模型的参数个数为 n，如果攻击者可以用 m（其中 $m > n$）个样本进行预测得到预测值，然后可以构建由 m 个方程组成的线性方程组，通过求解方程，可以获得 n 个参数的具体值。类似的攻击也可能发生在决策树模型中，例如，攻击者在使用模型预测服务时，可以通过改变样本中某个特征的值来推测决策树的形态，从而重构一个与模型接近的决策树。Tramèr 等人[22]已经在 Amazon、BigML 的模型预测服务中对决策树模型进行了攻击。

模型提取攻击主要有两种形式，分别为模型重建与成员泄露。其中模型重建的关键是攻击者能够通过探测公有 API 和限制自己的模型来重建一个模型；成员泄露是指黑客可以通过建立影子模型的方式来决定用哪些记录来训练模型，这样的攻击虽然不需要恢复模型，但会泄露敏感信息。

🔍 1.7 本章小结

本章从互联网、专著、教材、博硕论文、国内外期刊数据库中尽可能广泛地查阅大数据、数据挖掘、人工智能、数据安全与网络安全等相关技术资料[23]，以这些资料为基础，站在信息技术发展的角度，系统梳理了大数据、数据挖掘、人工智能、数据安全与网络安全的相关技术，从概念、发展与应用、关键技术等方面进行了概要分析，试图揭示出相关技术的关键点。在此基础上，又分别从数据挖掘与人工智能方面阐述了各自面临的安全问题和隐私挑战，为后续研究提供应用场景。

由于本章是对已有技术发展的高度概括，主要陈述现有材料，鉴于某些结论性的共识不能归到某个单一文献中，仅列出其中的代表性文献。针对本章中所提出的各类隐私问题，在本书第 2 章中将给出解决这些问题所涉及的深度学习算法、同态加密算法、基于 SMC 的密态计算方法及基于可信执行环境的密态计算等基础知识。在后续章节中将给出解决这些问题的基于 AdaBoost 的密态计算、联邦极端梯度增强的密态计算、隐私保护联邦 K-means、基于同态加密的密态神经网络训练、基于卷积神经网络的密态计算和基于 LSTM 网络的密态计算等，使人们对信息的获取和共享方式在密态环境下也能实现"服务在云端，信息随心行"的理想状态[24]。

参考文献

[1] MANYIKA J, CHUI M, BROWN B, et al. Big data: the next frontier for innovation, competition, and productivity[M]. New York: McKinsey Global Institute, 2011.

[2] 杨善林, 周开乐. 大数据中的管理问题: 基于大数据的资源观[J]. 管理科学学报, 2015, 18(5): 1-8.

[3] 杨良斌. 信息分析方法与实践[M]. 长春: 东北师范大学出版社, 2016.

[4] FRAWLEY W J, PIATETSKY-SHAPIRO G, MATHEUS C J. Knowledge discovery in databases: an overview[J]. AI Magazine, 1992, 13(3): 57-70.

[5] CHEN M S, HAN J W, YU P S. Data mining: an overview from a database perspective[J]. IEEE Transactions on Knowledge and Data Engineering, 1996, 8(6): 866-883.

[6] QUINLAN J R. C4.5 : programs for machine learning[M]. Burlington: Morgan Kaufmann Publishers Inc. 1992.

[7] MARON M E, KUHNS J L. On relevance, probabilistic indexing and information retrieval[J]. Journal of the ACM (JACM), 1960, 7(3): 216-244.

[8] CORTES C, VAPNIK V. Support-vector networks[J]. Machine Learning, 1995, 20(3): 273-297.

[9] HART P. The condensed nearest neighbor rule (Corresp.)[J]. IEEE transactions on information theory, 1968, 14(3): 515-516.

[10] FREUND Y, SCHAPIRE R E. A decision-theoretic generalization of on-line learning and an application to boosting[J]. Journal of Computer and System Sciences, 1997, 55(1): 119-139.

[11] MACQUEEN J. Some methods for classification and analysis of multi-variate

observations[C]//The 5th Berkeley Symposium on Mathematical Statistics and Probability. Berkeley: University of California Press, 1965(1), 281-297.

[12] AGRAWAL R, IMIELIŃSKI T, SWAMI A. Mining association rules between sets of items in large databases[C]//Proceedings of the 1993 ACM SIGMOD International Conference on Management of Data. New York: ACM Press, 1993: 207-216.

[13] 詹柳春, 黄长江. 云计算下物联网密集场景大数据挖掘技术[J]. 电子测量技术, 2019, 42(23): 164-168.

[14] 陈先昌. 基于卷积神经网络的深度学习算法与应用研究[D]. 杭州: 浙江工商大学, 2013.

[15] 孙志军, 薛磊, 许阳明, 等. 深度学习研究综述[J]. 计算机应用研究, 2012, 29(8): 2806-2810.

[16] 王世伟, 曹磊, 罗天雨. 再论信息安全、网络安全、网络空间安全[J]. 中国图书馆学报, 2016, 42(5): 4-28.

[17] 丁春燕. 网络社会法律规制论[M]. 北京: 中国政法大学出版社, 2016.

[18] 马华媛, 胡志强. 数据挖掘中的隐私问题与限制接近/控制理论[J]. 自然辩证法研究, 2017, 33(5): 103-107.

[19] 冯登国, 张敏, 李昊. 数据安全与隐私保护[J]. 计算机学报, 2014, 37(1): 246-258.

[20] SHAWE-TAYLOR J, DE BIE T, CRISTIANINI N. Data mining, data fusion and information management[J]. IEE Proceedings-Intelligent Transport Systems, 2006, 153(3): 221-229.

[21] RYAN CALO M. 12 robots and privacy[EB]. 2020.

[22] TRAMÈR F, ZHANG F, JUELS A, et al. Stealing machine learning models via prediction APIs[C]//The Proceedings of 25th USENIX security symposium (USENIX Security 16). [S.l.: s.n.], 2016: 601-618.

[23] 刘西蒙, 熊金波. 密态计算理论与应用[M]. 北京: 人民邮电出版社, 2021.

[24] 李凤华, 熊金波. 复杂网络环境下访问控制技术[M]. 北京: 人民邮电出版社, 2015.

第 2 章
基础知识

深度学习让计算机基于较简单的概念构造复杂的概念，使"模型"对数据产生更深入的理解；同态加密是一项允许对加密数据进行计算的技术，它将为云环境下的机器学习模型训练提供数据隐私安全保障；安全多方计算（SMC，Secure Multi-Party Computation）的目标就是使一组计算的每个参与者都拥有自己的数据，并且不信任其他参与者和任何第三方；可信执行环境是一种具有运算和存储功能，能提供数据安全性和完整性保护的独立处理环境。本章对它们的基础知识进行梳理，简单介绍了深度学习算法、同态加密算法、基于安全多方计算的密态计算、基于可信执行环境的密态计算及差分隐私的概念和应用。

🔍 2.1 深度学习

本节介绍深度学习的基础算法，先介绍浅层算法，如 AdaBoost、XGBoost，然后介绍联邦学习，接下来介绍全连接神经网络、深度神经网络、卷积神经网络和递归神经网络等典型的深度学习模型。

2.1.1 AdaBoost

1. AdaBoost 概述

AdaBoost 是一种增强分类器[1]，它能将若干个弱分类器集成为一个更强的分类器，弱分类器可以由决策树、神经网络、贝叶斯分类器等模型构成。在训练过程中，AdaBoost 的权重向量 ω 基于弱分类器的错误率进行迭代更新，最终的输出是由每轮训练的累积加权预测结果得到的目标函数 $f(x)$。

AdaBoost 采用级联迭代的思想，每次迭代只训练一个弱分类器，训练好的弱分类器将参与下一次迭代。在第 N 次迭代中，训练的第 N 个弱分类器与前 $N-1$ 个弱分类器相关，且分类性能优于前 $N-1$ 个弱分类器，最终的分类输出取

决于这 N 个弱分类器的综合效果。AdaBoost 包含两种权重，一种是数据的权重，另一种是弱分类器的权重。其中，数据的权重主要用于弱分类器寻找其分类误差最小的决策点，进而采用这个最小误差计算出该弱分类器的权重，某弱分类器权重越大，说明该弱分类器在最终决策时拥有越大的发言权。

已知训练集 $D = \{(x_1, y_1), (x_2, y_2), \cdots, (x_N, y_N)\}$，整个训练过程如下。

在迭代前初始化权重向量 ω_1：

$$\omega_1 = \{\omega_{1,1}, \omega_{1,2}, \ldots, \omega_{1,N}\}, \omega_{1,i} = \frac{1}{N} \tag{2-1}$$

假设弱分类器 $C_k(x)$ 迭代 k 次的错误率 e_k 为：

$$e_k = \sum_{i=1}^{N} \omega_{k,i} \cdot I(x_i), i = 1, 2, \cdots, N \tag{2-2}$$

其中，

$$I(x_i) = \begin{cases} 0, & C(x_i) = y_i \\ 1, & C(x_i) \neq y_i \end{cases} \tag{2-3}$$

然后，在计算最后输出结果时，$C_k(x)$ 的影响因子为：

$$\lambda_k = \frac{1}{2} \ln \frac{1 - e_k}{e_k} \tag{2-4}$$

ω 的值随着 λ_k 更新如下：

$$\omega_{k+1} = \frac{\omega_{k,i}}{\sigma_k} e^{-\lambda_k y_i C_k(x_i)} \tag{2-5}$$

$$\sigma_k = \sum_{i=1}^{N} \omega_{k,i} e^{-\lambda_k y_i C_k(x_i)} \tag{2-6}$$

当达到最大迭代次数的终止条件时，输出 $f(x)$：

$$f(x) = \text{sign}\left(\sum_{i=1}^{\infty} \lambda_i C_i(x) \right) \tag{2-7}$$

$$\text{sign}(x) = \begin{cases} -1, & x < 0 \\ 1, & x > 0 \end{cases} \tag{2-8}$$

AdaBoost 很好地利用了弱分类器进行级联，并且可以将不同的分类算法作为弱分类器，具有很高的精度，可以根据弱分类器的反馈，自适应地调整假定的错误率；该算法可以根据同一个训练样本集训练不同的弱分类器，按照一定的方法把这些弱分类器集合起来，构造成一个分类能力很强的强分类器。AdaBoost 的缺点是在训练过程中会使难于分类样本的权重呈指数增长[2]，训练将会过于偏向这类难于分类的样本，导致 AdaBoost 易受噪声干扰；AdaBoost 依赖于弱分类器，而弱分类器的训练时间往往很长，较难设定弱分类器数目。

2. AdaBoost 应用

AdaBoost 的成功应用之一是机器视觉里的目标检测问题，如人脸检测、行人检测、车辆检测等。在将深度卷积神经网络应用于此问题之前，AdaBoost 在机器视觉目标检测领域的实际应用中一直处于主导地位。

2001 年，Viola 等人[3]设计了一种人脸检测算法，它使用简单的级联 AdaBoost 分类器构造检测器，奠定了 AdaBoost 目标检测框架的基础。使用级联 AdaBoost 分类器构造检测器进行目标检测的思想是：用多个 AdaBoost 分类器合作完成对候选框的分类，由这些 AdaBoost 分类器组成一个流水线，对滑动窗口中的候选框图像进行判定，确定它是人脸还是非人脸。在这些 AdaBoost 分类器中，前面的 AdaBoost 分类器很简单，包含的弱分类器很少，可以快速排除大量非人脸图像的窗口，但也可能会把一些非人脸图像判定为人脸。如果一个候选框通过了第一级 AdaBoost 分类器的筛选，即图像被它判定为人脸，则被送入下一级 AdaBoost 分类器中进行判定，否则被丢弃，以此类推。如果一个检测窗口通过了所有的 AdaBoost 分类器，则其中的图像被认为是人脸，否则是非人脸。

这种思想的精髓在于用简单的强分类器先排除大量的非人脸图像的窗口，使最终能通过所有强分类器的样本数很少。这样做的依据是在待检测图像中，绝大部分不是人脸而是背景，即人脸是一个稀疏事件，如果能快速地排除非人脸样本，则能大大提高目标检测的效率。

2.1.2 XGBoost

1. XGBoost 概述

XGBoost 由多个基于 Boosting[4]构建的 CART 组成，对于第 k 次迭代，XGBoost 以最小化 L_k 为目标，生成一个 CART，如式（2-9）所示。

$$L_k = \sum_{i=1}^{n} l(y_i, \hat{y}_{k-1,i} + f_k(x_i)) + \Omega(f_k) \tag{2-9}$$

其中，n 是训练样本总数，i 是每个样本的索引，y_i 是第 i 个样本的标签，$\hat{y}_{k-1,i}$ 是第 i 个样本在第 $k-1$ 次迭代时的预测标签，Ω 是一个正则项。构建完整的 CART 的最关键的问题是找到节点的最优切分点，XGBoost 支持两种分裂节点的方法，即贪心算法和近似算法。假设 I_L 和 I_R 是切分后左右节点的样本集合，满足 $I = I_L \bigcup I_R$，某分支的评估分数如式（2-10）所示。

$$\text{score} = \frac{1}{2} \cdot \left(\frac{\left(\sum_{i \in I_L} w_i \right)^2}{\sum_{i \in I_L} h_i + \lambda} + \frac{\left(\sum_{i \in I_R} w_i \right)^2}{\sum_{i \in I_R} h_i + \lambda} - \frac{\left(\sum_{i \in I} w_i \right)^2}{\sum_{i \in I} h_i + \lambda} \right) \tag{2-10}$$

其中，λ 为常数，w_i 和 h_i 分别为 $l(\cdot)$ 的一阶导数和二阶导数。在每次添加分支时，XGBoost 都会从所有候选分支中选择得分最高的分支。当 CART 结构固定后，叶子节点 j 的权重 w_j 可以由式（2-11）计算。

$$w_j = -\frac{\left(\sum_{i \in I} w_i \right)^2}{\sum_{i \in I} h_i + \lambda} \tag{2-11}$$

2. XGBoost 应用

XGBoost 是一种先进的机器学习模型，在处理分类和回归任务方面表现得非常出色。

分类方法是一种对离散型随机变量建模或预测的监督学习算法。Behera 等人[5]提出了一种基于 XGBoost 的监督学习模型，将链路预测问题视为一个二元分类问题。许多混合图特征技术被用来表示适合机器学习的数据集，实验结果表明，该模型与传统的预测模型相比具有较高的分类精度和 AUC 值[6]。Bhattacharya 等人[7]提出了一种基于主成分分析（PCA，Principal Component Analysis）[8]的机器学习模型来对入侵检测系统数据集进行分类。该模型首先对入侵检测系统数据集的转换执行了一个热编码，然后使用 PCA 算法进行降维。XGBoost 是在简化的数据集上实现的，将其用于分类，实验结果表明，该模型的性能优于现有的机器学习模型。

回归任务是一种对数值型连续随机变量进行预测和建模的监督学习算法。张春富等人[9]构建 XGBoost 进行糖尿病风险预测，以 XGBoost 为基础，利用遗传算法良好的全局搜索能力弥补 XGBoost 收敛较慢的缺陷，通过精英选择策略保证每一轮的进化结果最佳。Seyfioğlu 等人[10]对客户情绪进行分类，在平均审查向量上训练了 XGBoost 分类器，使预测的精度提高了 16.8%。Athanasiou 等人[11]采用 XGBoost，使用不同的损失函数进行学习，从而能够有效地处理高维数据。所提方法可以有效地处理高维和不平衡的数据集，并且在精确率和召回率方面明显优于大量传统的机器学习分类方法。

2.1.3　联邦学习

1. 联邦学习概述

联邦学习（FL，Federated Learning）是一种新兴的人工智能基础框架，联邦学习是最早在 2016 年由谷歌提出[12]的一种在线训练体系结构[13]，原本用于解决安卓手机终端用户在本地更新模型的问题。联邦学习本质上是一种分布式机器学习技术或机器学习框架，其目标是在保证数据隐私安全及合法合规的前提下实现共同建模，提升人工智能模型的性能。

联邦学习定义了机器学习框架，在此框架下通过设计虚拟模型解决不同数据拥有方在不交换数据的情况下进行协作的问题。虚拟模型是各方将数据聚合在一起的最优模型，各自区域依据模型为本地目标服务。联邦学习要求此建模结果应当无限接近传统模式，即接近将多个数据拥有方的数据汇聚到一处进行建模的结果。在联邦学习的机制下，各参与者的身份和地位相同，可建立共享数据策略。由于数据不发生转移，因此不会泄露用户隐私或影响数据规范。

一个标准的联邦学习框架如图 2-1 所示，联邦学习包括 3 种构成要素，即本地数据、移动用户、中心云服务器。与集中式云训练架构不同，联邦学习利用网络中用户的计算能力来训练机器学习模型。区别于现有的分布式学习架构将加密的数据上传到中心云服务器[14-15]，联邦学习上传数据的梯度，这避免了将原始数据直接泄露到中心云服务器的问题，节省了解密原始数据的开销。常用的联邦学习架构多基于随机梯度下降（SGD，Stochastic Gradient Descent）算法[16-17]，并通过完成以下聚合来实现，如式（2-12）所示。

$$\omega_{k+1} \leftarrow \omega_k - \eta \sum_{i=1}^{N} \frac{n_i}{N} g_i \qquad (2\text{-}12)$$

其中，i 是用户的唯一索引，ω_k 是第 k 轮训练的全局模型权重，η 是学习率，n_i 是用户 i 的样本数量，g_i 是用户 i 样本的平均梯度。N 个用户的训练结果在中心云服务器上进行聚合。

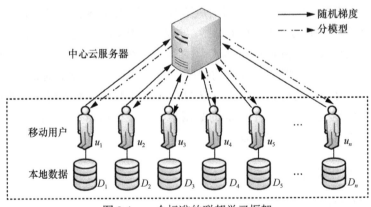

图 2-1　一个标准的联邦学习框架

联邦学习示意图如图 2-2 所示，在联邦学习系统中，各个数据拥有方进行数据预处理，共同建立学习模型，并将输出结果反馈给移动用户。

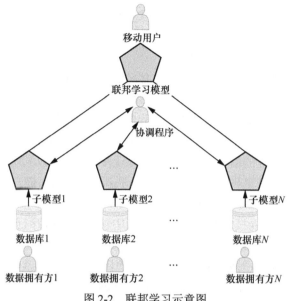

图 2-2　联邦学习示意图

将每个参与共同建模的企业称为参与者,根据多参与者之间数据分布的不同,可以将联邦学习分为 3 类,即横向联邦学习、纵向联邦学习和联邦迁移学习。

横向联邦学习的本质是样本的联合,适用于参与者间业态相同但触达客户不同,即特征重叠多,但用户重叠少的场景,特征相似,但样本不同,可以考虑用来构建联合模型。谷歌于 2017 年提出了一种针对安卓手机模型更新的数据联合建模方案,在单个用户使用安卓手机时,不断在本地更新模型参数并将参数上传到安卓云,从而使特征维度相同的各数据拥有方建立联合模型。

纵向联邦学习的本质是特征的联合,适用于用户重叠多、特征重叠少的场景,参与者触达的用户样本相同,但特征不同。纵向联邦学习就是将不同特征在加密的状态下加以聚合,以增强模型能力的联邦学习。

联邦迁移学习应用于参与者间特征和样本重叠都很少的情况,主要适用于以深度神经网络为基本模型的场景。联邦迁移学习的核心是找到源领域和目标领域之间的相似性。联邦迁移学习可以用来解决单边数据规模小和标签样本少的问题,从而提升模型的性能。

在联邦学习中,数据不会被泄露到外部,满足用户隐私保护和数据安全的需求,并且能够保证模型质量无损,不会出现负迁移,保证联邦模型比割裂的独立模型效果好,联邦学习还能够保证各参与者在保持独立性的情况下,进行信息与模型参数的加密交换,并同时获得成长。

2. 联邦学习应用

联邦学习的根本目标和最大的优点在于对用户隐私数据的保护,因此联邦学习可以帮助标签数据少、有数据安全使用问题的领域开展机器学习应用，例如金融、医疗等领域。

（1）联邦学习在金融中的应用

近年来，各地大力支持小微企业等实体经济开展金融服务，推进小微企业融资成本的降低，这就需要各大金融机构加大对小微企业的服务和支持。但是成立时间短的小微企业，存在信贷业务应用数据稀缺、不全面、历史信息沉淀不足等问题，当在进行具体信贷工作，或需要构建信贷相关模型时，因数据样本少，可能存在无法进行应用的问题。在小微企业的信贷问题上使用联邦迁移学习，可以利用金融机构在中大型企业的信贷模型或小微企业的营销模型，进行联邦迁移学习，提升应用的效果。

（2）联邦学习在医疗中的应用

随着许多人工智能技术开始在医疗领域中被应用，医疗行业中的数据保护也越发被重视。针对医疗机构的数据保护对于隐私和安全问题特别敏感，直接收集这些数据是不可行的。另外，因为医疗涉及的机构众多，很难收集到足够数量的、具有丰富特征的、可以用来全面描述患者症状的数据。在智能医疗系统中，医药数据、基因数据、医疗影像数据、专家知识、电子健康记录等，都是重要的数据，但因为考虑数据隐私或数据安全，无法直接对这些数据进行使用。

联邦学习可以帮助扩展训练数据的样本和特征空间，并且降低各医疗机构之间样本分布的差异性，进而改善共享模型的性能，发挥出重要作用[18]。

2.1.4　全连接神经网络

1. 全连接神经网络模型

全连接神经网络[19]由输入层、隐藏层及输出层组成，每一层均包含若干神经元，每个神经元由 5 个部分组成，即输入、权重、偏置项、激活函数及输出。若不考虑神经元的激活函数，神经元的表达退化为线性回归方程。此时，全连接神经网络仅由多个线性回归方程组成，只能解决线性可分的问题。为了解决线性不可分的问题，须引入激活函数，如 ReLU 函数、Softmax 函数等。整体而言，可将全连接神经网络的训练过程分为正向传播和反向传播。

（1）正向传播：输入数据顺序经过若干个全连接层和激活层获得归一化的分类概率输出，可以将网络第 l 层的运算描述为 $a^l = W^l x^{l-1} + b^l$，$x^l = f(a^l)$，其中 a^l 表示第 l 层的神经元向量，W^l 表示第 l 层和第 $l-1$ 层之间的权重矩阵，x^{l-1} 表示第 $l-1$ 层的输出（第 l 层的输入），b^l 表示第 l 层的偏置向量，f 表示激活函数。

（2）反向传播：反向传播根据链式求导法则计算目标损失函数关于模型参数的导数，并完成模型参数更新。若采用交叉熵损失函数 $E = -\sum(\mathbf{label}_j \ln y_j)$ 作为神经网络的目标损失函数，令 y 表示神经网络的输出，$\mathbf{label}$ 表示训练样本的真实标签，反向传播首先计算误差 $\delta^{l-1} = (W^l)^{\mathrm{T}} \delta^l f'(a^l)$，然后更新模型权重

$\partial \boldsymbol{W}^l = \boldsymbol{x}^{l-1}(\boldsymbol{\delta}^l)^{\mathrm{T}}$ 和偏置 $\partial \boldsymbol{b}^l = \boldsymbol{\delta}^l$，其中 $\boldsymbol{\delta}^l$ 表示第 l 层的误差，$\partial \boldsymbol{W}^l$ 和 $\partial \boldsymbol{b}^l$ 分别表示权重和偏置的梯度，可将梯度的更新表示为 $\boldsymbol{W} = \boldsymbol{W} - \partial \boldsymbol{W}^l \cdot \theta$，$\boldsymbol{b} = \boldsymbol{b} - \partial \boldsymbol{b}^l \cdot \theta$，其中 θ 表示学习率。

2. 全连接神经网络应用

全连接神经网络可作用于大多数场景，钟洋等人[20]提出了一种在三方协作下支持隐私保护的高效同态神经网络，解决了基于同态加密的隐私保护神经网络中存在的计算效率低和精度不足的问题，设计了安全快速乘法协议，将同态加密中的密文乘密文运算转换为复杂度较低的明文乘密文运算，提高了隐私保护神经网络的训练效率；并且提出了一种多服务器协作的安全非线性计算方法，克服了多项式迭代近似计算非线性函数的计算误差问题。Li 等人[21]深入分析了大量交通数据的时空特征，提出了一种高效的时空起始全连接神经网络，对城市交通进行预测；同时提出了一种初始全连接神经网络单元来捕捉交通数据集的空间依赖性和多尺度特征。Wang 等人[22]提出了基于双全连接神经网络的高精度心律失常分类方法，在分类阶段引入了两层分类器，每层分类器均包含两个独立的全连接神经网络，实验结果表明该方法有较高的心律失常检测性能。

2.1.5　深度神经网络

1. 深度神经网络模型

深度神经网络（DNN，Deep Neural Network）是深度学习的基础，是由多层人工神经元组成的，按照不同层的位置进行划分，深度神经网络的内部神经网络可以被分为输入层、隐藏层和输出层，结构如图 2-3 所示，第一层为输入层，最后一层为输出层，中间的层都为隐藏层。层与层之间是全连接的，也就是说第 i 层的任意一个神经元一定与第 $i+1$ 层的任意一个神经元相连接[23-24]。

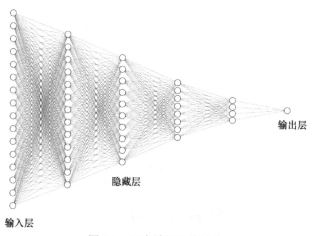

图 2-3　深度神经网络结构

在一个感知机中，输出由 $y = f(wx + b)$ 来计算，其中 x 是输入的值，w 是输入权重，b 是偏置项，f 为激活函数。对于深度神经网络来说，将 w_{nm}^{k-1} 定义为第 $k-1$ 层的第 m 个神经元到第 k 层的第 n 个神经元的权重，将 b_n^k 定义为第 k 层的第 n 个神经元对应的偏置项。第 l 层的第 j 个神经元 a_j^l 的输出为：

$$a_j^l = f\left(\sum_{k=1}^{m} w_{jk}^l a_k^{l-1} + b_j^l\right) \tag{2-13}$$

深度神经网络的正向传播算法是利用若干个权重系数矩阵 w 和偏置向量 b 来与输入值向量 x 进行一系列线性运算和激活运算的，从输入层开始，利用上一层的输出计算下一层的输出，一层层地向后计算，一直运算到输出层的输出，得到最终输出结果。

深度神经网络的反向传播算法采用梯度下降算法，对损失函数以进行迭代优化的方式求极小值，找到隐藏层和输出层对应的线性系数矩阵 W 和偏置向量 b，令将所有训练样本作为输入计算出的输出尽可能等于或很接近于样本输出。

在进行深度神经网络反向传播算法前，需要选择一个损失函数度量训练样本计算出的输出和真实样本输出之间的损失。其中训练样本的输出是由深度神经网络的正向传播算法计算出来的，并使用均方差来度量损失，每个样本的损失函数如式（2-14）所示，其中第 L 层 a^L 为利用正向传播算法计算出的输出，y 为真实样本输出，$\|S\|_2$ 为 S 的 L2 范数。

$$J(W, b, x, y) = \left\| a^L - y \right\|_2 \tag{2-14}$$

定义中间变量 $\delta^{l+1} = \dfrac{\partial J(W, b, x, y)}{\partial z^{l+1}}$，根据链式求导法则，如式（2-15）所示，计算第 l 层的第 i 个神经元的梯度，其中 z^l 为第 l 层未激活的输出，N^{l+1} 为神经元的个数。

$$\begin{aligned}
\delta^l &= \frac{\partial J(W, b, x, y)}{\partial z^l} \\
&= \sum_{k}^{N^{l+1}} \frac{\partial J(W, b, x, y)}{\partial z_k^{l+1}} \cdot \frac{\partial z_k^{l+1}}{\partial z^l} \\
&= \sum_{k}^{N^{l+1}} \frac{\partial J(W, b, x, y)}{\partial z_k^{l+1}} \cdot \frac{\partial z_k^{l+1}}{\partial a_i^l} \cdot \frac{\partial a_i^l}{\partial z^l} \\
&= \sum_{k}^{N^{l+1}} \delta^{l+1} \cdot W_{ki}^{l+1} \cdot f\left(z_i^l\right)
\end{aligned} \tag{2-15}$$

故第 l 层的第 i 个神经元的反向传播计算式如式（2-16）所示，其中 $\odot$ 表示 Hadamard 积，对于两个维度相同的向量 $A = \{a_{ij}\}$ 与 $B = \{b_{ij}\}$ 而言，若 $c_{ij} = a_{ij} \times b_{ij}$，则 $C = \{c_{ij}\}$ 是向量 A 与向量 B 的 Hadamard 积。

$$\delta^l = (W^{l+1})^{\mathrm{T}} \cdot \delta^{l+1} \odot f'(z') \tag{2-16}$$

第 l 层权重矩阵 W^l 中某个权重 W_{ij}^l 的梯度为：

$$\frac{\partial J(W,b,x,y)}{\partial W_{ij}^l} = \frac{\partial J(W,b,x,y)}{\partial z_i^l} \cdot \frac{\partial z_i^l}{\partial W_{ij}^l} = \delta_i^l \cdot a_j^{l-1} \tag{2-17}$$

第 l 层的第 i 个神经元的偏置 b_i^l 的梯度为：

$$\frac{\partial J(W,b,x,y)}{\partial b_i^l} = \frac{\partial J(W,b,x,y)}{\partial z_i^l} \cdot \frac{\partial z_i^l}{\partial b_i^l} = \delta_i^l \tag{2-18}$$

深度神经网络的本质是多元线性回归，训练集的学习最终把深度神经网络变成了一个函数，而这个函数的权重是神经元的值，输入值是量化或者说是本身已有的数据，输出值是给定的标签，也是固定的数值。深度神经网络使用 ReLU、maxout 等激活函数替代 Sigmoid 函数，克服了神经网络的梯度消失问题，但深度神经网络中全连接层的下层神经元和所有上层神经元都能够形成连接，从而导致参数数量膨胀[25]，这不仅容易过拟合，而且极容易陷入局部最优。

2. 深度神经网络应用

深度神经网络及其应用的领域非常广泛，可以被应用在语音识别、合成及机器翻译、图像分类及识别、视频分类及识别等各个方面。Yu 等人[26]设计了基于深度神经网络模型的海洋噪声信号分类，在深度神经网络模型的基础上，建立了一种可用于学习和分析不同海洋噪声信号的多层神经元网络模型。首先，随机生成初始化的权重；其次，将各层的输入值与权重相乘，然后相加，进行线性运算；接着，通过实现非线性 Sigmoid 函数实现函数值的归一化，得到实际输出和期望输出的误差函数；再次，通过使用梯度下降算法得到权重和最小值的误差系数；最后，将该系数与权重相加，得到能够区分不同海洋噪声信号的分类权重，保持权重的更新。该模型对矩阵数据进行训练和测试，证明该方法能够实现对海洋噪声信号的分类。微软研究人员[27]提出了一种成功应用于大词汇量语音识别系统的上下文相关的深度神经网络——隐马尔可夫混合模型，该模型利用了将深度神经网络应用于电话语音识别的最新进展，与之前最领先的基于传统的大词汇量语音识别系统相比，相对误差率减少 16%以上。

2.1.6　卷积神经网络

1. 卷积神经网络模型

卷积神经网络（CNN，Convolutional Neural Network）是多层感知机[28]的变

体，是一种包含卷积计算并且具有深度结构的前馈神经网络[29]，卷积神经网络的人工神经元可以响应一部分覆盖范围内的周围单元，对于大型图像处理有出色表现，网络结构主要有稀疏连接和权重共享两个特点，卷积神经网络利用输入图片的特点，把神经元设计成 3 个维度。

卷积神经网络每一层由一组神经元组成。每一层（除了输入层）的每个神经元均应用于前一层的神经元函数输出，即 $y = f(x)$，一些常用的层是全连接层、卷积层、激活层和池化层。

卷积神经网络的卷积层由若干个卷积单元组成，每个卷积单元的参数都是通过反向传播算法优化得到的。进行卷积运算的目的是提取输入的不同特征，其内部包含多个卷积核。在进行图像处理时，给定输入图像，在输入图像的一个小区域中进行像素加权平均后成为输出图像中的每个对应像素，其中权重由一个函数定义，这个函数被称为卷积核。卷积核的每个元素都对应一个权重系数 w 和一个偏置量 b，每个神经元都与前一层中位置接近区域的多个神经元相连，区域的大小取决于卷积核的大小。在卷积层工作时，卷积核会有规律地在输入特征上滑动，上一层的特征会与对应的卷积核进行卷积运算，即在区域内对输入特征和卷积核权重参数进行矩阵元素乘法求和并叠加偏置向量，输出新的特征。

卷积层的神经元共享相同的权重和偏置，通常被定义为内核或过滤器。令过滤器的大小为 $n \times n$，该层的每一个神经元都会与上一层 $n \times n$ 尺寸的神经元相连接。相应地，对于 $(j, k)^{\text{th}}$ 神经元，可以将输出表示为 $y_{j,k} = \sum\limits_{l=0}^{n-1} \sum\limits_{m=0}^{n-1} w_{l,m} x_{j+l,k+m} + b$。

在激活层引入非线性函数，对卷积层输出的结果进行非线性映射，并且通常在卷积层或者全连接层后立即使用。常见的激活功能包括 S 型函数、双曲正切函数和修正线性单元（ReLU），其中 ReLU 已经成为目前神经网络的默认推荐，被定义为 $f(x) = \max(x, 0)$。

池化层[30]将上一层的神经元分割为一组非重叠的矩形，并对每个子区域执行下采样操作，以获得当前层的一个神经元值。将池化层夹在连续的卷积层中间，用于压缩数据和参数的数量，降低过拟合的概率。最常见的池函数包含最大池化函数和平均池化函数，分别输出子区域内最大值和平均值。

卷积神经网络通常会堆叠一系列的卷积层和池化层，直到把图像在空间上合并成为较小的尺寸。而且最后经常会再添加一些全连接层。清晰起见，常见的卷积神经网络架构遵循以下模式，即 Input → [[Conv → ReLU]×n → Pool?]×m → [FC → ReLU]×l → FC，这里的×表示重复，?表示可选层，$n \geq 0$（通常 $n \leq 3$），$l \geq 0$（通常 $l < 3$）。

2. 卷积神经网络应用

卷积神经网络主要应用在图像风格转换、图像修复、图像超清化与图像翻译等各个领域中。Ji 等人[31]提出一个三维卷积神经网络模型用于行为识别。该模型通过执行三维卷积从空间和时间维度提取特征，从而捕获多个相邻帧中编码的运动信息。所开发的模型从输入帧生成多个通道的信息，最终的特征表示结合了所有通道的信息，该模型被应用于机场监控视频真实环境中的人类行为识别，与一般方法相比，实现了优异的性能。Sun 等人[32]使用卷积神经网络实现在户外人脸识别数据库中的人脸识别正确率达到了 97.47%，只比人脸识别 97.5%[33]的正确率低一点，提出了学习有效的高层特征来揭示身份，用于人脸验证。这些特征构建在深度卷积神经网络的最后一个隐藏层的特征提取层次之上，并从多尺度中级特征中总结出来。通过用少量的隐藏变量来表示大量的不同身份，可以获得高度紧凑的和有区别的特征。从不同人脸区域提取的特征互补，进一步提高了性能。在医学研究中，卷积神经网络对于图像的处理同样应用广泛，Raja 等人[34]采用卷积神经网络对视网膜层进行自动分割，使用内限制膜和视网膜色素上皮来计算青光眼诊断的杯盘比。系统利用结构张量提取候选层像素，并提取每个候选层像素的贴片，利用卷积神经网络进行分类，实现了对青光眼的诊断，并且与青光眼专家相比杯盘比值在±0.09 的平均范围内。

2.1.7　递归神经网络

1. 递归神经网络模型

递归神经网络（RNN，Recurrent Neural Network）是一类以序列数据为输入，在序列的演进方向进行递归且所有节点按链式连接的神经网络[35]，结构如图 2-4 所示，一个简单的递归神经网络如图 2-4（a）所示，由输入层、隐藏层与输出层组成。其中，x 是一个表示输入层值的向量，s 是一个表示隐藏层值的向量，o 是一个表示输出层值的向量，U 是输入层到隐藏层的权重矩阵，V 是隐藏层到输出层的权重矩阵，W 是将隐藏层上一次的值作为这一次的输入权重。

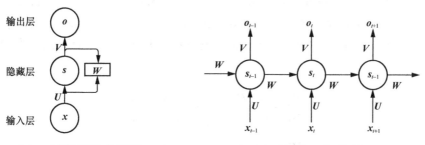

（a）一个简单的递归神经网络　　　　　　（b）递归神经网络时间线展开图

图 2-4　递归神经网络结构

将递归神经网络按照时间线展开，可以得到递归神经网络时间线展开图，如图 2-4（b）所示，其中 t 为时间序列，s_t 表示样本在时间 t 时的记忆，o_t 表示样本在时间 t 时的输出，s_t 与 o_t 可由式（2-19）求得，其中 f 和 g 均为激活函数，f 通常是 Tanh、ReLU、Sigmoid 等激活函数，g 通常是 Softmax 等激活函数。

$$s_t = f(Ux_t + Ws_{t-1})$$
$$o_t = g(Vs_t) \tag{2-19}$$

使用递归神经网络处理时间序列数据，故要基于时间进行反向传播，每一次输出的 o_t 会产生一个误差 e_t，总误差为 $E = \sum_t e_t$。由于每一步的输出不仅依赖当前的网络，还与之前的若干步网络相关，故需要运用梯度下降算法，对输出层的误差值进行反向传递并更新，使用式（2-20）计算所需参数的梯度。

$$\nabla U = \frac{\partial E}{\partial U} = \sum_t \frac{\partial e_t}{\partial U}$$
$$\nabla V = \frac{\partial E}{\partial V} = \sum_t \frac{\partial e_t}{\partial V} \tag{2-20}$$
$$\nabla W = \frac{\partial E}{\partial W} = \sum_t \frac{\partial e_t}{\partial W}$$

以 $t = 3$ 为例，根据链式求导法则可得参数梯度：

$$\frac{\partial E_3}{\partial V} = \frac{\partial E_3}{\partial o_3}\frac{\partial o_3}{\partial V}$$
$$\frac{\partial E_3}{\partial U} = \frac{\partial E_3}{\partial o_3}\frac{\partial o_3}{\partial s_3}\frac{\partial s_3}{\partial U} + \frac{\partial E_3}{\partial o_3}\frac{\partial o_3}{\partial s_3}\frac{\partial s_3}{\partial s_2}\frac{\partial s_2}{\partial U} + \frac{\partial E_3}{\partial o_3}\frac{\partial o_3}{\partial s_3}\frac{\partial s_3}{\partial s_2}\frac{\partial s_2}{\partial s_1}\frac{\partial s_1}{\partial U} \tag{2-21}$$
$$\frac{\partial E_3}{\partial W} = \frac{\partial E_3}{\partial o_3}\frac{\partial o_3}{\partial s_3}\frac{\partial s_3}{\partial W} + \frac{\partial E_3}{\partial o_3}\frac{\partial o_3}{\partial s_3}\frac{\partial s_3}{\partial s_2}\frac{\partial s_2}{\partial W} + \frac{\partial E_3}{\partial o_3}\frac{\partial o_3}{\partial s_3}\frac{\partial s_3}{\partial s_2}\frac{\partial s_2}{\partial s_1}\frac{\partial s_1}{\partial W}$$

可以看出对 V 求偏导没有长期依赖，但是由于 s_t 随着时间序列向前传播，s_t 又是关于 U 和 W 的函数，所以对 U 和 W 求偏导，会随着时间序列产生长期依赖。根据上述求偏导的过程，可以得出任意时刻对 U 和 W 求偏导的计算式如式（2-22）所示。

$$\frac{\partial E_t}{\partial U} = \sum_{k=0}^{t} \frac{\partial E_t}{\partial o_t}\frac{\partial o_t}{\partial s_t}\left(\prod_{j=k+1}^{t} \frac{\partial s_j}{\partial s_{j-1}}\right)\frac{\partial s_k}{\partial U}$$
$$\frac{\partial E_t}{\partial W} = \sum_{k=0}^{t} \frac{\partial E_t}{\partial o_t}\frac{\partial o_t}{\partial s_t}\left(\prod_{j=k+1}^{t} \frac{\partial s_j}{\partial s_{j-1}}\right)\frac{\partial s_k}{\partial W} \tag{2-22}$$

若考虑激活函数，这里令 f 为 Tanh 函数， g 为 Softmax 函数，故

$$s_j = \text{Tanh}(Ux_j + Ws_{j-1})，则 \prod_{j=k+1}^{t} \frac{\partial s_j}{\partial s_{j-1}} = \prod_{j=k+1}^{t} \text{Tanh}'W，Tanh 函数图像与 Tanh' 函数}$$

图像如图 2-5 所示。由图 2-5 可知，Tanh′ ≤ 1，在训练过程中大部分情况下 Tanh′ 的值小于 1，当权重 W 是一个大于 0 小于 1 的值且时间 t 很大时，$\prod_{j=k+1}^{t} \text{Tanh}'W$ 就会趋近于 0，这会导致求得的梯度趋近于 0，产生梯度消失问题[36]。

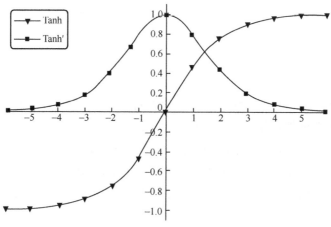

图 2-5　Tanh 函数图像与 Tanh′ 函数图像

为了解决递归神经网络存在的梯度消失问题，长短期记忆（LSTM，Long Short-Term Memory）网络被设计出来，LSTM 网络是一种时间递归神经网络[37]，可以学习长期依赖信息，它设计了一个记忆细胞，具备选择性记忆的功能，可以选择记忆重要信息，过滤噪声信息，减轻记忆负担。

所有的递归神经网络都具有一个重复神经网络模块的链式形式，在标准递归神经网络中，这个重复的模块只有一个非常简单的结构，例如一个 Tanh 层；在 LSTM 网络重复的模块中包含 4 个交互层，LSTM 网络结构如图 2-6 所示。在 t 时刻，LSTM 网络的输入为当前时刻网络输入值 x_t、上一时刻的输出值 h_{t-1} 和上一时刻的单元状态 c_{t-1}；LSTM 网络的输出为当前时刻的输出值 h_t，及当前时刻的单元状态 c_t。

LSTM 网络的关键是怎样使用 3 个控制开关控制长期状态 c，其中第 1 个开关负责控制继续保存长期状态 c，第 2 个开关负责控制将即时状态输入长期状态 c，第 3 个开关负责控制是否把长期状态 c 作为当前的 LSTM 网络输出。在 LSTM 网络算法中，开关是通过门的概念实现的，门实际上是一层全连接层，输入是一个向量，输出是一个 0～1 的实数向量。

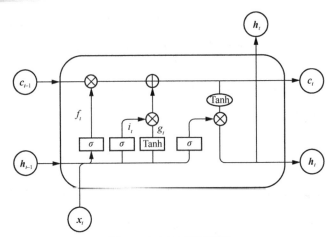

图 2-6　LSTM 网络结构

　　LSTM 网络用遗忘门与输入门来控制单元状态 c 的内容。遗忘门负责决定在最后一步中扔掉或保留哪些信息，根据以前的隐藏状态 h_{t-1} 与当前时间的输入 x_t 来决定，为单元状态 c_{t-1} 中的每个值确定一个 $0\sim1$ 的值。如式（2-23）所示，遗忘门决定了上一时刻的单元状态 c_{t-1} 有多少被保存到当前时刻的单元状态 c_t，其中 W_f 是遗忘门的权重矩阵，$[h_{t-1},x_t]$ 表示把两个向量连接成一个更长的向量，b_f 是遗忘门的偏置项，σ 是 Sigmoid 激活函数。

$$f_t = \sigma(W_f \cdot [h_{t-1}, x_t] + b_f) \tag{2-23}$$

　　输入门决定当前时刻网络的输入 x_t 有多少被保留到当前时刻单元状态 c_t，如式（2-24）所示，其中 W_i 是输入门的权重矩阵，$[h_{t-1},x_t]$ 表示把两个向量连接成一个更长的向量，b_i 是遗忘门的偏置项，σ 是 Sigmoid 激活函数。

$$i_t = \sigma(W_i \cdot [h_{t-1}, x_t] + b_i) \tag{2-24}$$

　　单元状态充当 LSTM 网络的内存，在每一个时间步长内结合前一个单元状态与遗忘门，以决定什么信息要被传送，然后与输入门结合，形成新的单元状态或单元的新存储器。根据上一次的输出和本次的输入来计算当前输入的单元状态，如式（2-25）所示，其中 W_g 是当前输入单元状态的权重矩阵，$[h_{t-1},x_t]$ 表示把两个向量连接成一个更长的向量，b_g 是当前输入单元状态的偏置项，Tanh 是激活函数。

$$g_t = \text{Tanh}(W_g \cdot [h_{t-1}, x_t] + b_g) \tag{2-25}$$

　　当前时刻的单元状态是由上一次的单元状态 c_{t-1} 按元素乘以遗忘门 f_t，再用当前输入的单元状态 g_t 按元素乘以输入门 i_t，再将两个乘积相加产生的，如式（2-26）所示，其中。表示"按元素乘"。

$$c_t = f_t \circ c_{t-1} + i_t \circ g_t \tag{2-26}$$

由于遗忘门的控制，LSTM 网络可以保存很久之前的信息；由于输入门的控制，LSTM 网络可以避免不重要的信息进入记忆。因此，LSTM 网络可以把当前的记忆 g_t 和长期的记忆 c_{t-1} 组合在一起，形成新的单元状态 c_t。

输出门控制了长期记忆对当前输出的影响，如式（2-27）所示，其中 W_o 是当前输入单元状态的权重矩阵，$[h_{t-1}, x_t]$ 表示把两个向量连接成一个更长的向量，b_o 是当前输入单元状态的偏置项，σ 是 Sigmoid 激活函数。

$$o_t = \sigma(W_o \cdot [h_{t-1}, x_t] + b_o) \tag{2-27}$$

LSTM 网络的最终输出是由输出门与单元状态共同决定的，如式（2-28）所示。

$$h_t = o_t \circ \mathrm{Tanh}(c_t) \tag{2-28}$$

LSTM 网络继承了大部分递归神经网络模型的思想，并且通过遗忘门、输入门与单元状态来控制传输状态，保留重要的信息，遗忘不重要的信息，采用输出门与单元状态确定最后的输出，适用于很多需要长期记忆的任务。然而，每一个 LSTM 网络的结构有 4 个全连接层，如果 LSTM 网络的时间跨度大并且网络很深，意味着计算量大且计算耗时。

2. 递归神经网络应用

递归神经网络被广泛应用于各种与时间序列相关的任务中。Palangi 等人[38]提出了一种基于 LSTM 单元的递归神经网络句子嵌入模型，所提出的 LSTM-RNN 依次提取句子中的每个单词，并将其嵌入语义向量中。由于 LSTM-RNN 具有捕获长期记忆的能力，它在模型中积累了越来越丰富的信息，当它到达最后一个单词时，网络的隐藏层提供了整个句子的语义表示。该模型可以自动删减不重要的单词，并检测句子中的显著关键词，文档之间的相似性可以通过 LSTM-RNN 计算的相应句子嵌入向量之间的距离来衡量。Baccouche 等人[39]提出了一个全自动的深度模型，该模型可以在不使用任何先验知识的情况下学习人类行为进行分类。该方案首先基于卷积神经网络的三维扩展，自动学习时空特征；然后训练一个递归神经网络对每个序列进行分类，考虑每个时间步学习特征的时间演化，该模型在 KTH 数据集上的测试结果优于其他已知的深度学习模型。

2.2　同态加密

2.2.1　群、环、域

群、环、域都是代数系统中相当重要的组成部分，代数系统是对要研究的现象或过程建立的一种数学模型，模型中包括要处理的数学对象的集合及集合上的关系或运算，运算可以是一元的也可以是多元的，可以有一个也可以有多个[40]。

定义 2.1 设 $\mathbb{S}$ 是一个非空集合，那么映射被称为集合 $\mathbb{S}$ 的二元（代数）运算[41]。

$$\eta:\begin{cases} \mathbb{S}\times\mathbb{S}\to\mathbb{S} \\ (a,b)\to z \end{cases} \tag{2-29}$$

定义 2.2 封闭性：设 $*$ 是集合 $\mathbb{S}$ 上的运算，若对 $\forall a,b\in\mathbb{S}$，都有 $a*b\in\mathbb{S}$，则称 $\mathbb{S}$ 对运算 $*$ 是封闭的。若 $*$ 是一元运算，对 $\forall a\in\mathbb{S}$，有 $*a\in\mathbb{S}$，则称 $\mathbb{S}$ 对运算 $*$ 是封闭的。

定义 2.3 结合律：若对 $\forall a,b,c\in\mathbb{S}$，有 $(a*b)*c=a*(b*c)$，则称 $*$ 满足结合律。

定义 2.4 若在非空集合 $\mathbb{S}$ 上定义的二元运算 $*$ 满足封闭性和结合律，就称 $\mathbb{S}$ 关于该二元运算 $*$ 构成半群。

定义 2.5 单位元：若非空集合 $\mathbb{S}$ 存在元素 e，对 $\forall a\in\mathbb{S}$，有 $e*a=a$（$a*e=a$），就称 e 是 $\mathbb{S}$ 的左单位元（右单位元），若 e 既是 $\mathbb{S}$ 的左单位元又是右单位元，就称 e 为 $\mathbb{S}$ 的单位元。

注：当 $\mathbb{S}$ 中的二元运算为乘法时，元素 e 就被称为 $\mathbb{S}$ 的乘法单位元，通常记为1；当 $\mathbb{S}$ 中的二元运算为加法时，元素 e 就被称为 $\mathbb{S}$ 的加法单位元，也被称为零元，记为0。

定义 2.6 逆元：对 $\forall a\in\mathbb{S}$，存在元素 a^{-1}，使 $a*a^{-1}=a^{-1}*a=e$，将 a^{-1} 称为元素 a 的逆元。

定义 2.7 若集合 $\mathbb{G}\neq\varnothing$，在 $\mathbb{G}$ 上的二元运算 $*$ 构成的代数系统 $\langle\mathbb{G},*\rangle$ 满足：

（1）封闭性。

（2）结合律。

（3）单位元。

（4）逆元。

则称 $\langle\mathbb{G},*\rangle$ 是群。若其中运算 $*$ 已经明确，有时将 $\langle\mathbb{G},*\rangle$ 简记为 $\mathbb{G}$。

定义 2.8 若 $\mathbb{G}$ 是有限集合，则称 $\langle\mathbb{G},*\rangle$ 是有限群，否则是无限群。在有限群中，将 $\mathbb{G}$ 的元素个数称为群的阶数。

定义 2.9 如果群 $\langle\mathbb{G},*\rangle$ 中的运算 $*$ 满足交换律，即对 $\forall a,b\in\mathbb{G}$，有 $a*b=b*a$，则称 $\langle\mathbb{G},*\rangle$ 为交换群或 Abel 群。

群中运算 $*$ 一般被称为乘法，则该群为乘法群。若将运算 $*$ 改为 $+$，则将该群称为加法群，此时将逆元 a^{-1} 写为 $-a$。

定理 2.1 设 $\mathbb{G}$ 是一个群，则有如下性质。

（1）单位元是唯一的。

证明　设 e, e' 都是 G 中的单位元，根据单位元的定义有：

$$e' = ee' = e \tag{2-30}$$

故单位元是唯一的。

（2）任意一个元素的逆元是唯一的。

证明　设 a', a'' 都是 a 的逆元，满足结合律，所以有：

$$a'aa'' = (a'a)a'' = ea'' = a'' \tag{2-31}$$

且

$$a'aa'' = a'(aa'') = a'e = a' \tag{2-32}$$

故 a 的逆元 a' 是唯一的。

（3）$\forall a, b, c \in G$，若 $a * b = a * c$，则 $b = c$；若 $b * a = c * a$，则 $b = c$，称 G 满足消去律。

证明　若 $a * b = a * c$，则两边左乘 a^{-1}，根据结合律可得 $b = c$。

（4）$\forall a, b \in G$，方程 $ax = b$ 和 $ya = b$（其中 x, y 是未知数）在 G 中都有解，此时 $x = a^{-1}b, y = ba^{-1}$。

证明　在群 G 中，$\exists a^{-1} \in G$，使 $aa^{-1} = a^{-1}a = e$。由于 a^{-1} 和 b 均为 G 中元素且 G 关于乘法封闭，所以 $a^{-1}b$ 也在 G 中。令 $x = a^{-1}b$，则 $ax = a(a^{-1}b) = (aa^{-1})b = eb = b$，因此方程在 G 中有解 $x = a^{-1}b$。同理可证 G 中有解 $y = ba^{-1}$。

（5）任意一个元素逆元的逆元是其本身，即 $\forall a \in G$，$(a^{-1})^{-1} = a$。

证明　设 b 是 a^{-1} 的逆元，则 $ba^{-1} = e = aa^{-1}$。根据消去律可知 $b = a$。

（6）对 $\forall a, b \in G$，$(ab)^{-1} = b^{-1}a^{-1}$。

证明　由封闭性易证得 $b^{-1}a^{-1} \in G$。由于 $b^{-1}a^{-1}ab = b^{-1}(a^{-1}a)b = b^{-1}eb = b^{-1}b = e$，所以 $b^{-1}a^{-1}$ 是 ab 的逆元。根据逆元的唯一性可知结论成立。

（7）$a^n a^m = a^{n+m}$，$n, m \in \mathbb{Z}$，$\mathbb{Z}$ 是整数集合。

（8）$(a^n)^m = a^{nm}$，$n, m \in \mathbb{Z}$。

（9）若 G 为 Abel 群，$(ab)^n = a^n b^n$，$n \in \mathbb{Z}$。

定义 2.10　设群 G，整数集合 I。如果存在一个元素 $g \in G$，对于每一个元素 $a \in G$，都有一个相应的 $i \in I$，能把 a 表示成 g^i，则称 G 为循环群，将 g 称为循环群的生成元，记 $G = \langle g \rangle = \{g^i | i \in I\}$。称满足方程 $a^m = e$ 的最小正整数 m 为 a 的阶，被记为 $|a|$。

定义 2.11　$\langle \mathbb{R}, +, \cdot \rangle$ 是有加法运算和乘法运算的代数系统，若满足：

（1）$\langle \mathbb{R}, + \rangle$ 构成一个交换群。

（2）乘法结合律：$\langle \mathbb{R}, \cdot \rangle$ 对 $\forall a, b, c \in \mathbb{R}$，有 $(ab)c = a(bc)$。

（3）乘法对加法的分配率：对 $\forall a, b, c \in \mathbb{R}$，有 $(a+b)c = ac + bc$，$c(a+b) = ca + cb$。

则将 $\langle \mathbb{R}, +, \cdot \rangle$ 称为环。

定理 2.2 设 $\mathbb{R}$ 是一个环，对于 $\forall a, b \in \mathbb{R}$，则有：

（1）$0a = a0 = 0$；

（2）$(-a)b = -(ab) = a(-b)$，$(-a)(-b) = ab$；

（3）$m(ab) = (ma)b = a(mb)$，$\forall m, n \in \mathbb{Z}$；

（4）$mn(ab) - (ma)(nb)$，$\forall m, n \in \mathbb{Z}$；

（5）$a^m \cdot a^n = a^{m+n}$，$\forall m, n \in \mathbb{Z}^+$；

（6）$(a^m)^n = a^{mn}$，$\forall m, n \in \mathbb{Z}^+$。

定义 2.12 $\langle \mathbb{F}, +, \cdot \rangle$ 是在集合 $\mathbb{F}$ 上定义了两个代数运算，加法运算 "+" 和乘法运算 "·"，并且满足：

（1）$\langle \mathbb{F}, + \rangle$ 是加法交换群。

（2）$\langle \mathbb{F} \setminus \{0\}, \cdot \rangle$ 是乘法交换群，其中 0 是 $\langle \mathbb{F}, + \rangle$ 的单位元。

（3）乘法运算 "·" 与加法运算 "+" 满足分配率，即 $a(b+c) = ab + ac$。

则将 $\langle \mathbb{F}, +, \cdot \rangle$ 称为域。

事实上，如果一个环中的非零元素集合构成乘法交换群，则该群就被称为域。有限域是指域中元素个数有限的域，将元素个数称为域的阶。若域中的元素可以表示成某个素数的幂，即 $q = p^r$，其中 p 是素数，r 是自然数，则阶为 q 的域被称为 Galois 域，被记为 GF(q) 或 $\mathbb{F}_q$。

2.2.2　公钥密码体制的困难问题

公钥密码的思想最早由 Diffie 和 Hellman 提出[42]，他们设想了一种不需要事先传递密钥的密码体制，在该体制中，用户 Alice 有一对密钥，即公开的加密密钥（简称公钥）和保密的解密密钥（简称私钥）。在向 Alice 发送秘密信息时，用其公钥加密，在 Alice 收到信息后，用私钥解密。由于加密密钥与解密密钥不同，因此公钥密码体制又被称为非对称密码体制，而传统密码体制被称为对称密码体制或私钥密码体制。

公钥密码体制为密码学的发展提供了新的理论和技术基础，一方面，公钥密码算法的基本工具不再是代换和置换，而是数学函数；另一方面，公钥密码算法以非对称的形式使用两个密钥，两个密钥的使用对保密性、密钥分配、认证等都有着深刻的意义。

公钥密码体制的安全性取决于构造密码算法所依赖的数学困难问题的计算复

杂性，其中常用的数学困难问题有大整数因式分解难题、离散对数难题、椭圆曲线上的离散对数难题等。

1. 大整数因式分解难题

给定两个大素数 p,q 计算它们的乘积 $p \times q = n$ 很容易，但是给定大整数 n，求 n 的 2 个大素数 p,q，满足 $n = p \times q$ 却非常困难。RSA 公钥密码算法的安全性依赖于大整数因式分解难题。

2. 离散对数难题

已知整数 a，计算 $g^a = h$，得出 h 很容易；但是已知 h，满足 $g^a = h$，要得出 a 却非常困难。许多常用的密码学方案的安全性是基于求解离散对数难题的计算复杂性的，例如 Diffie-Hellman 密钥交换方案、ElGamal 加密方案等。

3. 椭圆曲线上的离散对数难题

已知有限域 $\mathbb{F}_p$ 上的椭圆曲线点群如式（2-33）所示。

$$E(\mathbb{F}_p) = (x,y) \in \mathbb{F}_p \times \mathbb{F}_p \left| y^2 = x^3 + ax + b,\ a,b \in \mathbb{F}_p \bigcup \{0\} \right. \qquad (2\text{-}33)$$

点 $P = (x,y)$ 的阶为一个大素数[41]。给定整数 a，计算整数 x，使 $x_p = (x_a, y_a) = Q$ 很容易；给定点 Q，计算整数 x，使 $x_p = Q$ 非常困难。

SM2[43]是中国国家密码管理局颁布的中国商用公钥密码标准算法，它是一组椭圆曲线密码算法，其中包括加密算法、解密算法和数字签名算法。

2.2.3　加法同态 Paillier 算法

Paillier 加密系统是 1999 年 Paillier 发明的概率公钥加密系统[44]。基于复合剩余类的困难问题，是一种满足加法同态性质的加密算法，已经被广泛应用在加密信号处理或第三方数据处理领域中。

1. 密钥生成

（1）选择两个大素数 p,q，满足 $\gcd(pq,(p-1)(q-1)) = 1$，其中 p 和 q 长度相当，$\gcd(\cdot,\cdot)$ 为两个参数的最大公约数。

（2）计算 $n = pq$，$\lambda = \mathrm{lcm}(p-1,q-1)$，$\mathrm{lcm}(\cdot,\cdot)$ 为两个参数的最小公倍数。

（3）定义 $L(x) = \dfrac{(x-1)}{n}$，这里的分式是除法。

（4）随机选取一个小于 n^2 的正整数 g，并且存在 $u = (L(g^{\lambda} \bmod n^2))^{-1} \bmod n$。

（5）公钥为 (n,g)。

（6）私钥为 (λ,u)。

2. 快速生成私钥

在公钥相同的情况下，可以快速生成私钥，即 $g = n+1$，$\lambda = \varphi(n)$，$u = (\varphi(n) - 1) \bmod n$，其中 $\varphi(n)$ 为欧拉函数，即 $\varphi(n) = (p-1)(q-1)$。

3. 加密

（1）明文为 m，其中 $0 < m < n$；

（2）随机选择 r，满足 $0 < r < n$ 且 $r \in \mathbb{Z}_{n^2}^*$，r 和 n 互素。$r \in \mathbb{Z}_{n^2}^*$ 是指 r 在 n^2 的剩余系下存在乘法逆元。

（3）计算密文：$c = g^m r^n \bmod n^2$。

4. 解密

计算明文 $m = L(c^\lambda \bmod n^2) * \mu \bmod n = \dfrac{L(c^\lambda \bmod n^2)}{L(g^\lambda \bmod n^2)}$。

Paillier 算法不仅可以用于公钥加密，还可以用于各种云计算应用。从安全角度来说，用户一般不敢将敏感信息直接放在第三方云上进行处理，但是如果用的是同态加密技术，那么用户可以放心地使用，将同态加密应用到云服务中，可以从根本上解决云服务中数据的保密存储和保密计算问题。

2.2.4 乘法同态 RSA 算法

定义加密函数 f，可以把明文 A 变成 A'，把明文 B 变成 B'，即 $f(A) = A'$，$f(B) = B'$。若一个加密函数满足 $f(A) \times f(B) = f(A \times B)$，我们将这种加密函数称为乘法同态，RSA 算法[45]对于乘法操作而言是同态的，下面介绍 RSA 算法步骤。

1. 密钥的产生

选择一对不相等且足够大的素数 p, q，计算 $n = p \times q$，这里 n 的长度就是密钥的长度，计算 n 的欧拉函数 $\varphi(n) = (p-1) \times (q-1)$，选一个与 $\varphi(n)$ 互素的整数 e，其中 $1 < e < \varphi(n)$，计算出 e 对于 $\varphi(n)$ 的模反元素 d，$de \bmod \varphi(n) = 1$，其中公钥为 (e, n)，私钥为 (d, n)。

2. 加密算法

发送方需要使用接收方的公钥 (e, n) 对明文信息 m 进行加密，并且在加密时必须对明文进行比特串分组，保证每个分组对应的十进制数小于 n，即保证 $m < n$。加密算法如式（2-34）所示，其中 c 为密文。

$$c \equiv m^e \bmod n \tag{2-34}$$

3. 解密算法

接收方使用私钥 (d, n) 对接收到的密文 c 进行解密操作，解密操作是加密操作的逆过程。解密算法如式（2-35）所示。

$$m \equiv c^d \bmod n \tag{2-35}$$

存在密文 c_1 与 c_2，对应明文分别为 m_1 与 m_2，令 $c = c_1 \times c_2$，可知 $c = (m_1 \times m_2)^e \bmod n$，即密文 c 解密后为 $m_1 \times m_2$，因此 RSA 算法为乘法同态加密算法。

4．安全性

从 RSA 密钥的产生与加密、解密的过程可以看出，密码破解的实质是求解出 p 与 q 的值，从而求出 d 的值而得到私钥。当 p 与 q 是一个大素数的时候，使用它们的乘积 $p \times q$ 去分解因子 p 和 q，这是一个公认的数学难题，一般来说，当密钥长度 n 为 1024 位时，便认为加密是安全的。

虽然 RSA 密钥的安全性依赖于大整数因式分解，但并没有从理论上证明破译 RSA 密钥的难度与大整数因式分解难度等价，并且受到素数产生技术的限制，难以做到一次一密。分组长度太大，为保证安全性，n 的值会很大，使运算代价很高，运算速度较慢，较对称密码算法的运算速度慢几个数量级；并且随着大整数因式分解技术的发展，这个长度还在增加，不利于数据格式的标准化，故使用 RSA 算法只能加密少量数据，进行大量的数据加密还要使用对称密码算法。在实际应用中，RSA 算法一般用来加密对称密码算法的密钥，而密文多用对称密码算法加密传输。

2.2.5　全同态加密算法

全同态加密算法能够同时满足加法同态性和乘法同态性，加密函数能完成各种加密后的运算，包括加减乘除、指数、对数、三角函数等。可以在不知道密钥的情况下，对密文进行任意计算，这种特殊的性质使全同态加密算法具有广泛的理论与实际应用，如云计算安全、密文检索、安全多方计算等。因此，研究全同态加密算法具有重要的科学意义与应用价值[46]。

全同态加密算法的发展一般被分为 3 个阶段。2009 年，Gentry 构造出第一个全同态加密（FHE，Fully Homomorphic Encryption）方案[47]，这是第一代全同态加密方案。Gentry 提出，首先构造一个能够对一定深度的电路进行同态计算的类同态加密（SHE，Somewhat Homomorphic Encryption）方案；然后压缩解密电路，使它能够对它本身增强的解密电路进行同态计算，得到一个可以自举的同态加密方案；最后有序执行自举操作，得到一个可以对任意电路进行同态计算的方案。同时，基于理想格上的 ICP 假设，并结合稀疏子集和与循环安全假设，他也开创性地构造了一个具体的方案。

随着 Gentry 的全同态加密方案的提出，人们开始尝试基于容错学习（LWE，Learning With Errors）问题构造全同态加密方案，并结合理想格的代数结构、快速运算等优良性质来实现方案并进行优化，最终取得了巨大的成功。2011 年，Brakerski 和 Vaikuntanathan 利用 LWE 问题实现了全同态加密[48]并在 Ring-LWE 假设下实现了全同态加密[49]，其核心技术是再线性化和模数转换。这些新技术的出现使我们不需要压缩解密电路，从而也就不需要稀疏子集和循环安全假设，方案的安全性完全基于 LWE 问题的困难性。这样一来，方案的效率与安全性都得到了极大的提升，但在进行同态计算时仍然需要计算密钥的辅助，故被称为第二代全同态加密方案。

第一代与第二代全同态加密方案无论是层次型的还是纯的全同态加密，都需要计算密钥的辅助才能达到全同态加密的目的。需要计算的密钥一般来说都很大，制约了全同态加密效率。2013 年，Gentry 等人[50]利用近似特征向量技术，设计了一种不需要计算密钥的全同态加密方案 Gentry-Sahai-Waters（GSW），在进行同态计算时不再依赖于计算密钥，标志着第三代全同态加密方案的诞生。

🔍 2.3 基于安全多方计算的密态计算

安全多方计算（SMC，Secure Multi-Party Computation）存在一组计算参与者，每个参与者均拥有自己的数据，并且不信任其他参与者和任何第三方，在这种前提下，需要考虑如何对各自私密数据的一个目标结果进行计算。

安全多方计算起初是由 Yao[51]在解决双方设定（2PC）的百万富翁问题中提出的。事实证明，保证 2PC[52]的信息理论安全性是不可能的，大多数的解决方案都是基于同态加密、混淆电路（GC，Garbled Circuit）等加密工具。然而，同态加密方案需要大量的计算，因为在线阶段需要代价相对较大的公钥生成操作。尽管混淆电路允许预先计算高代价的操作，但它需要为评估函数生成一个混淆电路。生成和存储这样的混淆电路对于大规模计算问题将会是一个挑战[53]。

2.3.1 基于秘密共享的密态计算

秘密共享是安全多方计算中的一个基本原语，很多安全多方计算中的方法使用到了它。秘密共享的基本思路是将每个数值拆分成多个份额，并将这些份额分发给多个参与者。每个参与者持有的都是原始数据的一部分，一个或少数几个参与者无法还原出原始数据，只有当大家把各自的数据凑在一起时才能还原真实数据。在计算时，各参与者直接用自己本地的数据进行计算，并且在适当的时候交换一些数据（交换的数据本身看起来也是随机的，不包含关于原始数据的信息），仍以秘密共享的方式将计算结束后的结果分散存储在各参与者处，并在最终需要得到结果的时候将某些数据组合起来。因此，秘密共享便保证计算过程中的各个参与者看到的都是一些随机数，但最后仍然计算出了想要的结果。

在该方案中，秘密 S 被分成 n 个随机共享份额，不少于 t 个随机共享份额才能重构秘密，任何小于 t 个随机共享份额的集合都不会泄露秘密的信息，该秘密共享方案运行在有限域 $\mathbb{F}_p$ 内，p 是一个公开的大素数。将秘密分割算法表示为

$\{(u,\xi_u)\,|\,u\in U\}\leftarrow$ SEC.Split(S,n)，其中 S 是秘密，将 $U=\{1,2,\cdots,n\}$ 用于唯一标识秘密共享方案的参与者，ξ_u 是 $u\in U$ 产生并分布到 v 的随机共享份额。基于拉格朗日多项式的算法 SEC.Recon$(\{(u,\xi_{u,v})\,|\,v\in U'\},t)$ 用于重构秘密 S，$U'\in U$ 是不少于 t 个参与者的集合。

在基于 Shamir 秘密共享理论[54]的方法中，秘密共享的机制主要由秘密的分发者 D、团体参与者 $P=\{P_1,P_2,\cdots,P_n\}$、接入结构、秘密空间、分配算法、恢复算法等要素构成。秘密共享通过对秘密进行分割，并把秘密在 n 个参与者中分享，使只有在多于 t 个参与者合作时才可以计算出或是恢复秘密，而在少于 t 个参与者时则不可以得到有关秘密。秘密共享如图 2-7 所示，将特征 A 的值 x，分割成多个份额 $x_1,x_2,\cdots,x_n$，分发给参与者 $S_1,S_2,\cdots,S_n$。

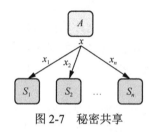

图 2-7　秘密共享

秘密共享体系还具有同态性，如图 2-8 所示，给定特征 A 和 B，它们的值被随机拆分成份额 $(x_1,x_2,\cdots,x_n)$ 和 $(y_1,y_2,\cdots,y_n)$，并被分发给不同的参与者 $(S_1,S_2,\cdots,S_n)$，每个参与者的运算结果的加和均等同于原始 A 与 B 的加和。同样通过增加其他计算机制，也能满足乘积的效果，这就是秘密共享具备的同态性，各参与者可以在不交换任何数据的情况下直接对加密数据求和或求积。

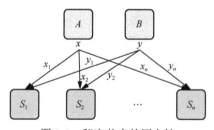

图 2-8　秘密共享的同态性

在秘密共享系统中，攻击者必须同时获得一定数量的秘密份额才能重构秘密，这样的门限机制能提高秘密共享系统的安全性。此外，当某些秘密份额丢失或被毁时，利用其他的秘密份额仍能重构秘密，这样可以提高秘密共享系统的可靠性。

秘密共享因为具有上述特征，在实际中得到了广泛的应用，如通信密钥的管理、数据安全管理、银行网络管理、导弹控制发射、图像加密等。

2.3.2 基于混淆电路的密态计算

混淆电路[55]是一种密码学协议，参与者能在互相不知晓对方数据的情况下计算某一能被逻辑电路表示的函数。通过对电路进行加密来掩盖电路的输入和电路的结构，以此来保护各个参与者的隐私信息，再通过电路计算实现基于安全多方计算的目标函数计算。

混淆电路是基于半诚实模型的两方安全计算。简单来说，可将整个计算过程分为两个阶段。在第一个阶段中，将安全计算函数转换为电路，称之为电路生成阶段；在第二个阶段中，利用不经意传输（OT，Oblivious Transfer）、加密等密码学原语评估电路，称之为电路评估阶段。每一阶段均由参与运算的一方来负责，直至电路执行完毕输出运算后的结果。针对参与运算的双方，从参与者的视角，又可以将参与安全运算的双方分为电路的生成者与电路的评估者。

它的核心技术是将两方参与的安全计算函数编译成布尔电路的形式，并将真值表加密打乱，从而实现电路的正常输出而又不泄露参与计算双方的私有信息。由于任何安全计算函数都可被转换成对应的布尔电路形式，相较于其他的安全计算方法，具有较高的通用性。

两方混淆电路通过电路的方式来实现，例如 Alice 和 Bob 要进行协同计算，他们首先需要构建一个由与门、或门、非门和与非门组成的布尔电路，每个门都包括输入线和输出线。混淆电路通过加密和混淆这些电路的值来掩盖逻辑真值信息，而这些加密和混淆以门为单位，每个门都有一张真值表。Alice 用密钥加密真值表，并将混淆后的加密真值表发给 Bob，通过进行这种加密与混淆，达到混淆电路的目的。而 Bob 根据收到的加密真值表混淆的输出和自己的密钥，对加密真值表的每一行进行试解密的操作，最终只有一行能解密成功，并提取相关的加密信息。最后，Bob 将计算结果返回给 Alice。

相较于其他安全计算方案，混淆电路是一种比较通用的解决方案，安全性相对较高，但其性能一般，尤其是当超过三方参与运算且数据量较大时，安全计算过程中的通信量会比较大（在两方各有 1000 个数据情况下求 PSI 通信量可达到 GB 数量级），特别不适合在带宽受限的情况或在 WAN 环境中使用。

🔍 2.4 基于可信执行环境的密态计算

可信执行环境（TEE，Trusted Execution Environment）是一种具有运算和存储功能，能提供安全性和完整性保护的独立处理环境[56]。其基本思想是在硬件中为敏感数据单独分配一块隔离内存，所有敏感数据的计算均在这块隔离内存中进行，并且除了经过授权的接口外，硬件中的其他部分不能访问这块隔离内存中的信息，以此来实现敏感数据的密态计算。可信执行环境通过同时使用硬件和软件来保护数据和代码，这个并行系统比传统系统（REE，即富执行环境）更加安全。在可信执行环境中运行的受信任应用程序可以访问设备主处理器和内存的全部功能，而硬件隔离保护这些组件不受主操作系统中运行的用户安装应用程序的影响，可信执行环境中的软件和加密隔离用于保护不同的受信任应用程序。

Sabt 等人[56]使用隔离核对可信执行环境进行了更一般化的定义。隔离核最早被用于模拟分布式系统，满足以下安全性准则。

（1）数据隔离：存储在某个分区中的数据不能被其他的分区读取或篡改。

（2）时间隔离：公共资源区域中的数据不会泄露任意分区中的数据信息。

（3）信息流控制：除非有特殊的允许，否则各个分区之间不能进行通信。

（4）故障隔离：一个分区中的安全性漏洞不能传播到其他分区中。

基于隔离核的安全性特质，可信执行环境可被定义成一个运行在隔离核上的难以篡改的执行环境。也就是说，可信执行环境可以保证其内部代码的安全性、认证性和完整性，可以向第三方证明它的安全性，可以抵抗几乎所有的对主要系统的软件攻击和物理攻击，可以有效杜绝利用后门安全漏洞所展开的攻击。

与安全多方计算和同态加密相比，可信执行环境可被视为密码学与系统安全的结合，既包含底层的密码学基础，又结合了硬件及系统安全的上层实现，其安全性来源于隔离的硬件设备抵御攻击的能力，同时避免了额外的通信过程及公钥密码学中大量的计算开销。可信执行环境的缺点也在于其安全性在很大程度上依赖于硬件实现，因此很难给出安全边界的具体定义，也更容易遭受来自不同攻击面的侧信道攻击。

可信执行环境可以在一个复杂且相互联系的系统中提供良好的安全性，目前多数可信执行环境的应用场景均指向智能手机端。在该场景下，可信执行环境能够提供的安全性服务包括隐私保护的票务服务、在线交易确认、移动支付、媒体内容保护、云存储服务认证等。此外，可信执行环境也可在仅基于软件的情况下实现可信平台模块（TPM，Trusted Platform Module），目前的一个研究趋势是使用可信执行环境保障各种嵌入式系统平台的安全，如传感器和物联网等。其中已落地的常见应用场景包括隐私身份信息的认证比对、大规模数据的跨机构联合建模分析、数据资产所有权保护、链上数据机密计算、智能合约的隐私保护等。

🔍 2.5　差分隐私

差分隐私（DP，Differential Privacy）是 Dwork[57]针对统计数据库的隐私泄露问题提出的一种新的隐私定义。差分隐私保护模型要求，当我们根据一个数据集发布一些隐私信息时，应当保证攻击者无法从我们发布的信息中推断出某条信息是否在原数据集里面。差分隐私保护的出现，使差分隐私保护模型能够在攻击者拥有最大背景知识的情况下抵抗各种形式的攻击。

差分隐私保护模型[58]的思想是：当数据集 D 中包含个体 Alice 时，假设对 D 进行任意查询操作 f（如计数、求和、求平均值、计算中位数或其他范围查询等）所得到的结果为 $f(D)$，如果在将 Alice 的信息从 D 中删除后进行查询得到的结果仍然为 $f(D)$，则可以认为 Alice 的信息并没有因为被包含在数据集 D 中而产生额外的风险。

差分隐私算法定义[58]：假设有随机算法 M，M 所有可能的输出构成集合 P_M。对于任意两个邻近数据集 D 和 D'，以及 P_M 的任意子集 S_M，若算法 M 满足 $P_r[M(D) \in S_M] \leqslant e^{\varepsilon} \times P_r[M(D') \in S_M]$，则称算法 M 满足 $\varepsilon -$ 差分隐私保护，将参数 ε 称为隐私保护预算。

算法 M 在邻近数据集上的输出概率如图 2-9 所示，算法 M 通过对输出结果的随机化来提供隐私保护，同时通过参数 ε 来保证在数据集中删除任一记录时，算法输出同一结果的概率不会发生明显变化。

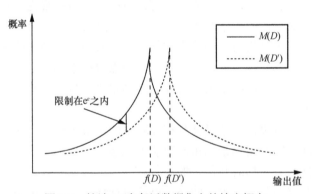

图 2-9　算法 M 在邻近数据集上的输出概率

差分隐私保护可以通过在查询函数的返回值中加入适量的干扰噪声来实现。加入的干扰噪声过多会影响结果的可用性，加入的干扰噪声过少则无法提供足够的安全保障。敏感度是决定加入的干扰噪声量大小的关键参数，指删除数据集中任一记录对查询结果造成的最大改变。最基础的差分隐私实现机制是 Laplace 机制和指数机制。

Laplace 机制针对数值型数据进行处理，通过向确切的查询结果中加入服从 Laplace 分布的随机噪声来实现 $\varepsilon -$ 差分隐私保护。给定任意函数 $f : D \rightarrow R^d$，表达式 $M(D)$ 的输出满足：

$$M(D) = f(D) + \left(\text{Laplace}\left(\frac{\Delta f}{\varepsilon} \right) \right)^d \tag{2-36}$$

即满足 ε - 差分隐私保护，其中添加的干扰噪声大小与 Δf 和 ε 的取值有关[59]。

指数机制针对非数值型数据进行处理。假设随机算法 M 的输入为数据集 D，输出为一实体对象 $r \in \mathrm{Range}$，$q(D,r)$ 为可用性函数，Δq 为函数 $q(D,r)$ 的敏感度。若算法 M 以正比于 $\exp\left(\dfrac{\varepsilon q(D,r)}{2\Delta q}\right)$ 的概率从 Range 中选择并输出 r，那么算法 M 满足 ε - 差分隐私保护[60]。

差分隐私保护是一种通用的、灵活的、具有坚实数学理论支撑的隐私保护方法，可以用来解决很多传统密码学不适合甚至不可行的问题[61]。随着大数据和人工智能领域的发展，差分隐私保护被用于很多需要实现隐私保护的场合，如数据挖掘、机器学习、推荐系统等。

🔍 2.6　本章小结

在第 2.1 节中介绍了深度学习相关的算法，并介绍了深度学习的相关知识点，包含 AdaBoost、XGBoost、联邦学习、全连接神经网络、深度神经网络、卷积神经网络、递归神经网络，神经网络是能够模仿生物神经网络结构和功能的数学模型，能够根据外界消息的不同而自适应地调整，也就是说具有学习的能力，不同的神经网络结构能够使神经网络在面对不同问题时更容易得出有效的结果。

在第 2.2 节中介绍了同态加密。首先介绍了公钥密码学体系中的群、环、域，公钥密码体制的困难问题等基础概念；接着分别介绍了加法同态 Paillier 算法和乘法同态 RSA 算法的加密操作、解密操作并分析了其安全性；最后介绍了全同态加密算法的发展历程。

在第 2.3 节中介绍了基于安全多方计算的密态计算。首先介绍了基于秘密共享的密态计算方法，接着介绍了基于混淆电路的密态计算方法，为后续章节打下基础。

在第 2.4 节中介绍了基于可信执行环境的密态计算。首先介绍了可信执行环境的基本思想及使用隔离核对可信执行环境的计算，接着通过对比安全多方计算、同态加密与可信执行环境，总结出了可信执行环境的优缺点，最后介绍了可信执行环境的应用场景。

在第 2.5 节中介绍了差分隐私。首先介绍了差分隐私的作用及基本思想，然后介绍了差分隐私算法的定义，接着介绍了实现差分隐私保护的两种噪声机制，即 Laplace 机制和指数机制，最后简单介绍了该方法的应用场景。

本章将为后续章节构造密态深度学习理论与应用提供基础深度学习模型和基本密码学原语。

参考文献

[1] 曹莹, 苗启广, 刘家辰, 等. AdaBoost 算法研究进展与展望[J]. 自动化学报, 2013, 39(6): 745-758.

[2] MUKHERJEE I, RUDIN C, SCHAPIRE R E. The rate of convergence of AdaBoost[C]// Proceedings of the 24th Annual Conference on Learning Theory. Budapest: PMLR, 2011: 537-558.

[3] VIOLA P, JONES M. Rapid object detection using a boosted cascade of simple features[C]// Proceedings of the 2001 IEEE Computer Society Conference on Computer Vision and Pattern Recognition. Piscataway: IEEE Press 2001(1): I.

[4] CHEN T, GUESTRIN C. XGBoost: a scalable tree boosting system[C]//The 22nd ACM SIGKDD International Conference on Knowledge Discovery and Data Mining. New York: ACM Press, 2016: 785-794.

[5] BEHERA D K, DAS M, SWETANISHA S, et al. Follower link prediction using the XGBoost classification model with multiple graph features[J]. Wireless Personal Communications, 2022, 127(1): 695-714.

[6] HUANG J, LING C X. Using AUC and accuracy in evaluating learning algorithms[J]. IEEE Transactions on Knowledge and Data Engineering, 2005, 17(3): 299-310.

[7] BHATTACHARYA S, SIVA RAMA KRISHNAN S, MADDIKUNTA P K R, et al. A novel PCA-firefly based XGBoost classification model for intrusion detection in networks using GPU[J]. Electronics, 2020, 9(2): 219.

[8] GRANATO D, SANTOS J S, ESCHER G B, et al. Use of principal component analysis (PCA) and hierarchical cluster analysis (HCA) for multivariate association between bioactive compounds and functional properties in foods: a critical perspective[J]. Trends in Food Science & Technology, 2018(72): 83-90.

[9] 张春富, 王松, 吴亚东, 等. 基于 GA_XGBoost 模型的糖尿病风险预测[J]. 计算机工程, 2020, 46(3): 315-320.

[10] SEYFIOĞLU M, DEMIREZEN M. A hierarchical approach for sentiment analysis and categorization of Turkish written customer relationship management data[C]//Proceedings of the 2017 Federated Conference on Computer Science and Information Systems (FedCSIS). Piscataway: IEEE Press, 2017: 361-365.

[11] ATHANASIOU V, MARAGOUDAKIS M. A novel, gradient boosting framework for sentiment analysis in languages where NLP resources are not plentiful: a case study for modern Greek[J]. Algorithms, 2017, 10(1): 34.

[12] KONEČNÝ J, MCMAHAN H B, RAMAGE D, et al. Federated optimization: distributed machine learning for on-device intelligence[EB]. 2016.

[13] MCMAHAN H B, MOORE E, RAMAGE D, et al. Communication-efficient learning of deep networks from decentralized data[C]//Artificial intelligence and statistics. Fort Lauderdale:

PMLR, 2017: 1273-1282.

[14] XING K, HU C Q, YU J G, et al. Mutual privacy preserving K-means clustering in social participatory sensing[J]. IEEE Transactions on Industrial Informatics, 2017, 13(4): 2066-2076.

[15] YUAN J W, TIAN Y F. Practical privacy-preserving MapReduce based K-means clustering over large-scale dataset[J]. IEEE Transactions on Cloud Computing, 2019, 7(2): 568-579.

[16] BRISIMI T S, CHEN R, MELA T, et al. Federated learning of predictive models from federated electronic health records[J]. International Journal of Medical Informatics, 2018(112): 59-67.

[17] SPRAGUE M R, JALALIRAD A, SCAVUZZO M, et al. Asynchronous federated learning for geospatial applications[C]//Communications in Computer and Information Science. Cham: Springer, 2019: 21-28.

[18] BLITZER J, MCDONALD R, PEREIRA F. Domain adaptation with structural correspondence learning[C]//Proceedings of the 2006 Conference on Empirical Methods in Natural Language Processing. New York: ACM Press, 2006: 120-128.

[19] QIAO J F, LI F J, HAN H G, et al. Constructive algorithm for fully connected cascade feed forward neural networks[J]. Neurocomputing, 2016, 182: 154-164.

[20] 钟洋, 毕仁万, 颜西山, 等. 支持隐私保护训练的高效同态神经网络[J]. 计算机应用, 2022, 42(12): 3792-3800.

[21] LI H, YANG B, ZHANG L, et al. ST-IFC: efficient spatial-temporal inception fully connected network for citywide crowd flow prediction[J]. International Journal of Sensor Networks, 2021, 35(1): 23-31.

[22] WANG H R, SHI H T, LIN K, et al. A high-precision arrhythmia classification method based on dual fully connected neural network[J]. Biomedical Signal Processing and Control, 2020(58): 101874.

[23] HINTON G E, OSINDERO S, TEH Y W. A fast learning algorithm for deep belief nets[J]. Neural Computation, 2006, 18(7): 1527-1554.

[24] PSALTIS D, SIDERIS A, YAMAMURA A A. A multilayered neural network controller[J]. IEEE Control Systems Magazine, 1988, 8(2): 17-21.

[25] 朱虎明, 李佩, 焦李成, 等. 深度神经网络并行化研究综述[J]. 计算机学报, 2018, 41(8): 1861-1881.

[26] YU P, XING H Y, DING Y. Classification of marine noise signals based on DNN model[C]//Proceedings of the 2017 13th IEEE International Conference on Electronic Measurement & Instruments (ICEMI). Piscataway: IEEE Press, 2017: 465-470.

[27] DAHL G E, YU D, DENG L, et al. Context-dependent pre-trained deep neural networks for large-vocabulary speech recognition[J]. IEEE Transactions on Audio, Speech, and Language Processing, 2012, 20(1): 30-42.

[28] HWANG J, LEE J, LEE K S. A deep learning-based method for grip strength prediction: comparison of multilayer perceptron and polynomial regression approaches[J]. PLoS One, 2021, 16(2): e0246870.

[29] SUGANTHAN P N, KATUWAL R. On the origins of randomization-based feed forward neural

networks[J]. Applied Soft Computing, 2021(105): 107239.

[30] SUN M L, SONG Z J, JIANG X H, et al. Learning pooling for convolutional neural network[J]. Neurocomputing, 2017(224): 96-104.

[31] JI S W, XU W, YANG M, et al. 3D convolutional neural networks for human action recognition[J]. IEEE Transactions on Pattern Analysis and Machine Intelligence, 2013, 35(1): 221-231.

[32] SUN Y, WANG X G, TANG X O. Deep learning face representation from predicting 10,000 classes[C]//Proceedings of the 2014 IEEE Conference on Computer Vision and Pattern Recognition. Piscataway: IEEE Press, 2014: 1891-1898.

[33] KUMAR N, BERG A C, BELHUMEUR P N, et al. Attribute and simile classifiers for face verification[C]//Proceedings of the 2009 IEEE 12th International Conference on Computer Vision. Piscataway: IEEE Press, 2009: 365-372.

[34] RAJA H, AKRAM M U, SHAUKAT A, et al. Extraction of retinal layers through convolution neural network (CNN) in an OCT image for glaucoma diagnosis[J]. Journal of Digital Imaging, 2020, 33(6): 1428-1442.

[35] PARAMASIVAN S K. Deep learning based recurrent neural networks to enhance the performance of wind energy forecasting: a review[J]. Revue. D'Intelligence Artificielle, 2021, 35(1): 1-10.

[36] NOH S H. Analysis of gradient vanishing of RNNs and performance comparison[J]. Information, 2021, 12(11): 442.

[37] SAK H, SENIOR A, BEAUFAYS F. Long short-term memory recurrent neural network architectures for large scale acoustic modeling[EB]. 2014.

[38] PALANGI H, DENG L, SHEN Y, et al. Deep sentence embedding using long short-term memory networks: analysis and application to information retrieval[J]. IEEE/ACM Transactions on Audio, Speech, and Language Processing, 2016, 24(4): 694-707.

[39] BACCOUCHE M, MAMALET F, WOLF C, et al. Sequential deep learning for human action recognition[C]//International Workshop On Human Behavior Understanding. Heidelberg: Springer, 2011: 29-39.

[40] 杨波. 现代密码学[M]. 第 4 版. 北京: 清华大学出版社, 2017.

[41] 姜正涛. 信息安全数学基础[M]. 北京: 电子工业出版社, 2017.

[42] DIFFIE W, HELLMAN M. New directions in cryptography[J]. IEEE Transactions on. Information Theory, 1976, 22(6): 644-654.

[43] 谢宗晓, 李达, 马春旺. 国产商用密码算法 SM2 及其相关标准介绍[J]. 中国质量与标准导报, 2021(1): 9-11+22.

[44] PAILLIER P. Public-key cryptosystems based on composite degree residuosity classes[C]// International Conference on the Theory and Applications of Cryptographic Techniques. Heidelberg: Springer, 1999.

[45] RIVEST R L, SHAMIR A, ADLEMAN L. A method for obtaining digital signatures and public-key cryptosystems[J]. Communications of the ACM, 1978, 21(2): 120-126.

[46] 陈智罡, 王箭, 宋新霞. 全同态加密研究[J]. 计算机应用研究, 2014, 31(6): 1624-1631.

[47] GENTRY C. Fully homomorphic encryption using ideal lattices[C]//Proceedings of the forty-first annual ACM Symposium on Theory of Computing. New York: ACM Press, 2009: 169-178.

[48] BRAKERSKI Z, PERLMAN R. Lattice-based fully dynamic multi-key FHE with short ciphertexts[C]//Annual International Cryptology Conference. Heidelberg: Springer, 2016: 190-213.

[49] LÓPEZ-ALT A, TROMER E, VAIKUNTANATHAN V. On-the-fly multiparty computation on the cloud via multikey fully homomorphic encryption[C]//Proceedings of the forty-fourth Annual ACM Symposium on Theory of Computing. ACM, New York: ACM Press, 2012: 1219-1234.

[50] GENTRY C, SAHAI A, WATERS B. Homomorphic encryption from learning with errors: conceptually-simpler, asymptotically-faster, attribute-based[C]//Annual Cryptology Conference. Heidelberg: Springer, 2013: 75-92.

[51] YAO A C. Protocols for secure computations[C]//Proceedings of the 23rd Annual Symposium on Foundations of Computer Science (sfcs 1982). Piscataway: IEEE Press, 1982: 160-164.

[52] DAMGÅRD I, GEISLER M, KRØIGAARD M, et al. Asynchronous multiparty computation: theory and implementation[C]//International Workshop on Public Key Cryptography. Heidelberg: Springer, 2009: 160-179.

[53] BOGDANOV D, NIITSOO M, TOFT T, et al. High-performance secure multi-party computation for data mining applications[J]. International Journal of Information Security, 2012, 11(6): 403-418.

[54] SHAMIR A. How to share a secret[J]. Communications of the ACM, 1979, 22(11): 612-613.

[55] ESMAEILZADE S, PAKNIAT N, ESLAMI Z. A generic construction to build simple oblivious transfer protocols from homomorphic encryption schemes[J]. The Journal of Supercomputing, 2022, 78(1): 72-92.

[56] SABT M, ACHEMLAL M, BOUABDALLAH A. Trusted execution environment: what it is, and what it is not[C]//Proceedings of the 2015 IEEE Trustcom/BigDataSE/ISPA. Piscataway: IEEE Press, 2015: 57-64.

[57] DWORK C. Differential privacy: a survey of results[C]//International Conference on Theory and Applications of Models of Computation. Heidelberg: Springer, 2008.

[58] 熊平, 朱天清, 王晓峰. 差分隐私保护及其应用[J]. 计算机学报, 2014, 37(1): 101-122.

[59] DWORK C. A firm foundation for private data analysis[J]. Communications of the ACM, 2011, 54(1): 86-95.

[60] 康海燕, 马跃雷. 差分隐私保护在数据挖掘中应用综述[J]. 山东大学学报(理学版), 2017, 52(3): 16-23, 31.

[61] 李效光, 李晖, 李凤华, 等. 差分隐私综述[J]. 信息安全学报, 2018, 3(5): 92-104.

第3章
基于 AdaBoost 的密态计算

本章围绕密态环境下的深度学习展开讨论，分析 AdaBoost 分类器的网络结构，基于加法秘密共享协议和边缘计算设计一种轻量级的隐私保护 AdaBoost 人脸识别分类框架（POR），通过对现有的安全指数函数和安全对数函数进行改进，设计一系列计算密态图像特征的协议，实现对密态数据的训练与分类。通过进行理论分析和安全评估，证明所构造的密态深度学习方法是正确的、安全的和有效的。

🔍 3.1 背景介绍

随着机器学习的发展，人脸识别已经成为仅次于指纹识别的第二流行生物身份信息认证技术。正因为人脸识别有足够的安全性和保密性，人们更倾向于使用基于人脸特征的生物识别技术来保护自身财产。比如，早在 2013 年的时候，PayPal 就在英格兰为超过 2200 万的使用者提供只需要刷脸就可以完成的酒店入住和支付服务[1]。并且在 2014 年，人脸识别的层次学习体系结构的提出使其准确率达到 99.5% 以上，这就更加保障了人脸识别服务的可靠性和实用性[2]。尽管基于机器学习的人脸识别技术的表现远优于传统方法[3]，但是，它在训练过程中对内存空间及计算能力的需求非常高，这一点是普遍公认的。比如，在一个大规模、含有不同年龄段的人脸识别数据集中，存在着 331 万张 9131 名受试者的人脸图像需要机器学习模型去学习[4]。为了降低算法识别开销且满足对计算能力的高要求，许多应用程序开发商更愿意将他们需要集中计算和大容量的数据外包给云服务器[5]。不过，对于大多数人脸识别应用程序来说，服务供应商被要求在几秒内给予成千上万的用户反馈。然而，云服务器通常距离本地服务请求方很远，这种实时性应用对数据通信速度和系统的鲁棒性要求极高，一种新的边缘计算范式被提出并用来解决上述问题，边缘计算范式的提出很快吸引了工业投资和科研研究领域的巨大兴趣[6]。通过将计算和存储中心部署到靠近图像采集设备的网络边缘，这种范式能有效大幅减小通信时延并增强系统鲁棒性[7]。

　　然而，由于在许多实际应用程序中缺乏隐私保护，常常没有对这些用于机器学习的人脸特征信息进行加密就外包给云服务器或者边缘服务器，从而存在被窃听和被滥用的风险[8]。一旦敌手发现了潜在的目标，不仅可能造成对肖像权的侵犯，而且可能使广大用户的财产蒙受巨额损失。更严重的是，在公共场合的人脸识别监控已经引发关于私人隐私的社会争议。许多人抱怨当他们走在商场里时就像在经历一场无声的审判，因为他们的面部正通过无所不在的摄像机永不停歇地和政府的一个犯罪图库进行比对，甚至他们不知道这些"检察官们"在哪里。因此，亟须一种新型人脸识别框架以保证在不暴露私人面部特征的情况下完成人脸识别任务。

　　因此，本章介绍一种轻量级的隐私保护 AdaBoost 人脸识别分类框架，它基于加法秘密共享协议和边缘计算。首先，通过扩大有效输入范围来改进目前流行的基于加法秘密共享协议的指数函数和对数函数。然后，利用此协议，为人脸识别任务部署两台边缘服务器来协同完成基于 AdaBoost 的集成分类，这个边缘计算应用程序确保了 POR 的有效性和鲁棒性。此外，理论分析证明加法秘密共享协议的正确性和安全性，充分的实验结果表明，相比于现有基于差分隐私的其他框架，POR 能够减少 58%的计算误差。

🔍 3.2　研究现状

　　对于集成学习的隐私保护，最常用的方法是使用差分隐私技术。Wang 等人[9]选择基于差分隐私的深度学习框架来实现信用卡欺诈中客户隐私的保护，该方案使用多个数据源训练深度神经网络，并且在每次迭代中选择最重要的梯度以减少通信负担，弥补了协同机器学习和保护隐私的机器学习之间的差距，同时解决了以往工作中信息融合中心和本地数据提供者之间通信负担过重的问题。然而，尽管差分隐私作为一种可靠的标准被广泛使用，但是在实际应用中，由于在测量时不可避免且普遍存在的数据误差会改变原始数据的统计特征，加入的噪声不再服从期望分布；并且由于额外的基于 Laplace 分布或高斯分布的随机噪声，想要获得越强的隐私性，差分隐私就会引入越大的计算误差[10]，这都可能导致实际的隐私保护结果偏离预期结果。

　　另一种不需要通过引入如此大计算误差来保护数据隐私的方法是采用同态加密技术。近年来，大量基于同态加密的机器学习框架被提出。Mohassel 等[11]

设计的 SecureML，使用双服务器在客户端的联合数据上训练模型且不需要学习训练模型之外的任何信息，利用安全多方计算实现隐私保护机器学习。SecureML 使用共享的十进制数上的安全算法操作技术和将 MPC-friendly 非线性函数用于训练线性回归、逻辑回归和神经网络模型的机器学习算法。Salem 等人[12]设计了一种基于深度学习的隐私保护领域的生物识别框架，该框架使用预训练的深度神经网络从生物特征数据中提取特征，使用同态加密对数据进行加密。虽然人们对同态加密很感兴趣，但是，许多学者指出同态加密具有很高的时间复杂度且需要消耗大量内存资源，这使得它难以服务于实际应用程序，从而需要使用一种轻量级且高效的框架来处理人脸识别的隐私问题。

3.3 问题描述

3.3.1 系统模型

隐私保护人脸识别系统模型如图 3-1 所示，本节介绍的隐私保护人脸识别系统由 5 个部分组成，分别是图像采集设备（VD）、基础安全分类器（C）、边缘服务器（$S_i, i \in \{1,2\}$）、可信第三方（T），以及识别服务器供应商（SP）。

（1）VD 是任何一个能够执行视觉任务的物联网设备，例如联网的智能手机或者相机。人脸图像在这里被加密，然后发送给部署 C 的边缘服务器。

（2）C 是一个弱隐私保护人脸识别器，例如安全的支持向量机[13]，它能够执行初步分类任务然后输出结果 $P = P_1 + P_2$ 给 S_i，不过它的准确性远低于实际应用程序的要求。

（3）在系统模型中，有两台非共谋边缘服务器 S_1 和 S_2 专门用来执行 POR 中的复杂运算，本节设计的所有交互协议都在它们之间运行。边缘服务器需要从 C 处获得在加法秘密共享模式中加密过的数据集，并把该数据集作为 POR 训练过程的输入。如果有必要，两台边缘服务器也可以具备产生均匀随机数的能力。

（4）因为 T 的工作仅仅是负责产生均匀随机数 r_i 来隐藏 S_i 的秘密份额，所以可以将一台轻量级的服务器部署为 T。

（5）通过计算 $O = O_1 + O_2$，SP 可以简单地获得最终的强分类器。如果训练是合适的，可以为了商业应用程序或者其他目的将 O_i 部署到 S_i 上。

注意到该系统模型是部署在两方设置下的，如果需要采用多台边缘服务器，那么唯一要做的就是将 SecCmp(·)和 SecMul(·)扩展至安全多方设置下。从文献[14-15]中可以知道，扩展 SecCmp(·)和 SecMul(·)是完全可以做到的。

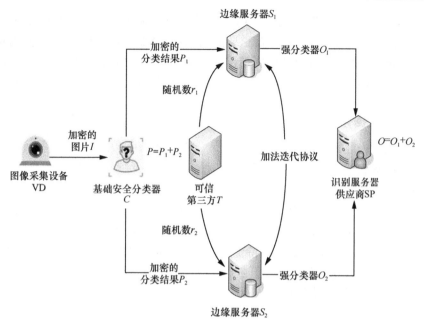

图 3-1 隐私保护人脸识别系统模型

3.3.2 攻击模型

假定 POR 的所有参与者都是诚实且好奇的。在通常情况下，它们的行为完全遵循交互协议，但是它们只要有机会就会试图学习对它们有利的任何消息。甚至于，在 S_1 和 S_2 之间有能够模仿协议运行过程的模拟器 π_1 和 π_2。他们都具有以下能力。

（1）π_1 和 π_2 是具有多项式时间的模拟器；

（2）π_1 和 π_2 都能产生均匀随机数；

（3）根据协议的真实视图，π_1 和 π_2 能够模拟整个协议运行过程；

（4）集合 Sim_i 存储了所有 π_i 模拟过的关于协议运行过程的数据。

此外，假定边缘服务器只能学习其他参与者发送的消息，而不能再学习任何多余的信息，并且不能与另一台边缘服务器共谋。VD、C、T 和 SP 都是诚实的，而且在诚实的参与者之间有安全的通信信道。在本模型中，一次成功的攻击是指对于敌手 $\mathcal{A}$ 来说，Sim_i 和协议的真实视图在计算中是不可区分的。

3.4 基于秘密共享的安全协议

本节介绍几种安全交互子协议来完成隐私保护 AdaBoost 算法。与现有的协议相比，改进后的安全自然指数协议 ISExp(·)和安全自然对数协议 ISLog(·)不需要限制输入值的范围。这种改进是非常重要的，因为在 AdaBoost 算法中，没有 Sigmoid 函数和 Tanh 函数来使计算的中间值维持在 0～1，而此范围恰能保持麦克劳林级数的有效性。此外，简洁起见，这里用 x_i 代表 S_i 拥有的份额，其中 $i \in \{1,2\}$。

3.4.1　数据存储格式

当输入数据远大于 0 或小于 0 时，为了解决级数收敛过慢的问题，这里采用单精度浮点数表示法进一步改善安全的对数函数。这种表示方法的转变能在图像采集设备上或者云服务器的本地计算中直接操作，而且 POR 也能支持双精度表示法，但是 32 位长的单精度秘密共享值对于大多数应用程序而言已经足够安全。因此，在这里仅展示单精度数据表示方法。如果有需要，本方案中的所有协议都可以通过增加尾数 m 和指数 ε 的比特位来很容易地将其扩展到双精度格式，这种扩展带来的开销仅仅是额外的通信开销，如协议 3.1 所示。

协议 3.1　单精度格式转换

输入：秘密共享值 x

输出：尾数 m 和指数 ε

1. $m \leftarrow x$
2. $\varepsilon \leftarrow 0$
3. **while** $m > 1$ **or** $m < -1$ **do**
4. 　　$m \leftarrow m / 2$
5. 　　$\varepsilon \leftarrow \varepsilon + 1$
6. **end while**
7. **return** m, ε

数据表示：这里采用的单精度浮点数表示法是基于在 IEEE 754-1985 上部署的标准格式，它在 IEEE 754-2008 上被称为 binary32[16]。为了适应系统需要，对原始表示方法进行了如下改变。首先，数字不是在固定的 32 位存储空间中，而是一个 32 位的浮点数 m 和 16 位的整数 ε，分别对应尾数和指数。同时，这里也提供了标准格式的符号位。由于对协议而言，指数的偏差只会产生额外的计算误差，因此将其设置为 0。尤其是对于任意有符号数 u，它能被转换成式（3-1）所示的形式。

$$u = m \cdot 2^{\varepsilon - \text{bias}}, \text{bias} \in \{0,1,2,\cdots,255\} \tag{3-1}$$

其中，$-1 \leqslant m \leqslant 1$ 且 ε 是有符号整数。

3.4.2　指数的安全匹配

使用单精度格式表示后，要计算的秘密共享值的指数可能无法匹配。因此对于安全函数计算而言，最重要的前提之一就是匹配两个输入的指数。正如协议 3.2 所示，给定两个秘密共享值，指数的安全匹配协议 SME(·)通过协商可以确保它们有相同的指数。在这个过程中，两个参与者不用将自己的秘密共享值暴露给对方。并且，因为数据的表示方法不用改变原始的输入值，SME(·)不会将额外的计算误差引入此系统。此外，如果将数据格式扩展到双精度格式，SME(·)仍然能够有效。根据双精度的标准定义，它与单精度的不同之处在于尾数和指数的比特位长度。对于 SME(·)来说，这个不同之处是微不足道的，并且不会影响到协议本身的正确性。

指数的安全匹配是为了使两个秘密共享值有相同的指数，首先 S_1 和 S_2 必须调用协议 3.1，即以单精度格式转换函数 SINGLE-PRECISION(·)，将它们的输入转换单精度格式，即 $u_1 = m_1 \cdot 2^{\varepsilon_1}$ 和 $u_2 = m_2 \cdot 2^{\varepsilon_2}$。

正如前面提到的，格式转换已经提前完成。然后，它们将输入拆分为两个秘密共享值，即 $u_1 = u_1' + u_1'' = m_1' \cdot 2^{\varepsilon_1} + m_1'' \cdot 2^{\varepsilon_1}$ 和 $u_2 = u_2' + u_2'' = m_2' \cdot 2^{\varepsilon_2} + m_2'' \cdot 2^{\varepsilon_2}$，其中 $m_1 = m_1' + m_1''$，$m_2 = m_2' + m_2''$，并且有 $m_i' \neq 0$ 和 $m_i'' \neq 0$。接下来，分别将 m_i' 和 m_i'' 分配给 S_1 和 S_2，使用 S_1 来更新 $u_1 = u_1' + u_2'$，使用 S_2 更新 $u_2 = u_1'' + u_2''$。为了完成计算，S_i 匹配了两个秘密共享值的指数，并且保证 $u = u_1 + u_2$ 仍成立。因此，能安全地将输入转换成拥有相同指数的单精度浮点数。而且，无论尾数之和是否超过 1，最后的指数都不会受到影响，它总是取 ε_1 和 ε_2 中大的那一个。

协议 3.2　指数安全匹配（SME）

输入：S_1 输入 u_1，S_2 输入 u_2

输出：S_1 输出 u_1，S_2 输出 u_2，S_1 和 S_2 都输出 ε

1. S_1 计算 $m_1, \varepsilon_1 \leftarrow \text{SINGLE} - \text{PRECISION}(u_1)$

2. S_2 计算 $m_2, \varepsilon_2 \leftarrow \text{SINGLE} - \text{PRECISION}(u_2)$

3. S_1 将 m_1 拆分为 $m_1 \leftarrow m_1' + m_1''$，并计算 $u_1' = m_1' \cdot 2^{\varepsilon_1}, u_1'' = m_1'' \cdot 2^{\varepsilon_1}$

4. S_2 将 m_2 拆分为 $m_2 \leftarrow m_2' + m_2''$，并计算 $u_2' = m_2' \cdot 2^{\varepsilon_2}, u_2'' = m_2'' \cdot 2^{\varepsilon_2}$

5. S_1 把 u_1'' 发送给 S_2，S_2 把 u_2' 发送给 S_1

6. S_1 通过计算 $\varepsilon \leftarrow \max(\varepsilon_1, \varepsilon_2)$ 在本地匹配 u_1' 和 u_2'，然后通过计算 $u_1 \leftarrow u_1' + u_2'$ 对 u_1 进行更新

7. S_2 通过计算 $\varepsilon \leftarrow \max(\varepsilon_1, \varepsilon_2)$ 在本地匹配 u_1'' 和 u_2''，然后通过计算 $u_2 \leftarrow u_1'' + u_2''$ 对 u_2 进行更新

8. S_i 返回 u_i 和 ε

3.4.3　改进的安全自然指数协议

给定一个加密的输入 u，ISExp(·)能以理想的速度收敛并且输出自然指数函数的值 $f(u) = \text{e}^u$。ISExp(·)和大多数计算机的指数函数一样支持 32 位和 64 位浮点

数类型输入。如协议 3.3 所示，与以前提出的 SecExp(·) 相比，通过将输入分割为相加的整数部分和小数部分之后，ISExp(·) 不需要限制输入值的范围。为了实现这个改进，本节介绍的方法带来的是两次安全乘法和两个本地的指数计算。此外，即使没有限制有效输入值的范围，但最好不超过 10^2。否则，即使对于不带有隐私保护的框架来说，它也会对大规模的数据集产生令人难以接受的庞大计算量。因此，ISExp(·) 在应用程序上的实际平均计算时间确实要小于理论上的分析结果。

协议 3.3 改进的安全自然指数（ISExp）

输入：S_1 输入 u_1，S_2 输入 u_2，精度要求 ϵ

输出：S_1 输出 f_1，S_2 输出 f_2

1. S_1 计算 $u_1 \leftarrow \alpha_1 + \beta_1$，这里的 α_1 是整数并且 $0 \leqslant \beta_1 < 1$
2. S_2 计算 $u_2 \leftarrow \alpha_2 + \beta_2$，这里的 α_2 是整数并且 $0 \leqslant \beta_2 < 1$
3. S_1 和 S_2 分别计算 $v_1, v_2 \leftarrow \mathrm{SecExp}(\beta, \epsilon)$（$\beta \leftarrow \beta_1 + \beta_2$，$v \leftarrow v_1 + v_2$）
4. S_1 计算 $a \leftarrow \mathrm{e}^{\alpha_1}$ 并且把它拆分成随机共享值 $a \leftarrow a_1 + a_2$
5. S_2 计算 $b \leftarrow \mathrm{e}^{\alpha_2}$ 并且把它拆分成随机共享值 $b \leftarrow b_1 + b_2$
6. S_1 把 a_2 发送给 S_2，S_2 把 b_1 发送给 S_1
7. S_1 和 S_2 计算 $(p_1, p_2) \leftarrow \mathrm{SecMul}(a, b)$
8. S_1 和 S_2 计算 $(f_1, f_2) \leftarrow \mathrm{SecMul}(p, v)$
9. S_i 返回 f_i

初始化阶段：S_i 获得 u_i 并将其作为输入，且满足 $u = u_1 + u_2$，将精度设置为 $\epsilon = \epsilon_1 + \epsilon_2$，并将 ϵ_i 分配给 S_i，ϵ 用来判断何时结束 ISExp(·) 的迭代过程。

安全自然指数协议计算：S_1 和 S_2 各自将其输入分解为整数部分和小数部分 $u_i = \alpha_i + \beta_i$，其中 $0 \leqslant \beta_i < 1$。然后，边缘服务器利用现有的安全自然指数协议计算 $(v_1, v_2) \leftarrow \mathrm{SecExp}(\beta, \epsilon)$，其中 $v = v_1 + v_2$。同时，S_1 和 S_2 分别在本地计算 $a = \mathrm{e}^{\alpha_1}$ 和 $b = \mathrm{e}^{\alpha_2}$，并分别将 a 和 b 分割为随机秘密共享值 $a = a_1 + a_2$ 和 $b = b_1 + b_2$，再将 a_i 和 b_i 分配给 S_i。S_1 和 S_2 通过调用安全乘法协议计算 $(p_1, p_2) \leftarrow \mathrm{SecMul}(a, b)$，并且输出 $(f_1, f_2) \leftarrow \mathrm{SecMul}(p, v)$，满足 $p = p_1 + p_2$ 和 $f = f_1 + f_2$。可以将整个计算过程在数学上表示为式（3-2）。

$$f(u) = \mathrm{e}^u = \mathrm{e}^{\alpha+\beta} = \left(\sum_{i=0}^{\infty} \cdot \alpha^i\right) \cdot \mathrm{e}^{\beta} \tag{3-2}$$

3.4.4 改进的安全自然对数协议

ISLog(·) 在数据格式转换的帮助下摆脱了对输入值的限制。如协议 3.4 所示，对于一个任意输入 u，应该在 ISLog(·) 中进行的计算变成 $f(u) = \ln(m \cdot 2^{\varepsilon}) =$

$\ln m + \ln 2^{\varepsilon}$，其中 $0 < m < 1$。可以直接调用 SecLog($\cdot$) 来计算 $\ln m$，因为到目前为止，在 SecLog($\cdot$) 中使用的级数在这个输入范围里收敛最快。为了得到最后的结果，让 S_1 或 S_2 在本地执行一次加法运算和一次乘法运算。此外，可以看出与原始安全协议相比，ISLog($\cdot$) 不会引进任何额外的误差。

协议 3.4　改进的安全自然对数（ISLog）

输入：S_1 输入 u_1，S_2 输入 u_2，精度要求 ϵ

输出：S_1 输出 f_1，S_2 输出 f_2

1. S_1 计算 $m_1, \varepsilon \leftarrow \text{SME}(u_1)$
2. S_2 计算 $m_2, \varepsilon \leftarrow \text{SME}(u_2)$
3. S_1 和 S_2 分别计算 $v_1, v_2 \leftarrow \text{SecLog}(m, \varepsilon)$（$m \leftarrow m_1 + m_2, v \leftarrow v_1 + v_2$）
4. S_1 计算 $f_1 \leftarrow v_1 + \varepsilon \cdot \ln 2$
5. S_2 计算 $f_2 \leftarrow v_2$
6. S_i 返回 f_i

初始化阶段：ISLog($\cdot$) 的初始化阶段和 ISExp($\cdot$) 的初始化阶段一样。

安全自然对数协议计算：在在线计算阶段中，S_1 和 S_2 首先将输入转变成单精度格式。为了达到该目的，边缘服务器通过调用 SME(u) 来更新 u_1 和 u_2 的值。然后，S_1 和 S_2 采用现有的安全自然对数协议计算 $(v_1, v_2) \leftarrow \text{SecLog}(m)$，并分别计算 $f_1 = v_1 + \varepsilon \cdot \ln 2$ 和 $f_2 = v_2$，最后的输出 f 满足 $f = f_1 + f_2$。可以将这个计算过程中的细节在数学上表达为式（3-3）。

$$f(u) = \ln u = \ln(m \cdot 2^{\varepsilon}) = \ln m + \varepsilon \cdot \ln 2 = 2 \cdot \sum_{i=0}^{\infty} \frac{1}{2i+1} \cdot m^{2i+1} + \varepsilon \cdot \ln 2 \qquad (3\text{-}3)$$

🔍 3.5　模型构造

本节为 AdaBoost 的训练过程设计了一种隐私保护框架。这个隐私保护框架由两部分组成，分别为安全的加法模型和安全的前向分步算法（FSA，Forward Stagewise Algorithm）。对于前一部分，计算一系列弱分类器的线性加法，该加法能在本地由安全加法协议完成。AdaBoost 中的隐私保护 FSA 如图 3-2 所示，FSA 是迭代训练过程的基础，可以由第 3.4 节中介绍的协议来实现。特别地，这种弱分类器可以是任何隐私保护的基础分类器，例如文献[13,17]中的 SVM 模型及文献[18]中的决策树模型。因此，可以利用符号 $C'_k(x)$ 和 $C''_k(x)$ 来表示迭代 k 个分类结果的秘密共享值。注意，在本节的剩余部分中，两个秘密共享值的乘法运算都是通过调用安全乘法协议 SecMul 来完成的。

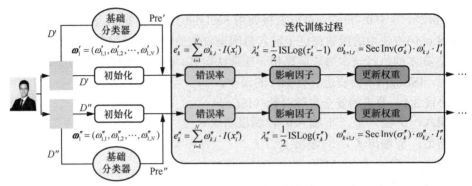

图 3-2　AdaBoost 中的隐私保护 FSA

3.5.1　AdaBoost 的 FSA

为了得到最终的强分类器，AdaBoost 通过部署 FSA 来迭代地增强目标分类器。每轮迭代的输出并不是独立的，而是依赖前一次训练的结果，这可以简单地表示为：

$$O_k(x) = O_{x-1}(x) + \lambda_k C_k(x; \alpha_k) \tag{3-4}$$

其中，α_k 是 $C_k(x)$ 最理想的参数，可以将本方案里的 FSA 归结为在不暴露隐私的情况下计算比例系数 λ_k，而且计算过程由以下 4 个步骤组成。

1. 初始化权重向量

FSA 的第一步是初始化权重向量 $\omega_1 = (\omega_{1,1}, \omega_{1,2}, \cdots, \omega_{1,N})$。假设 N 为样本的数量，让可信第三方 T 产生两个随机向量，如式（3-5）和式（3-6）所示。

$$\omega_1' = (\omega_{1,1}', \omega_{1,2}', \cdots, \omega_{1,N}') \tag{3-5}$$

$$\omega_1'' = (\omega_{1,1}'', \omega_{1,2}'', \cdots, \omega_{1,N}'') \tag{3-6}$$

其中，ω_1' 和 ω_1'' 中的分量满足 $\omega_{1,i}' + \omega_{1,i}'' = 1/N$，其中 $i = \{1, 2, \cdots, N\}$ 且 $\omega_1 = \omega_1' + \omega_1''$。可以看到 ω_1 实际上是公开的。然而，因为 $\omega_k(k>1)$ 是私有的，并且将其作为安全函数的输入，所以仍然用随机秘密共享值对它们进行初始化。

2. 计算错误率

假设已经训练过第 k 轮迭代中的弱分类器 $C_k(x)$，且它的输出是 $\boldsymbol{P} = (p_{k,1}, p_{k,2}, \cdots, p_{k,N})$，其中 $p_{k,i} \in \{-1,1\}$。假设训练数据集为 $D = \{(x_1, y_1) = (x_1' + x_1'', y_1' + y_1''), \cdots, (x_N' + x_N'', y_N' + y_N'')\}$，其中 $y_i \in \{-1,1\}$，(x_i', y_i') 和 (x_i'', y_i'') 分别属于 S_1 和 S_2。然后让 S_1 进行计算：

$$e_k' = \sum_{i=1}^{N} \omega_{k,i}' \cdot I(y_i' - p_{k,i}') \tag{3-7}$$

并且让 S_2 进行计算，如式（3-8）所示。

$$e_k'' = \sum_{i=1}^{N} \omega_{k,i}'' \cdot I(y_i'' - p_{k,i}'')\qquad(3\text{-}8)$$

其中，$I(x_i)$ 通过调用安全比较协议 SecCmp($\cdot$) 来实现。因为 SecCmp($\cdot$) 需要在线计算，让 S_1 和 S_2 分别通过 $C_k(x)$ 的秘密共享值输出 $\boldsymbol{P}_k' = (p_{k,1}', p_{k,2}', \cdots, p_{k,N}')$ 和 $\boldsymbol{P}_k'' = (p_{k,1}'', p_{k,2}'', \cdots, p_{k,N}'')$，其中 $\boldsymbol{P}_k = \boldsymbol{P}_k' + \boldsymbol{P}_k''$。它们首先计算 $(s_1', \cdots, s_N') = D \cdot \boldsymbol{y}' - \boldsymbol{P}_k' = (y_1' - p_{k,1}', \cdots, y_N' - p_{k,N}')$ 和 $(s_1'', \cdots, s_N'') = D \cdot \boldsymbol{y}'' - \boldsymbol{P}_k'' = (y_1'' - p_{k,1}'', \cdots, y_N'' - p_{k,N}'')$，然后判断 $s_i = s_i' + s_i''$ 是否为 0。如果 $s_i = 0$，则 $I(s_i) = 0$；否则 $I(s_i) = 1$。可以将这个过程表示成：

$$I(s_i') = \begin{cases} 0, & \text{SecCmp}(s_i', 0) = 0 \\ 1, & \text{SecCmp}(s_i', 0) \neq 0 \end{cases}\qquad(3\text{-}9)$$

和

$$I(s_i'') = \begin{cases} 0, & \text{SecCmp}(s_i'', 0) = 0 \\ 1, & \text{SecCmp}(s_i'', 0) \neq 0 \end{cases}\qquad(3\text{-}10)$$

3. 计算影响因子

影响因子 λ_k 决定弱分类器 $C_k(x)$ 对最终结果的影响程度。为了得到 λ_k，让 S_1 和 S_2 计算错误率 e_k 的倒数：

$$\frac{1}{e_k} = \tau_k' + \tau_k'' = \text{SecInv}(e_k', e_k'')\qquad(3\text{-}11)$$

然后调用 ISLog($\cdot$) 来计算 λ_k。让 S_1 具有影响因子 λ_k 的一部分：

$$\lambda_k' = \frac{1}{2}\text{ISLog}(\tau_k' - 1)\qquad(3\text{-}12)$$

且 S_2 具有影响因子 λ_k 的另一部分：

$$\lambda_k'' = \frac{1}{2}\text{ISLog}(\tau_k'')\qquad(3\text{-}13)$$

4. 更新权重分布

在更新权重分布 ω_k 之前，S_1 和 S_2 首先要计算归一化系数 σ_k，这样能保证数据集样本的概率分布之和为 1。为了提高效率，由 S_1 和 S_2 采用损失函数 L_i 的中间结果恢复出 ω_k，直到这一轮迭代结束才会删除它。通过调用改进的安全自然指数函数，S_1 计算：

$$\sigma_k' = \sum_{i=1}^{N} \omega_{k,i}' \cdot L_i'\qquad(3\text{-}14)$$

$$L_i' = \text{ISExp}(-\lambda_k' \cdot y_i' \cdot C_k(x_i')) \tag{3-15}$$

同时，S_2 计算：

$$\sigma_k'' = \sum_{i=1}^{N} \omega_{k,i}'' \cdot L_i'' \tag{3-16}$$

$$L_i'' = \text{ISExp}(-\lambda_k'' \cdot y_i'' \cdot C_k(x_i'')) \tag{3-17}$$

然后 S_1 和 S_2 通过计算：

$$w_{k+1,i}' = \text{SecInv}(\sigma_k') \cdot \omega_{k,i}' \cdot L_i' \tag{3-18}$$

$$w_{k+1,i}'' = \text{SecInv}(\sigma_k'') \cdot \omega_{k,i}'' \cdot L_i'' \tag{3-19}$$

来更新权重向量的共享值。

通过上述 4 个等式，隐私保护 AdaBoost 采用指数函数作为它的损失函数。弱分类器的隐私保护线性加法如图 3-3 所示，在更新权重分布的过程中，AdaBoost 实际关注的是那些未能被正确分类的样本集。这些分类错误的样本的权重逐渐增加，直到它们被正确分类。相反地，被正确分类的样本的权重会降低。

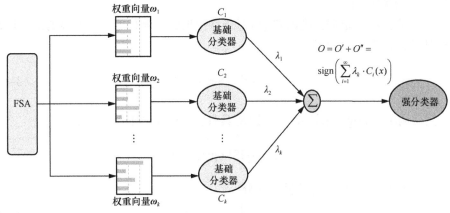

图 3-3 弱分类器的隐私保护线性加法

3.5.2 弱分类器的线性加法

如图 3-3 所示，当 AdaBoost 的迭代训练终止时，这里简单地采用弱分类器的线性加法去获得最终的强分类器。在训练终止前，将根据分类结果持续更新每个样本的权重。分类错误的样本会获得更多关注，并且它们的权重在每次迭代过程中都将被提高。与之相反，分类正确的样本的权重会降低。终止条件可以是准确性阈值或者是最大迭代次数，这些均由识别服务器供应商 SP 决定。S_1 和 S_2 在本地上各自计算：

$$O(x') = \text{sign}\left(\sum_{i=1}^{\infty} \lambda' \cdot C_i(x_i')\right) \qquad (3\text{-}20)$$

$$O(x'') = \text{sign}\left(\sum_{i=1}^{\infty} \lambda_i'' \cdot C_i(x_i'')\right) \qquad (3\text{-}21)$$

其中，sign($\cdot$)是一个解调函数。如果输入超过 0，则输出 1；否则输出 -1。通过调用安全比较协议，S_1 和 S_2 协同计算，如式（3-22）所示。

$$O(x_i') + O(x_i'') = \text{sign}(x_i) = \begin{cases} 1, & \text{SecCmp}(x_i, 0) = 0 \text{ or } 1 \\ -1, & \text{SecCmp}(x_i, 0) = -1 \end{cases} \qquad (3\text{-}22)$$

因此，在所有关于 AdaBoost 训练过程的协议执行完成之后，S_1 和 S_2 得到强分类器的两个秘密共享值 O' 和 O''。如果最后强分类器的准确性达到 SP 的要求，则能够通过简单的计算 $O = O' + O''$ 来解密。然后，给出测试数据集 $Q = \{(u_1, v_1) = (u_1' + u_1'', v_1' + v_1''), \cdots, (u_R' + u_R'', v_R' + v_R'')\}$，测试样本的准确率可以通过调用 S_1 和 S_2 来进行计算，如式（3-23）所示。

$$\text{Accuracy} = \frac{\sum_{i=1}^{R} I(v_i - p_i)}{R} \times 100\% \qquad (3\text{-}23)$$

此外，隐私保护 AdaBoost 对大多数图像识别任务来说是通用的集成学习模型，本框架中的弱分类器能被其他基础分类器所替代，例如明文下的 CART、Fisher 线性判别式等。

3.5.3　多分类扩展

原始的 AdaBoost 是二分类模型，不适合一些人脸识别任务。因此，这里也实现了一种 AdaBoost 的变体——AdaBoost.M1。虽然在权重更新过程中对这个变体进行了一些调整，但是没有改变弱分类器对最终输出结果的影响。

首先，将影响因子 λ_k 改写为：

$$\lambda_k' = \text{SecInv}(1 - e_k') - 1 \qquad (3\text{-}24)$$

$$\lambda_k'' = \text{SecInv}(-e_k'') \qquad (3\text{-}25)$$

然后，因为在多分类情况下，不知道哪种分类应该含有偏置。只有对于分类正确的分类器，$w_{k,i}$ 才会增加 λ_k 倍；而对于分类错误的分类器，$w_{k,i}$ 保持不变。S_1 通过计算：

$$w_{k+1,i}' = w_{k,i}' \cdot \lambda_k^{1 - I(y_i' - p_{k,i}')} \qquad (3\text{-}26)$$

来更新权重向量。

而 S_2 计算：

$$w''_{k+1,i} = w''_{k,i} \cdot \lambda_k^{I(y''_i - p''_{k,i})} \tag{3-27}$$

最终，输出也会有一点变化。假设 $\xi \in \{\xi_1, \xi_2, \cdots\}$，其中 ξ 是所有可能分类结果的集合。S_1 和 S_2 需要分别计算：

$$O(x') = \underset{\xi'}{\arg\max}\left(\sum_{i=1}^{\infty} \text{ISLog}(\text{SecInv}(e'_i) - 1) \cdot I(y' - \xi')\right) \tag{3-28}$$

$$O(x'') = \underset{\xi''}{\arg\max}\left(\sum_{i=1}^{\infty} \text{ISLog}(\text{SecInv}(e''_i)) \cdot I(y'' - \xi'')\right) \tag{3-29}$$

通过多次调用安全比较协议，可以采用 $\underset{\xi}{\arg\max}(\cdot)$ 得到最可能的分类结果。

🔍 3.6　理论分析

3.6.1　POR 的正确性分析

在 POR 的训练过程中，采用迭代近似方法计算非线性函数。因此，这里给出理论上的正确性分析，其结果说明 POR 和原始 AdaBoost 学习模型之间只有微小的区别，从而说明 POR 的正确性。

本节首先给出引理 3.1，引理 3.1 在之前的研究工作中已经得到证明。

引理 3.1　SecAdd、SecMul、SecInv、SecCmp、SecExp、SecLog 及由它们线性组合而成的安全协议是正确的。

证明　指数安全匹配（SME）协议是基于单精度浮点数类型的加法，是操作系统中常用的计算协议，它的输出实际上是秘密共享值的另一种表达形式，因此，它没有将任何的误差引入本框架。假设安全指数协议 SecExp 的输出为 $\theta + \epsilon$，其中 θ 是真正的求指数结果，ϵ 是接近于 0 的计算误差；而 ISExp 协议的输出为 $\text{ISExp}(\cdot) = (\theta + \epsilon) \cdot e^\beta$，其中 β 是输入的整数部分，而且也可以将输出写成 $\text{ISExp}(\cdot) = \theta \cdot e^\beta + \epsilon \cdot e^\beta$ 的形式。可以看出 ISExp$(\cdot)$ 的误差是 $\epsilon \cdot e^\beta$，如果保证迭代次数足够多，误差总是能维持在非常低的水平。然后，通过调用 SME 协议，原始的对数函数被转化成 SecLog$(\cdot)$ 计算和一次安全加法。基于对数的性质，这次转换不会引入任何误差。综上所述，第 3.4 节中的这些子协议被证明是正确的。因为 POR 的交互协议是这些子协议的线性组合，从而可以保证 POR 是正确的并且其误差非常小。

3.6.2　POR 的安全性分析

首先给出安全多方计算中隐私的定义[12]。

定义 3.1　如果协议 π 存在一个概率多项式时间（PPT，Probabilistic Polynomial Time）的模拟器 S 能为敌手 $\mathcal{A}$ 在真实世界产生一个视图，并且这个视图在计算上和它的真实视图之间是不可区分的，那么就认为协议 π 是安全的。

POR 的证明依赖于下面 3 个引理。

引理 3.2[19]　如果某协议的所有子协议是完全可模拟的，那么认为该协议也是完全可模拟的。

引理 3.3[19]　如果一个随机元素 r 随机分布在 Z_n 上并且独立于任何变量 $x \in Z_n$，那么 $r+x$ 也是均匀随机的并且独立于 x。

引理 3.4　SecAdd、SecMul、SecInv、SecCmp、SecExp、SecLog 及由它们线性组合而成的协议是安全的。

基于上述引理，可以证明模拟器 S 能产生 POR 的一个视图，且敌手 $\mathcal{A}$ 在计算上无法区分这个视图与真实视图。

定理 3.1　在半诚实模型中，SME 协议是安全的。

证明　对于 SME 协议，S_1 的视图是 $\text{View}_1 = \{u_1, m_1, m_1', m_1'', m_2', e_1, e_2, e\}$。因为 S_1 和 S_2 都知道 e_1 和 e_2 是指数，所以它们可以被视作不影响安全的常数。可将 m_i 和它的拆分表示为一个常数和 u_i 的乘法，其结果是两个均匀随机数。根据引理 3.3，$m_1' + m_2'$ 的结果仍然是均匀随机的。所以，View_1 是可模拟的并且不能找到 PPT 算法来区分 S_1 的 View_1 和相应的模拟视图。同理可证，View_2 也是可模拟的，并且在计算上是不可区分的。

定理 3.2　在半诚实模型中，ISExp 协议是安全的。

证明　对于 ISExp 协议，S_1 的视图是 $\text{View}_1 = \{u_1, \epsilon_1, v_1, \alpha_1, \beta_1, a, a_1, b_1, a_2, p_1, f_1\}$，其中 $u_1 = \alpha_1 + \beta_1$。根据第 3.3.1 节的系统模型，S_1 和 S_2 可以生成均匀随机数，因此 a_1、b_1 和 a_2 也都是均匀随机数。因为 p_1、v_1 和 f_1 都是 SecExp 和 SecMul 的输出，而且基于引理 3.4，它们都是均匀随机数，所以 View_1 是可模拟的并且在 PPT 算法内和模拟视图是在计算上不可区分的。类似地，S 也可以为 S_2 生成一个在 PPT 算法内与真实视图在计算上不可区分的模拟视图。

定理 3.3　在半诚实模型中，ISLog 协议是安全的。

证明　对于 ISLog 协议，S_1 的视图是 $\text{View}_1 = \{u_1, \epsilon_1, v_1, m_1, e\}$。根据引理 3.4 及 SME 和 ISExp 协议的安全性证明，可以得到 m_1 和 v_1 是均匀随机数，ϵ_1 和 e 是常数。因此，和 ISExp 协议的安全性证明一样，可以证明 View_1 和 View_2 也是可模拟的，并且在 PPT 算法内是在计算上不可区分的。

定理 3.4　在半诚实模型中，POR 前向分步过程的交互协议是安全的。

证明 在第 3.4 节中,可以知道 POR 的 FSA 包含 4 个交互子协议,这些子协议可以表达成基于 SecAdd、SecMul、SecInv、SecCmp、SME、ISExp 和 ISLog 的多项式,而且 SecAdd、SecMul、SecInv、SecCmp、SME、ISExp 和 ISLog 都被证明是完全可模拟的。因此,根据引理 3.2,可以通过递归推断得出定理 3.4 是正确的。

定理 3.5 在半诚实模型中,弱分类器线性加法的交互协议是安全的。

证明 弱分类器线性加法的交互协议基于 SecAdd、SecMul 和 SecCmp。和定理 3.4 的证明过程相似,可以证明定理 3.5 也是正确的。

🔍 3.7 性能评估

本节用实验来验证 POR 和它的组件协议 ISExp、ISLog 的正确性及效率。为了试验 POR 在人脸识别任务中的表现,这里采用来自标准人脸识别评测数据库 FERET 中的数据集[20]。为了与现有基于差分隐私的框架进行比较,这里为实验选择了相同的数据集和弱分类器[17]。原始数据经一台笔记本计算机加密后被发送到两台边缘服务器上,该笔记本计算机的配置和两台边缘服务器的配置均为 Intel Core i5-7200 CPU @2.50GHz 和 8.00GB 运行内存。

3.7.1 POR 的性能

在进行实验之前,首先从 FERET 选出 1000 张人脸图像执行 AdaBoost 的训练。训练集包括 750 张图像,而将剩余的图像作为测试集。每种类型的特征都是关于一个独立的基于阈值的弱分类器,而且每种特征都采用 32 位浮点数存储。因为对于大多数应用程序而言,长度为 32 位的密文已经足够安全了。在这种条件下,把权重向量 ω 的维度设置为 1×750。为了提高效率和实用性,在实验中也部署了 Python 的 NumPy 库用于并行运行矩阵计算。除了和差分隐私方法比较的实验外,其他所有实验都使用相同的配置。

因为 POR 的交互协议由迭代级数实现的安全组件函数组成,所以可以在不同迭代次数下评估 POR 的计算误差,如图 3-4 所示,可以看出,随着迭代次数的增加,计算误差几乎是线性下降的,这主要是由麦克劳林级数和 Newton-Raphson 迭代方法的性质所决定的。两种方法的计算误差趋势都与迭代次数是负相关的,而且它们形成了安全近似函数的基础。此外,实验还测试了计算误差在训练过程中是否有明显的上升。假设安全组件函数的迭代次数为 8,POR 中不同弱分类器数量对应的计算误差如图 3-5 所示,可以看出,计算误差确实是上升的,但是这种上升速度是非常缓慢的。在加入大概 2000 个弱分类器之后，计算错误率仅增大了一个数量级，从 10^{-13} 到 10^{-12}。这个现象表明迭代次数对计算误差的影响是非常小的，并且大多数应用程序都可以接受。

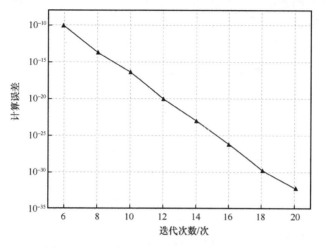

图 3-4　POR 中不同迭代次数对应的计算误差

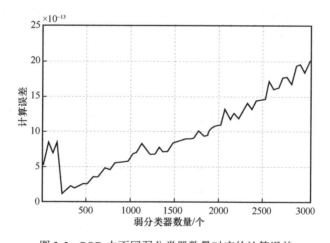

图 3-5　POR 中不同弱分类器数量对应的计算误差

此外，本方案采用的数据表示形式仅仅是现代计算机存储数据表示形式的一种变体，并且没有改变输入的真实值。只要输入和中间计算结果在可表示的范围内，数据的表示类型和 SME 协议就不会引入任何额外的误差，但是会影响计算能达到的精度，数据表示类型对计算误差的影响见表 3-1。

为了验证 POR 的效率，进一步测试了 POR 的通信开销。训练集和测试集的运行时间和通信开销见表 3-2，当有 100 个弱分类器参与训练时，即执行 100 次迭代，POR 仅需要几分钟时间和不超过 100MB 的通信开销去完成该训练任务。由于在测试过程中不需要进行迭代操作,仅需要分别计算每个弱分类器的测试结果,所以它只需要约 3s 的运行时间和数千字节的通信开销,这明显少于训练过程。实际上,安全函数的通信开销主要由安全乘法所决定。因此,给出特征数据的维度为 $1 \times u$,以及 SecMul 的开销为 τ,从理论上可以获得 POR 的时间复杂度 $\mathcal{O}(\mu \cdot \tau)$,其中 τ 与数据的比特长度 ℓ 有关。

表 3-1　数据表示类型对计算误差的影响

类型	单精度	双精度
可达精度	10^{-45}	10^{-308}

表 3-2　训练集和测试集的运行时间和通信开销

数据集	运行时间/s	通信开销/MB
训练集	249.243	93.16
测试集	2.763	0.29

与基于差分隐私方法[21]的训练集和测试集进行性能比较,其结果分别如图 3-6 和图 3-7 所示。为了保持一致性,本节选择决策树作为弱分类器,并且训练的数据来自联邦选举委员会用于个人经济水平分类任务的公开可访问数据集[13,22]。简单起见,图 3-6 和图 3-7 中的缩写 non-p.p 表示没有隐私保护的原始方法,p.p 表示隐私保护方法。可以看出,在有隐私保护的条件下,POR 的性能远胜于基于差分隐私(DP)的方法。因为 Laplace 噪声的引入,基于差分隐私方法的性能明显受到影响,最终的分类误差甚至达到 60%。相比之下,本框架仅为 AdaBoost 引入微小的误差。因此,本方案可以保证最终的分类精度和原始 AdaBoost 的集成结果一样。

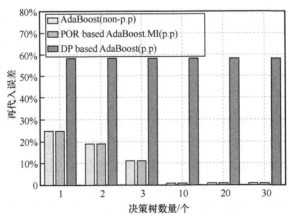

图 3-6　与基于差分隐私方法的训练集的性能比较

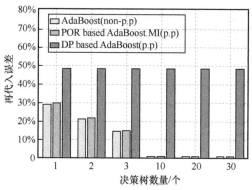

图 3-7　与基于差分隐私方法的测试集的性能比较

3.7.2　改进的安全自然指数协议和安全自然对数协议的性能

为了解决安全函数对输入值范围限制问题，本节介绍了安全指数协议和安全对数协议的改进协议。因为这两个协议是 POR 最重要的组成部分，通过实验评估它们的性能并与现有的安全协议进行比较。特别地，为了方便比较，将接下来的实验的迭代次数均设置为 20。不同输入值范围下 ISExp、SecExp 和 ISLog、SecLog 的计算误差分别如图 3-8 和图 3-9 所示。在图 3-8 中，ISExp 的计算误差在输入接近 50 之前都保持着很小的值。与 SecExp 相比，本协议的误差上升趋势要慢得多。如果输入不超过 1，那么 ISExp 可以达到和 SecExp 同样的精度。当输入足够大时，可以看到计算误差总是会达到一个令人无法忍受的值。根据第 3.6.1 节中的正确性分析，出现这种情况的原因是这种误差呈现指数增长并且会以非常快的速度达到预定精度。这种现象在现代处理器上很常见，解决该问题的唯一办法就是增加已部署级数的迭代次数并且推迟误差的出现。不像 ISExp，这里不需要担心 ISLog 的错误，因为与 SecLog 相比，本协议没有引入额外的误差。如图 3-9 所示，ISLog 的计算误差是远低于 SecLog 的，并且保持很小的数量级。

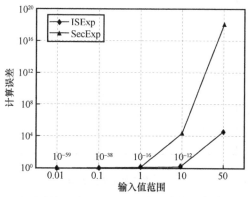

图 3-8　不同输入值范围下 ISExp 和 SecExp 的计算误差

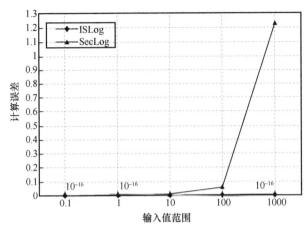

图 3-9　不同输入值范围下 ISLog 和 SecLog 的计算误差

为了对协议的效率进行评估，在不同数据比特长度 ℓ 下，测试了 ISExp 和 SecExp 的运行时间和通信开销，分别如图 3-10 和图 3-11 所示，ISExp 的运行时间和通信开销高于 SecExp 的运行时间和通信开销，并且这种差异会随着 ℓ 的增加而增长。为了缩小这种差异，引入两个额外的安全乘法，并且安全乘法的通信开销在很大程度上受限于 ℓ，可以看到额外的通信开销非常小，与它带来的好处相比完全能够接受。

此外，还测试了不同数据比特长度 ℓ 下 ISLog 和 SecLog 的运行时间和通信开销，分别如图 3-12 和图 3-13 所示。正如前面提到的，ISLog 引入的额外通信开销仅仅是简单且不超过 1ms 就能完成的本地计算。因此，两个函数时延的差别几乎是不可区分的。

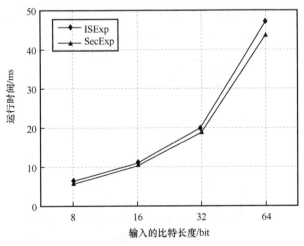

图 3-10　不同数据比特长度 ℓ 下 ISExp 和 SecExp 的运行时间

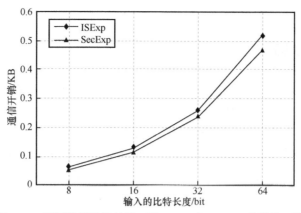

图 3-11　不同数据比特长度 ℓ 下 ISExp 和 SecExp 的通信开销

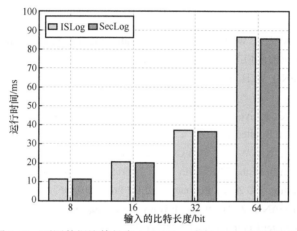

图 3-12　不同数据比特长度 ℓ 下 ISLog 和 SecLog 的运行时间

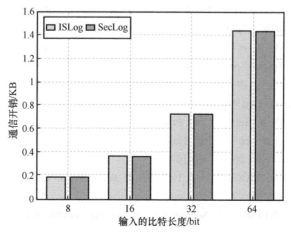

图 3-13　不同数据比特长度 ℓ 下 ISLog 和 SecLog 的通信开销

3.8　本章小结

本章介绍了一种基于加法秘密共享和边缘计算的轻量级隐私保护 AdaBoost 框架[19]，用于保护人脸识别中的隐私。首先，改进现有的安全指数协议和安全对数协议，解决安全函数输入范围受限的问题。然后，利用它们设计了一系列的交互协议以执行隐私保护 AdaBoost 集成分类，这些协议可以保证两台边缘服务器可以协同计算密态图像特征。实验证明该框架比现有的基于差分隐私的框架更准确且更高效。

参考文献

[1] DOSONO B, HAYES J, WANG Y. Toward accessible authentication: learning from people with visual impairments[J]. IEEE Internet Computing, 2018, 22(2): 62-70.

[2] WANG M, DENG W H. Deep face recognition: a survey[J]. Neurocomputing, 2021(429): 215-244.

[3] VALENTINE T Cognitive and computational aspects of face recognition: explorations in face space[M]. London: Routledge, 2017.

[4] CAO Q, SHEN L, XIE W D, et al. VGGFace2: a dataset for recognising faces across pose and age[C]//Proceedings of the 2018 13th IEEE International Conference on Automatic Face & Gesture Recognition (FG 2018). Piscataway: IEEE Press, 2018: 67-74.

[5] LI P, LI J, HUANG Z G, et al. Privacy-preserving outsourced classification in cloud computing[J]. Cluster Computing, 2018, 21(1): 277-286.

[6] SATYANARAYANAN M. The emergence of edge computing[J]. Computer, 2017, 50(1): 30-39.

[7] SHI W S, CAO J, ZHANG Q, et al. Edge computing: vision and challenges[J]. IEEE Internet of Things Journal, 2016, 3(5): 637-646.

[8] LI Y, LI Y J, XU K, et al. Empirical study of face authentication systems under OSNFD attacks[J]. IEEE Transactions on Dependable and Secure Computing, 2018, 15(2): 231-245.

[9] WANG Y, ADAMS S, BELING P, et al. Privacy preserving distributed deep learning and its application in credit card fraud detection[C]//Proceedings of the 2018 17th IEEE International Conference on Trust, Security and Privacy In Computing and Communications/12th IEEE International Conference on Big Data Science and Engineering (TrustCom/BigDataSE). Piscataway: IEEE Press, 2018: 1070-1078.

[10] WANG T, XU Z Q, WANG D, et al. Influence of data errors on differential privacy[J]. Cluster Computing, 2019, 22(2): 2739-2746.

[11] MOHASSEL P, ZHANG Y P. SecureML: a system for scalable privacy-preserving machine learning[C]//Proceedings of the 2017 IEEE Symposium on Security and Privacy (SP).

Piscataway: IEEE Press, 2017: 19-38.

[12] SALEM M, TAHERI S, YUAN J S. Utilizing transfer learning and homomorphic encryption in a privacy preserving and secure biometric recognition system[J]. Computers, 2018, 8(1): 3.

[13] LIU X M, DENG R H, CHOO K K R, et al. Privacy-preserving outsourced support vector machine design for secure drug discovery[J]. IEEE Transactions on Cloud Computing, 2020, 8(2): 610-622.

[14] BEAVER D. Efficient multiparty protocols using circuit randomization[C]//Advances in Cryptology — CRYPTO'91. Heidelberg: Springer, 2007: 420-432.

[15] DAMGÅRD I, FITZI M, KILTZ E, et al. Unconditionally secure constant-rounds multi-party computation for equality, comparison, bits and exponentiation[C]//Theory of Cryptography Conference. Heidelberg: Springer, 2006: 285-304.

[16] COONEN. Special feature an implementation guide to a proposed standard for floating-point arithmetic[J]. Computer, 1980, 13(1): 68-79.

[17] LI X X, ZHU Y W, WANG J, et al. On the soundness and security of privacy-preserving SVM for outsourcing data classification[J]. IEEE Transactions on Dependable and Secure Computing, 2018, 15(5): 906-912.

[18] KHODAPARAST F, SHEIKHALISHAHI M, HAGHIGHI H, et al. Privacy preserving random decision tree classification over horizontally and vertically partitioned data[C]//Proceedings of the 2018 IEEE 16th Intl Conf on Dependable, Autonomic and Secure Computing, 16th Intl Conf on Pervasive Intelligence and Computing, 4th Intl Conf on Big Data Intelligence and Computing and Cyber Science and Technology Congress (DASC/PiCom/DataCom/CyberSciTech). Piscataway: IEEE Press, 2018: 600-607.

[19] MA Z, LIU Y, LIU X M, et al. Lightweight privacy-preserving ensemble classification for face recognition[J]. IEEE Internet of Things Journal, 2019, 6(3): 5778-5790.

[20] YANG P, SHAN S G, WEN G, et al. Face recognition using Ada-Boosted Gabor features[C]// Proceedings of the Sixth IEEE International Conference on Automatic Face and Gesture Recognition, Piscataway: IEEE Press, 2004: 356-361.

[21] MIVULE K, TURNER C, JI S Y. Towards a differential privacy and utility preserving machine learning classifier[J]. Procedia Computer Science, 2012, (12): 176-181.

[22] CRAWLEY M J. Statistics: an introduction using R[EB]. 2005.

第4章

联邦极端梯度增强的密态计算

本章针对联邦学习中应用程序扩展和同态加密中存在的一系列挑战，介绍一种支持强制聚合的联邦极端梯度增强（XGBoost，eXtreme Gradient Boosting）密态计算方案 FEDXGB（Federated XGBoost）。FEDXGB 主要实现以下两个突破：首先，FEDXGB 设计了一种全新的基于同态加密的联邦学习安全聚合算法，该算法结合秘密共享和同态加密的优点，对用户退出具有鲁棒性；其次，FEDXGB 通过将安全聚合方案应用于 XGBoost 模型的分类和回归树构建，将联邦学习方案扩展到新的机器学习模型中。此外，还开展全面的理论分析和实验，以评估 FEDXGB 的安全性、有效性和效率。

🔍 4.1 背景介绍

XGBoost 是一种先进的机器学习模型，在处理分类和回归任务方面表现非常出色。在世界著名的 Kaggle 竞赛公布的 29 项挑战中有 17 项获得了胜利，这证明 XGBoost 在助力人工智能快速发展方面起着重要作用[1]。与其他机器学习模型类似，XGBoost 的性能取决于训练数据集的质量。然而，创建大型数据集需要大量的人力资源，这对于大多数公司来说是无法承受的成本。因此，移动群智感知旨在从愿意共享数据的移动用户那里收集数据。DroidNet[2]是一个样本系统，用于演示如何将移动群智感知应用于机器学习模型训练任务。然而，以往的群智感知体系结构通常允许中心服务器访问用户的明文数据，这带来用户隐私泄露隐患。2018 年，Facebook 剑桥分析事件导致了严重的隐私泄露，Facebook 秘密收集的数百万用户的私人数据被泄露[3]。

为了解决移动群智感知的隐私泄露问题，谷歌提出了联邦学习，并迅速引起了研究人员的浓厚兴趣[4]。联邦学习将移动用户和中心服务器组织成一个松散的联合体，然后，在不将私人用户数据上传到中心服务器的情况下进行模型训练。

尽管联邦学习在安全性和性能方面表现出色，但它仍然是一种正在发展的技术。2019 年，谷歌与其他 24 家机构合作，为联邦学习的未来发展提出了一系列公开挑战[5]。除了扩展适用于联邦学习的机器学习模型外，谷歌还指出同态加密可以被称为联邦学习的一个强大工具。然而，现有的基于同态加密的联邦学习方案[6-8]仍存在以下两个未解决的挑战。

（1）强制聚合：可以将同态加密简单应用于联邦学习，服务器使用自己的公钥加密参数，并将其发送给用户[6-7]。利用同态性，用户可以计算更新的模型而不需要进行解密，并将加密的模型更新返回给服务器进行聚合。其中一个关键挑战是在解密之前，服务器需要对参数进行强制聚合，否则，服务器可以学习到用户的模型更新信息。

（2）用户退出：联邦学习最初是为了在开放网络中运行的，但是在开放网络中，用户与服务器的连接总是不稳定的。大多数基于同态加密的联邦学习方案无法解决用户退出问题，只能放弃当前轮次训练的参数更新结果[6-8]，这种处理方法大大降低了方案的实用性。

为了解决上述问题，本章面向移动群智感知，介绍一种支持强制聚合的 XGBoost 密态计算方案 FEDXGB，对用户退出具有鲁棒性。FEDXGB 由两种实体组成，一台中心服务器和一组用户。在 FEDXGB 中，中心服务器迭代调用一套安全协议来构建 XGBoost 的分类和回归树（CART，Classification And Regression Tree）。其中，我们新设计的安全聚合协议用来聚合用户的梯度，通过结合 Bresson 密码系统[9]和 Shamir 秘密共享[10]，中心服务器执行梯度的强制聚合，可以恢复退出用户的数据。

🔍 4.2　研究现状

谷歌的联邦学习是一种隐私保护机器学习框架，最初是面向移动群智感知场景提出的[4]。联邦学习由于具有较高的安全性和效率，一经提出就引起人们的广泛关注。现有大多数的联邦学习方案都是针对基于随机梯度下降法（SGD，Stochastic Gradient Descent）的神经网络设计的。例如，Wang 等人[11]为物联网（IoT，Internet of Things）场景下的卷积神经网络提供一种基于边缘计算的联邦学习方案。Mcmahan 等人[12]将联邦学习应用到基于 LSTM 网络的语言模型中，获得了比基于传统集中式机器学习方法的模型更好的性能。Smith 等人[13]针对神经网络提出一种通用的联邦学习框架，用于并行处理多个任务，解决了现实网络中的用户退出和容错问题，显著提高了原始联邦学习框架的效率。尽管如此，现有的工作还没有为 XGBoost 提供系统的联邦学习方案。

为了避免敌手从上传的梯度值中分析关于私人用户数据的隐藏信息[14]，目前几乎所有的联邦学习方案都引入了安全聚合机制。现有的联邦学习安全聚合方案主要依赖 3 种类型的密码工具。第一种工具是差分隐私，在安全数据发布领域十分流行。Mcmahan 等人[12]利用差分隐私保护梯度安全，但是引入的噪声会给训练模型造成不可逆转的精度损失[15]。第二种工具是秘密共享，例如 Shamir 秘密共享方案。文献[16]为了解决用户退出问题，提出一种基于秘密共享的安全聚合方案。然而，无论用户是否退出，该方案必须对所有用户进行数据重构，因此通信开销随着用户数量的增加而快速增长。第三种工具是同态加密，例如 Paillier 密码系统[17]及其变体[9,18]。虽然学者陆续提出了许多同态加密方案[6,8,19]，但没有一个方案能够解决强制聚合问题，同时保持对用户退出的鲁棒性。

4.3 问题描述

本节首先总结本章常用的符号，见表 4-1，然后给出系统模型和安全模型。

表 4-1 常用符号

符号	符号描述
w_i	在计算第 i_{th} 个样本时，$l(\cdot)$ 的一阶导数
h_i	在计算第 i_{th} 个样本时，$l(\cdot)$ 的二阶导数
$\zeta_{u,v}$	由用户 v 分发给用户 u 的秘密份额
$\mathbb{F}$	有限域 $\mathbb{F}$，例如 $\mathbb{F}_p = \mathbf{Z}_p^*$，$p$ 为大素数
$\mathbb{G}$	生成元为 g 的循环群
$<\cdot>_u$	用于安全聚合的密钥
$[x]$	加密的秘密 x

4.3.1 系统模型

FEDXGB 的目标之一是将联邦学习扩展到集成学习模型 XGBoost。XGBoost 模型由多个基于 Boosting 算法[1]构建的 CART 组成，对于第 k 次迭代，XGBoost 以最小化 L_k 为目标，生成一个 CART，如式（4-1）所示。

$$L_k = \sum_{i=1}^{n} l(y_i, \hat{y}_{k-1,i} + f_k(x_i)) + \Omega(f_k) \tag{4-1}$$

其中，n 是训练样本总数，i 是每个样本的索引，y_i 是第 i 个样本的标签，$\hat{y}_{k-1,i}$ 是第 i 个样本在第 $k-1$ 次迭代时的预测标签，Ω 是一个正则项。为了构建完整的 CART，XGBoost 迭代地将分支添加到当前树中（即划分叶子节点）。假设 I_L 和 I_R 是划分后左、右节点的样本集合，满足 $I = I_L \bigcup I_R$，某分支的评估分数为：

$$\text{score} = \frac{1}{2} \cdot \left(\frac{\left(\sum_{i \in I_L} w_i \right)^2}{\sum_{i \in I_L} h_i + \lambda} + \frac{\left(\sum_{i \in I_R} w_i \right)^2}{\sum_{i \in I_R} h_i + \lambda} - \frac{\left(\sum_{i \in I} w_i \right)^2}{\sum_{i \in I} h_i + \lambda} \right) \tag{4-2}$$

其中，λ 为常数值，w_i 和 h_i 分别为 $l(\cdot)$ 的一阶导数和二阶导数。在每次添加分支时，XGBoost 都会从所有候选分支中选择得分最高的分支。当 CART 结构固定后，叶子节点 j 的权重 w_j 为：

$$w_j = -\frac{\left(\sum_{i \in I} w_i \right)^2}{\sum_{i \in I} h_i + \lambda} \tag{4-3}$$

FEDXGB 由两种类型的实体组成，包括一组用户 μ 和一台中心服务器 S。

（1）用户 μ：$\mu = \{u_1, u_2, \cdots, u_n\}$，每个 $u \in \mu$ 都是一个移动用户，他们自愿参与联邦学习，并与其他用户和中心服务器相连接。

（2）中心服务器 S：S 由一家移动群智感知服务供应商所有。在 FEDXGB 中，S 负责更新模型的聚合，但用户不信任 S。

4.3.2　安全模型

在 FEDXGB 中，我们的安全模型采用诚实且好奇的模型，这是联邦学习中的标准安全模型[4,8,16]。在模型中，协议的每个实体都是诚实且好奇的，如定义 4.1 所示。

定义 4.1[20]：在通信协议中，一个诚实且好奇的实体不会违反协议约定，而是试图从合法接收的消息中学习所有可能的信息。

此外，我们在安全模型中引入一个具有以下能力的敌手 $\mathcal{A}$。①只能同时收买少于 t 个合法用户和中心服务器；②窃听通信信道；③对于被收买的实体，$\mathcal{A}$ 可以访问它的所有明文数据，例如私钥和随机种子；④只具有多项式时间内的计算能力。

FEDXGB 需要实现以下安全目标。

（1）数据隐私：无论用户是否参加训练，S 都无法学习到用户 $u \in \mu$ 的隐私数据。

（2）强制聚合：考虑联邦学习的安全梯度聚合，我们限制 S 不能随意忽略任何用户上传的更新模型。

4.4 模型构造

4.4.1 FEDXGB 概述

FEDXGB 包含 3 种协议，分别是安全 CART 构建协议（SecBoost）、安全分支查找协议（SecFind）和安全聚合协议（SecAgg），其中 SecFind 和 SecAgg 是 SecBoost 的两个子协议。这里，我们简要介绍这 3 种协议的工作原理。

FEDXGB 工作流程如图 4-1 所示，FEDXGB 通过迭代调用 SecBoost 来训练 XGBoost 模型。SecBoost 采用 3 个步骤，分别是初始化、盲密钥共享和分支查找。调用 SecFind 用于完成 SecBoost 的分支查找步骤，SecFind 调用 SecAgg 进行安全梯度聚合。

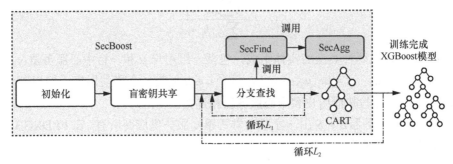

图 4-1　FEDXGB 工作流程

（1）初始化：由可信密钥生成中心生成安全参数，μ 和 S 利用这些参数生成它们的加密密钥，供后续使用。这种密钥生成中心是现代网络中的一种典型角色，例如数字证书认证管理中心。

（2）盲密钥共享：在上传用于构建 CART 的梯度之前，每个用户都会秘密共享它的盲私钥。即使用户意外退出，S 仍然可以恢复用户的盲密钥，并继续获得正确的梯度聚合结果。

（3）分支查找：XGBoost 模型由多个 CART 组成。要构建 CART，关键操作是找到叶子节点的最优分支。SecBoost 通过调用 SecFind 实现分支查找。在 SecFind 中，用户首先在本地根据 S 发布的候选分支来计算梯度，梯度包括 w_i 和 h_i。然后，S 通过调用 SecAgg 聚合每个用户的梯度。基于聚合结果，S 可以根据式（4-2）得出所有候选分支的分数。最后，S 选择得分最高的分支，并将它作为当前 CART 的新分支。

通过重复上述步骤（见图 4-2 中的循环 L_1），S 可以获得训练好的 CART f_k。

此外，S 发布新训练的 CART，并继续构建下一个 CART（见图 4-2 中的循环 L_2）。最后，S 可以得到一个经过训练的 XGBoost 模型 $f(x) = \sum_{k=1}^{K} f_k(x)$，其中 K 是最大训练迭代次数。

4.4.2　SecAgg

对于联邦学习，最关键的操作是安全梯度聚合。我们注意到 IBM 同态聚合方案（IBMHOM）有两个缺点。首先，S 执行的梯度聚合是非强制的。如果恶意服务器没有聚合特定用户的数据，它仍然可以正确解密剩余数据的梯度聚合结果。换句话说，恶意服务器可以直接要求用户解密特定用户的数据，而用户无法意识到这一点。对于该漏洞，容易遭受 updates-leak 攻击[21]。其次，用户同时负责发送、加密和解密数据，这对用户来说成本太高。为了解决这些问题，本节介绍了一种新的安全聚合协议——SecAgg，如协议 4.1 所示。

协议 4.1　安全聚合协议（SecAgg）

输入：一台服务器 S；一组用户 μ，每个 $u \in \mu$ 持有一个秘密 x_u 和一组其他用户的盲私钥 $\{\zeta_{v,u} \,|\, v \in \mu / u\}$

输出：S 获得聚合的用户秘密 Λ

1. **for** $u \in \mu$ **do**

2.　　为每一个 $v \in \mu / u$ 生成 $\langle sk_{u,v} \rangle \leftarrow \text{Key.Agr}\left(\langle sk_{\text{pri},u} \rangle, \langle sk_{\text{pri},v} \rangle\right)$，并选择一个随机值 $r_u \in \mathbb{Z}_N$

3.　　计算 $[\![x_u]\!] \leftarrow \text{SecMask}\left(x_u, r_u, \langle sk_{u,v} \rangle, \langle sk_{\text{pub},S} \rangle\right)$ 并发送给 S

4. **end for**

5. S 检查上述迭代中的退出用户，并发布活跃用户列表 μ'

6. 每个用户都会检查是否属于 μ'。如果属于，则发送 g^{r_u} 和 $\{\zeta_{v,u} \,|\, v \in \mu / u\}$ 给 S；否则等待下一次调用

7. S 计算 $\mathcal{R} \leftarrow \prod_{u \in \mu'} g^{r_u \varphi(g^{r_u})}$，对于每一个 $u_0 \in \mu / \mu'$，恢复 $\langle sk_{u_0}^{\text{pri}} \rangle \leftarrow \text{SS.Recon}(\{\zeta_{v,u_0} \,|\, v \in \mu'\}, t)$，并计算 $\{\langle sk_{u_0,v} \rangle \,|\, v \in \mu'\}$ 和 $\Upsilon \leftarrow \sum_{u_0 \in \mu / \mu'}\left(\sum_{u_0 < v, v \in \mu} \varphi\left(\langle sk_{u_0,v} \rangle\right) - \sum_{u_0 < v, v \in \mu} \varphi\left(\langle sk_{u_0,v} \rangle\right)\right)$

8. S 获得 $\sum_{u \in \mu'} x_u \leftarrow \frac{1}{N}\left[\left(\prod_{u \in \mu'} [\![x_u]\!]\right) \cdot \mathcal{R}^{-\langle sk_{\text{pri},S} \rangle} - 1 + \Upsilon\right] \bmod N^2$

在 SecAgg 中，u 首先利用 Key.Agr 和其他用户协同计算共享的盲密钥，并秘密共享它的盲私钥。然后，u 采样一个随机值 r_u，并使用盲函数 SecMask 掩盖 x_u，如式（4-4）所示。

$$\llbracket x_u \rrbracket = \mathrm{SecMask}\left(x_u, r_u \left\langle \mathrm{sk}_{u,v} \right\rangle, \left\langle \mathrm{sk}_{\mathrm{pub},S} \right\rangle \right) =$$
$$[1 + (x_u + \Upsilon_u)N].\left\langle \mathrm{sk}_{\mathrm{pub},S} \right\rangle^{r_u \varphi(g^{r_u})} \bmod N^2 \tag{4-4}$$

其中，$\Upsilon_u = \sum_{u<v} \varphi\left(\left\langle \mathrm{sk}_{u,v} \right\rangle\right) - \sum_{u>v} \varphi\left(\left\langle \mathrm{sk}_{u,v} \right\rangle\right)$，$\left\langle \mathrm{sk}_{\mathrm{pub},S} \right\rangle$ 是中心服务器的公开盲密钥，$\varphi(\cdot)$ 是具有固定长度输出的伪随机函数。$\llbracket x_u \rrbracket$ 被发送给 S，在此过程中，S 记录接收到的掩码值和发送者，然后发布发送者的活跃用户列表 μ'。μ' 中的活跃用户返回 g^{r_u} 和退出用户的盲私钥份额，S 可以使用这些盲私钥份额恢复退出用户的盲私钥，并计算退出用户和其他用户之间的共享盲密钥。最后，可以根据协议 4.1 的第 8 步获得聚合结果。值得注意的是，可以通过使用与 IBMHOM 类似的方式使用差分隐私简单地扩展 SecAgg。然而，由于推理攻击不是本方案的基本问题，我们省略了对 SecAgg 扩展的实现。

正确性：将退出用户表示为 $u_0 \in \mu / \mu'$。根据密码学定义，可以将揭露过程（协议 4.1 的第 8 步）表示为式（4-5）和式（4-6）。

$$\sum_{u \in \mu'} x_u = \left[1 + N \sum_{u \in \mu'} (x_u + \Upsilon_u)\right] \cdot \left\langle \mathrm{sk}_{\mathrm{pub},S} \right\rangle^{\sum_{u \in \mu} r_u \varphi(g^{r_u})} \cdot$$
$$g^{-\left\langle \mathrm{sk}_{\mathrm{pri},S} \right\rangle \sum_{u \in \mu} r_u \varphi(g^{r_u})} + \sum_{u \in \mu / \mu'} \Upsilon_u \bmod N^2 \tag{4-5}$$

$$\begin{cases} \Upsilon_u = \sum_{u<v} \varphi\left(\left\langle \mathrm{sk}_{u,v} \right\rangle\right) - \sum_{u>v} \varphi\left(\left\langle \mathrm{sk}_{u,v} \right\rangle\right) \bmod p \\ \sum_{u \in \mu'} \Upsilon_u = \sum_{u \in \mu'} \Upsilon_u + \sum_{u \in \mu / \mu'} \Upsilon_u = 0 \end{cases} \tag{4-6}$$

因为 $\left\langle \mathrm{sk}_{\mathrm{pub},S} \right\rangle = g^{\left\langle \mathrm{sk}_{\mathrm{pri},S} \right\rangle}$，结合上述两个方程，可以证明揭露结果是正确的聚合结果。

4.4.3 SecBoost

在 SecBoost 中，规定了以下概念。所有用户都采用了一个有序的索引 $(1, 2, \cdots, n)$ 来标记其身份，每个用户都部署了一个小型本地数据集 D_u。

如前所述，XGBoost 模型由多个 CART 组成。FEDXGB 通过调用 SecBoost 来实现安全 CART 的构建，如协议 4.2 所示。SecBoost 步骤如图 4-2 所示。

协议 4.2 安全 CART 构建协议（SecBoost）

输入：一台中心服务器 S，一组用户 $\mu = \{u_1, u_2 \cdots, u_n\}$，密钥生成中心 T

输出：一个训练好的 CART

步骤 1 初始化

1. 给定安全参数 ℓ，T 随机选择 3 个强素数 p, q_1, q_2，并采样一个循环群 $(G, q_1, q_2, N = q_1 q_2, g)$，其中 g 是阶为 $\mathrm{ord}(G) = (p-1)(q-1)/2$ 的生成元，且 $p > \mathrm{ord}(g)$。(G, g, N) 和 p 都被发布给 $u \in \mu$ 和 S。

2. 每个 $u \in \mu$ 计算 $\left(\langle \mathrm{ek}_{\mathrm{pri},u}\rangle, \langle \mathrm{ek}_{\mathrm{pub},u}\rangle\right) \leftarrow \mathrm{Key.Gen}(g,N,\ell)$ 和 $\left(\langle \mathrm{sk}_{\mathrm{pri},u}\rangle, \langle \mathrm{sk}_{\mathrm{pub},u}\rangle\right) \leftarrow$ $\mathrm{Key.Gen}(g,N,\ell)$。

3. S 生成 $\left(\langle \mathrm{sk}_{\mathrm{pri},S}\rangle, \langle \mathrm{sk}_{\mathrm{pub},S}\rangle\right) \leftarrow \mathrm{Key.Gen}(g,N,\ell)$，并确定秘密共享的门限值 t。

4. S 和 μ 交换它们的公钥。

步骤 2　盲密钥共享

1. $u \in \mu$ 通过 $\{(u,\zeta_{u,v} \mid v \in \mu\} \leftarrow \mathrm{SS.Share}\left(\langle \mathrm{sk}_{\mathrm{pri},u}\rangle, t, n\right)$ 计算其盲私钥的随机共享份额 $\langle \mathrm{sk}_{\mathrm{pri},u}\rangle$。

2. u 发送 $c_{u,v} \leftarrow \mathrm{Enc}\left(\langle \mathrm{ek}_{u,v}\rangle, u \parallel v \parallel \zeta_{u,v}\right)$ 给每个 $v \in \mu$，其中 $\langle \mathrm{ek}_{u,v}\rangle \leftarrow$ $\mathrm{Key.Agr}\left(\langle \mathrm{ek}_{\mathrm{pri},u}\rangle, \langle \mathrm{sk}_{\mathrm{pub},v}\rangle\right)$。

3. $v \in \mu$ 解密 $\zeta_{u,v} \leftarrow \mathrm{Dec}\left(\langle \mathrm{ek}_{u,v}\rangle, c_{u,v}\right)$，并存储 $(u,\zeta_{u,v})$。

步骤 3　分支查找

1. S 从完整特征集 Q 中随机选择子样本 Q'。

2. S 调用 $\mathrm{SecFind}(Q',\mu)$ 来确定当前的最优分支。

3. 重复步骤 1～步骤 3，直到达到终止条件。

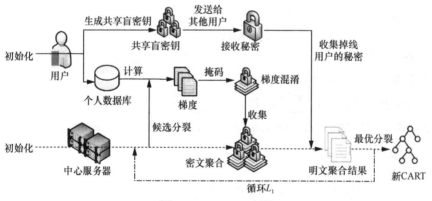

图 4-2　SecBoost 步骤

（1）初始化：首先，S 和 μ 设置加密密钥。为了实现这一目标，可信密钥生成中心 T 生成了一些参数用于密钥生成和秘密共享，包括一个循环群 $(G,q_1,q_2,N=q_1q_2,g)$ 和一个有限域 $\mathbb{Z}_p^*$。然后，T 将公开的加密参数 (G,g,N) 和 $\mathbb{Z}_p^*$ 同时发布给 S 和 μ。使用这些公开参数，每个用户 $u \in \mu$ 调用 $\mathrm{Key.Gen}$ 生成两对密钥 $\left(\langle \mathrm{ek}_{\mathrm{pri},u}\rangle, \langle \mathrm{ek}_{\mathrm{pub},u}\rangle\right)$ 和 $\left(\langle \mathrm{sk}_{\mathrm{pri},u}\rangle, \langle \mathrm{sk}_{\mathrm{pub},u}\rangle\right)$，分别用于安全聚合中的共享密钥加密和秘密盲化。同时，S 生成一对盲密钥 $\left(\langle \mathrm{sk}_{\mathrm{pri},S}\rangle, \langle \mathrm{sk}_{\mathrm{pub},S}\rangle\right)$，并确定秘密共享的门

限值 t。最后，S 和 μ 交换它们的公钥。

（2）盲密钥共享：为了处理用户的意外退出问题，每个用户都会预生成其盲私钥的随机共享份额。对于特定用户 u，计算 $\{(u,\zeta_{u,v})\,|\,v\in\mu\}\leftarrow\text{SS.Share}\big(\langle\text{sk}_{\text{pri},u}\rangle,t,n\big)$。对于每个选定用户 $v\in\mu$，u 加密其中一个共享 $c_{u,v}\leftarrow\text{Enc}\big(\langle\text{ek}_{u,v}\rangle,u\,\|\,v\,\|\,\zeta_{u,v}\big)$，并将加密结果发送给 v，其中 $\langle\text{ek}_{u,v}\rangle\leftarrow\text{Key.Agr}(\langle\text{ek}_{\text{pri},u}\rangle,\langle\text{sk}_{\text{pub},v}\rangle)$。用户 v 解密 $c_{u,v}$ 并提取 $\zeta_{v,u}$，$\zeta_{v,u}$ 被存储下来，并在 u 退出时被用于恢复 u 的盲私钥。

（3）分支查找：假设用户数据的特征集为 $Q=\{\alpha_1,\alpha_2,\cdots,\alpha_q\}$。根据在 XGBoost[1] 中定义的 Boosting 算法，S 从所有特征中随机选择子样本 $Q'\subset Q$，并采用 SecFind 寻找最优分支。详细的分支查找方法和优化标准将在第 4.4.4 节中说明。为了构建一个具有最优结构的新 CART，S 依次按上述步骤进行操作，直到当前树的深度达到最大深度或满足其他终止条件[1]。最后，SecBoost 输出一个训练好的 CART f_k。

4.4.4 SecFind

在 XGBoost 中，构建 CART 的最重要操作是从所有候选分支中找到最优分支来划分叶子节点，可以利用式（4-2）计算的分数对候选分支进行评估，最优分支是得分最高的分支。在 FEDXGB 中，分支查找过程由 SecFind 实现，如协议 4.3 所示，SecFind 的详细构造如下。

协议 4.3 安全分支查找协议（SecFind）

输入：子样本的特征集合 Q'；一组用户 μ，每个 $u\in\mu$ 持有一组其他用户的盲私钥份额 $\{\zeta_{u,v}\,|\,v\in\mu/u\}$

1. $u\in\mu$，计算 $h_u\leftarrow\sum_{i=1}^{|D_u|}h_i$ 和 $w_u\leftarrow\sum_{i=1}^{|D_u|}w_i$

2. S 计算 $H\leftarrow\text{SecAgg}(S,\mu,\{h_u\,|\,u\in\mu\})$，$\{\zeta_{v,u}\,|\,u\in\mu,v\in\mu/u\}$ 和 $W\leftarrow\text{SecAgg}(S,\mu,\{w_u\,|\,u\in\mu\},\{\zeta_{v,u}\,|\,u\in\mu,v\in\mu/u\})$

3. **for** $1\leqslant q\leqslant\delta$ **do**

4. 对于每个特征 $a_q\in Q'$，S 枚举所有可能的候选分支 $A_q=\{a_1,a_2\ldots,a_m\}$，并将其发布给 μ。对于每个分支 $a_r\in A_q$，执行以下步骤

5. 根据候选分支，$u\in\mu$，计算 $h_{u,\text{L}}\leftarrow\sum_{i=1}^{|D_u|}h_i$ 和 $w_{u,\text{L}}\leftarrow\sum_{i=1}^{|D_u|}w_i$

6. S 计算 $H_\text{L}\leftarrow\text{SecAgg}(S,\mu,\{h_{u,\text{L}}\,|\,u\in\mu\},\{\zeta_{v,u}\,|\,u\in\mu,v\in\mu/u\})$ 和 $W_\text{L}\leftarrow\text{SecAgg}(S,\mu,\{w_{u,\text{L}}\,|\,u\in\mu\},\{\zeta_{v,u}\,|\,u\in\mu,v\in\mu/u\})$

7. S 计算 $H_\text{R}\leftarrow H-H_\text{L}$ 和 $W_\text{R}\leftarrow W-W_\text{L}$

8. 计算所有分支的得分 $\text{score}\leftarrow\max\left(\text{score},\dfrac{W_\text{L}^2}{H_\text{L}+\lambda}+\dfrac{W_\text{R}^2}{H_\text{R}+\lambda}-\dfrac{W^2}{H+\lambda}\right)$

9. end for

10. 返回得分最大的最优分支

首先，$u \in \mu$ 计算本地训练样本的梯度（式（4-2）中的 h_i 和 w_i）。然后，S 调用两次 SecAgg，以获得两种梯度 H 和 W 的聚合结果。接下来，给定每个候选特征 $a \in Q'$，S 枚举所有可能的候选分支，并将它们发布给 μ。类似于 H 和 W 的聚合过程，对于每个候选分支，S 收集左叶子节点的梯度聚合结果，以计算每个候选分支的分数。当迭代终止后，SecFind 返回得分最高的最优分支及对应的特征。直观地说，通过最优划分，S 可以将一个旧的叶子节点划分为两个新的叶子节点，向当前的 CART 中添加一个新的分支。此外，如果在划分之后达到终止条件，则 S 额外地采用式（4-3）计算具有聚合梯度的叶子节点的权重。

4.4.5　用户退出的鲁棒性

本节将讨论在 FEDXGB 中可能出现的两种用户退出情况。

案例 1：用户 u_0 在 SecBoost 的初始化或盲密钥共享步骤退出。在这种情况下，用户被认为是非法的。因此，S 拒绝 u_0 参与当前轮次的训练，如果可能，采用另一个活跃用户替换该用户。

案例 2：用户 u_0 在分支查找步骤的安全聚合过程中退出。S 恢复 u_0 的盲私钥，并从 μ 中删除 u_0，即活跃用户列表变为 $\mu' \subseteq \mu$ 和 $u_0 \in (\mu \setminus \mu')$。具体地，$S$ 收集不少于 t 个用户的盲私钥份额 $\{\zeta_{v,u_0} \mid v \in \mu'\}$，满足 $|\mu'| > t$，然后通过计算 $\langle \mathrm{sk}_{\mathrm{pri},u_0} \rangle \leftarrow \mathrm{SS.Recon}(\{\zeta_{v,u_0} \mid v \in \mu'\}, t)$ 来恢复 u_0 的盲私钥。S 使用 $\langle \mathrm{sk}_{\mathrm{pri},u_0} \rangle$ 计算 u_0 用来掩盖梯度的共享盲密钥 $\{\langle \mathrm{sk}_{u_0,v} \rangle \mid v \in \mu\}$，其中 $\{\langle \mathrm{sk}_{u_0,v} \rangle \mid v \in \mu\} \leftarrow \mathrm{Key.Agr}(\langle \mathrm{sk}_{\mathrm{pri},u_0} \rangle, \langle \mathrm{sk}_{\mathrm{pub},v} \rangle)$。最后，$S$ 将共享的盲密钥添加到聚合结果中，如协议 4.1 的第 8 步所示。这样，通过重构 u_0 的盲私钥，S 仍然可以正确地获得剩余活跃用户的梯度聚合结果，其正确性已在第 4.4.2 节中进行讨论。

4.5　安全性分析

本节讨论在安全梯度聚合和 XGBoost 训练过程中 FEDXGB 的安全性。

4.5.1　SecAgg 的安全性

首先，介绍 SecAgg 如何实现既定的安全目标，然后在第 4.5.2 节中给出正式的安全证明。

SecAgg 实现了强制聚合。因为从正确性分析来看，忽略任何用户的数据都会使 S 无法获得有意义的结果。考虑由式（4-1）得到的单个用户的掩码值 $[\![x_u]\!]$，对于窃听者或恶意用户，$[\![x_u]\!]$ 是使用服务器公钥加密的密文，基于 Bresson 密码系统的安全性，该密文在语义上是安全的[9]。如果中心服务器是恶意的，则需要讨论两个条件：当没有用户退出时，敌手可以解密 $[\![x_u]\!]$，但无法获得被 Υ_u 掩码的 x_u；当有用户退出时，敌手可以访问 Υ_u 和 $\langle \text{sk}_{\text{pri},S} \rangle$。然而，由于 g^{r_u} 是未知的，无法解密 $[\![x_u]\!]$。此外，假设中心服务器是更强大的敌手（超出了安全模型的范围），在这种情况下，中心服务器可以通过发送伪造的活跃用户列表 μ' 来欺骗用户上传 g^{r_u}。我们可以通过让用户对 μ' 进行签名并与其他用户交互验证来防御中心服务器的攻击。因此，通过检查 μ' 的一致性，用户可以防御主动攻击。

4.5.2　FEDXGB 的安全性

FEDXGB 的安全性与 SecBoost、SecFind 和 SecAgg 有关。为了证明协议的安全性，采用安全定义 4.2[22]作为基础进行安全性定义。

定义 4.2　如果协议 π 存在一个 PPT 模拟器 ξ，它可以为现实世界中的敌手 $\mathcal{A}$ 生成一个模拟视图，并且该视图在计算上与 $\mathcal{A}$ 的真实视图无法区分，则认为协议 π 是安全的。

此外，安全性证明仍然需要以下引理。

引理 4.1[23]　如果一个协议的所有子协议都是完全可模拟的，那么该协议也是完全可模拟的。

感兴趣的读者可以参考文献[23]来获得引理 4.1 的详细证明。根据引理 4.1 和定义 4.2，为了证明 FEDXGB 的安全性，我们只需要证明它的所有子协议都可以被 ξ 模拟。由于 SecAgg 是 SecFind 经常调用的子协议，因此可以将 SecAgg 的证明归约到 SecFind 中。下面给出了 SecFind 和 SecBoost 的安全性证明。

定理 4.1　对于 SecFind，存在一个 PPT 模拟器 ξ，它可以生成一个模拟视图，且该视图在计算上与 $\mathcal{A}$ 的真实视图无法区分。

证明　所有用户 $u \in \mu$ 的视图是 $v_u = \{\text{view}_{u_1}, \cdots, \text{view}_{u_n}\}$。从 SecFind 中，我们可以得到 $\text{view}_{u_i} = \left\{ h_{u_i} w_{u_i}, r_{u_i}, g^{r_{u_i}}, [\![h_{u_i}]\!], [\![w_{u_i}]\!], \langle \text{sk}_{u,v} \rangle, \langle \text{sk}_{\text{pri},u_i} \rangle, \langle \text{sk}_{\text{pub},v} \rangle \langle \text{sk}_{\text{pub},S} \rangle \right\}$ 和 $\text{view}_S = \left\{ H, W, H_j, W_j, A, H_L, H_R, W_L, W_R, \text{score}, y, \mathcal{R}, K, \langle \text{sk}_{\text{pri},S} \rangle \right\}$，其中 $u \in \mu$，$v \in \mu$，$y = \left\{ [\![h_{u_i}]\!], [\![w_{u_i}]\!] \mid u \in \mu' \right\}$，$\mathcal{R} = \{ g^{r_u} \mid u \in \mu' \}$，$K = \left\{ \langle \text{sk}_{\text{pri},u_i} \rangle \mid u \in \mu / \mu' \right\}$，$y, \mathcal{R}, K$ 都是 SecAgg 中使用的变量。

我们采用可通用组合模型[24]证明了 SecFind 的安全性。假设存在一个理想函数 F 可以被模拟器 ξ 调用，F 能够理想地生成均匀分布的随机值，并操作 FEDXGB

的加密函数。对于 F，存在这样的一个 PPT 模拟器 ξ，它可以在 SecFind 中模拟诚实且好奇的实体。对于半诚实的实体而言，ξ 可以根据我们的安全模型访问所有的本地数据，包括私钥、训练样本等。因此，ξ 可以简单地使用这些数据来模拟被收买的实体。对于诚实的实体而言，模拟有点复杂。为了模拟一个诚实的用户，ξ 首先要求 F 生成随机值，并将其作为虚拟函数的输入 h_{u_i}、w_{u_i}、r_{u_i} 和 $\langle \mathrm{sk}_{\mathrm{pri},S} \rangle$。然后，使用虚拟函数的输入来推导其他变量，以要求 F 完成协议步骤。类似地，ξ 可以使用相同的方法来模拟诚实的服务器。可以观察到，view_{u_i} 或 view_S 中的元素均为 Bresson 密文或随机值（h_{u_i} 和 w_{u_i} 是私有的，可以被视为随机值）。由于 Bresson 密码系统在语义上是安全的[9]，虚拟函数的输出在计算上与真实函数的输出不可区分。因此，存在一个模拟器 ξ，它可以生成与 view_{u_i} 和 view_S 无法区分的模拟视图 Sim_{u_i} 和 Sim_S。根据定义 4.2，可以证明定理 4.1 成立，且 SecFind 是安全的。

定理 4.2　对于 SecBoost，存在一个 PPT 模拟器 ξ，它可以生成一个模拟视图，且该视图在计算上与 $\mathcal{A}$ 的真实视图无法区分。

证明　在 SecBoost 中，分别将用户和中心服务器的视图表示为 $\nu_u = \{\mathrm{view}_{u_1}, \cdots, \mathrm{view}_{u_n}\}$ 和 ν_S，其中 $\mathrm{view}_{u_i} = \{\langle \mathrm{sk}_{\mathrm{pri},u_i} \rangle, \langle \mathrm{sk}_{\mathrm{pub},u_i} \rangle, \langle \mathrm{ek}_{\mathrm{pri},u_i} \rangle, \langle \mathrm{ek}_{\mathrm{pub},u_i} \rangle, c_{v,u}, \{\zeta_{v,u} \mid v \in \mu'\}, \mathrm{view}'_{u_i}\}$，$\mathrm{view}_S = \{\langle \mathrm{sk}_{\mathrm{pub},S} \rangle, \langle \mathrm{sk}_{\mathrm{pri},S} \rangle, \mathrm{view}'_S\}$，$\mathrm{view}'_{u_i}$ 和 view'_S 是由 SecFind 生成的视图。除了从 $\mathbb{Z}_N^*$ 中随机选择的加密密钥外，view_{u_i} 和 view_S 的其余元素是使用共享密钥加密的密文或随机共享份额。根据 Shamir 秘密共享理论[25]，这些份额可以被视为从 $\mathbb{Z}_p^*$ 中选择的随机值。为了模拟密文和随机共享份额，模拟器 ξ 可以使用在 SecFind 证明中定义的理想函数 F 来生成随机值，并将其作为虚拟函数的输入。由于共享密钥加密算法在选择明文攻击下是不可区分的，因此在计算上无法区分虚拟函数的输出。此外，view'_{u_i} 和 view'_S 被证明是可模拟的。因此，存在一个 PPT 模拟器 ξ，它可以模拟 SecBoost 中被收买的实体或诚实的实体，并且在计算上无法区分模拟视图与真实视图。根据定义 4.2，可以证明定理 4.2 成立，且 SecBoost 是安全的。

根据引理 4.1 和上述证明，可以证明 FEDXGB 是可模拟的。根据定义 4.2 中给出的形式化安全性定义，可以证明 FEDXGB 是安全的。

🔍 4.6　性能评估

本节通过进行大量实验来评估 FEDXGB 的有效性和效率。

4.6.1　实验配置

为了评估 FEDXGB，在配备 Intel Core i7-8565U CPU@1.8GHz 和 16GB RAM 的 Windows 系统平台上进行单线程模拟，采用 Python 和 C++实现程序。实验使用两个标准数据集，即 ADULT 数据集和 MNIST 数据集，这两个标准数据集通常被用于评估联邦学习方案的性能[4,12,16]。Bresson 密码系统采用的密钥大小为 512bit，AES-GCM 加密算法[26]生成 128bit 的共享密钥。将每个数据集的样本随机分配给每个用户，不存在重复分配。在实验中，假设每个用户每执行 10 轮训练就会退出一次，即每执行 10 轮训练，随机选择 0、10%、20%、30%的用户断开连接。

4.6.2　FEDXGB 性能评估

为了评估 FEDXGB 的性能，我们首先在 ADULT 数据集和 MNIST 数据集上评估 FEDXGB 的有效性。然后，寻找最优分支的运行时间，将其用于测试 FEDXGB 的效率。

类似于传统的机器学习模型评估，采用准确率和损失值来评估 FEDXGB 的有效性。FEDXGB 迭代训练的准确率和损失值曲线如图 4-3 所示，图 4-3（a）和图 4-3（b）为 ADULT 数据集的测试结果，图 4-3（c）和图 4-3（d）为 MNIST 数据集的测试结果。对于 ADULT 数据集来说，准确率大约在训练 100 轮后达到峰值。相比之下，MNIST 数据集的收敛速度更快，在训练第 20 轮左右时达到峰值。与非联邦架构的 XGBoost 相比，FEDXGB 的精度损失小于 1%。实验测试了用户退出率从 0 增加到 30%的情况，可以看到 FEDXGB 对于用户退出是具有鲁棒性的，性能下降主要体现在用户退出导致的数据丢失。假设在寻找最优分支的过程中不存在用户退出，表 4-2 列出了在无用户退出的情况下，SecBoost 不同阶段的运行时间和通信开销。该实验采用 ADULT 数据集，将用户数量设置为 500，且忽略系统初始化的时间。结果表明，FEDXGB 的主要通信开销在于分支查找步骤，因为该步骤多次调用了 SecAgg。因此，我们将在第 4.6.3 节中综合分析 SecAgg 的效率。

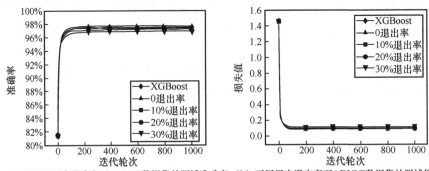

（a）不同用户退出率下ADULT数据集的测试准确率　（b）不同用户退出率下ADULT数据集的测试损失值

图 4-3　FEDXGB 迭代训练的准确率和损失值曲线

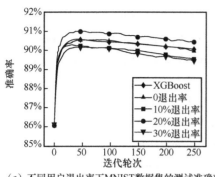
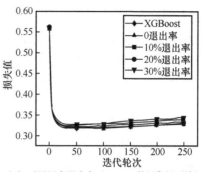

（c）不同用户退出率下MNIST数据集的测试准确率　（d）不同用户退出率下MNIST数据集的测试损失值

图 4-3　FEDXGB 迭代训练的准确率和损失值曲线（续）

表 4-2　在无用户退出的情况下，SecBoost 不同阶段的运行时间和通信开销

阶段	运行时间/s		通信开销/MB	
	μ	S	μ	S
盲密钥共享	0.89	—	0.06	—
分支查找	1.22	249.94	26.86	46.25
共计	2.11	249.94	26.92	46.25

4.6.3　SecAgg 效率分析

为了进一步评估 FEDXGB 的效率，我们模拟了 SecAgg 在不同用户数量、输入大小和用户退出率下的运行时间和通信开销。

1. 理论分析

假设传输的数据是一个尺寸为 m 的向量，每项 $\mathcal{N}$ 的长度为 $\mathcal{N} = \lfloor \mathrm{lb} N \rfloor$，用户数量是 n。每个用户需要发送一个随机种子和 m 个密文，以及为退出的用户提供 $\mathcal{O}(n)$ 个盲私钥份额，其通信复杂度为 $\mathcal{O}(m+n)$。服务器负责接收用户的随机种子和密文，以及退出用户的盲私钥份额，其通信复杂度为 $\mathcal{O}(mn+n^2)$。假设模幂运算需要进行 $1.5\mathcal{N}$ 次乘法运算[27]。每个用户需要计算 $2m$ 次模幂和 $\mathcal{O}(n^2)$ 次乘法运算以共享盲私钥，其计算复杂度为 $\mathcal{O}(m\mathcal{N}+n^2)$。服务器需要计算 mn 次模幂运算以解密，并计算 $\mathcal{O}(n^2)$ 次乘法运算以恢复退出用户的数据，其计算复杂度为 $\mathcal{O}(mn\mathcal{N}+n^2)$。

2. 用户数量的影响

固定输入大小为 500 个，不同用户数量下的中心服务器效率如图 4-4 所示，无用户退出情况下，不同用户的效率如图 4-5 所示。初始化及盲密钥生成和共享的步骤可以预先完成，因此，它们不包括在评估中。我们省略了在不同用户退出率下用户的运行时间和通信开销测试，因为用户只需要发送退出用户的盲私钥份额，这对方案的性能几乎没有影响。

　　如图 4-4（a）和图 4-5（a）所示，中心服务器和用户的运行时间随着用户数量的增加而增加。其中，中心服务器的运行时间主要被用于模幂运算，以解密盲化的聚合结果。用户的运行时间也主要被用于模幂运算，被用于梯度盲化。用户退出率对中心服务器的运行时间有重大影响，退出用户的盲私钥重构操作涉及大量的模幂运算。如图 4-4（b）和图 4-5（b）所示，中心服务器和用户的通信开销也随着用户数量的增加而线性增加。随着用户退出率的增加，中心服务器的通信开销几乎不受影响，这是因为收集退出用户的盲私钥份额只需要很小的通信开销增量。

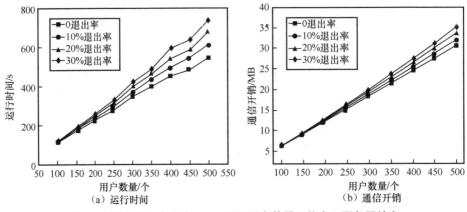

图 4-4　固定输入大小为 500，不同用户数量下的中心服务器效率

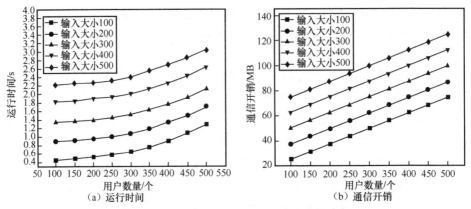

图 4-5　无用户退出情况下，不同用户的效率

3. 输入大小的影响

　　固定用户数量为 500，不同输入大小下的中心服务器效率如图 4-6 所示，在 XGBoost 中，输入大小为子采样特征数与枚举候选分支数量的乘积。当输入大小从 100 增加到 1000 时，每个用户执行加密操作的运行时间随之增大，如图 4-6（a）所示。中心服务器的运行时间主要是由解密聚合结果引起的。当涉及更大规模的

输入时，中心服务器的通信开销也会明显增加，如图 4-6（b）所示。图 4-6（b）说明了用户的通信开销受输入大小的线性影响。与用户数量相比，输入大小对运行时间和通信开销的影响不太明显，这与理论分析结果一致。

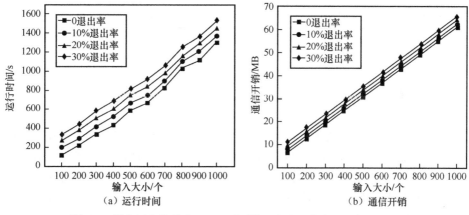

（a）运行时间　　　　　　　　　　　（b）通信开销

图 4-6　固定用户数量为 500，不同输入大小下的中心服务器效率

4．实验对比

除了 IBMHOM 外，我们还将 FEDXGB 与基于功能性 Paillier 加密（FPE，Functional Paillier Encryption）的安全聚合方案的效率[28]进行了比较。

我们基于 Paillier 密码系统的 Python 库，在默认环境下实现了这 3 种方案。此外，公平起见，我们取消了 IBMHOM 的加噪操作。考虑安全聚合，这不会影响 IBMHOM 的安全性。将 IBMHOM 的阈值设置为 $0.6n$，固定用户数量为 500、输入大小为 500 且无用户退出的效率比较见表 4-3。据观察，FEDXGB 在所有指标上都优于 IBMHOM。注意，在实验过程中，我们发现当用户数量很少时（例如，用户数量 n 小于 100），IBMHOM 中的服务器只需要很少的时间来解密聚合结果，这是因为它的同态解密算法采用 $O(n\mathrm{lb}n)$ 复杂度的指数长度，而不是采用 FEDXGB 中固定的 $O(\mathrm{lb}N)$。当用户规模较小时，IBMHOM 的解密速度更快。然而，在现实世界的应用程序中，如此小的用户规模几乎是不可能的。对于 FPE 而言，虽然用户的通信开销和运行时间均小于 FEDXGB，但中心服务器必须通过执行双倍的模幂运算来解密聚合结果，这大大降低了中心服务器的运行效率。因此，应用于联邦学习时，FEDXGB 仍然比 FPE 更实用。

表 4-3　固定用户数量为 500、输入大小为 500 且无用户退出的效率比较

对比项	运行时间/s		通信开销/MB	
	中心服务器	用户	中心服务器	用户
FEDXGB	557.97	3.03	30.57	0.12

续表

对比项	运行时间/s		通信开销/MB	
	中心服务器	用户	中心服务器	用户
IBMHOM[8]	596.03	4.67	67.13	0.18
FPE[28]	952.07	2.55	30.58	0.08

🔍 4.7 本章小结

本章介绍了一种隐私保护联邦极端梯度增强密态计算方案（FEDXGB），将其应用于移动群智感知场景。在 FEDXGB 中，首先将同态加密和秘密共享相结合，给出一种新的混合安全聚合方案，该方案可以强制中心服务器执行聚合操作，并且对用户退出具有鲁棒性。同时，使用新设计的混合安全聚合方案，介绍了一套安全协议来实现 XGBoost 的分类和回归树构建。最后，通过综合实验评估了 FEDXGB 的有效性和效率。实验结果表明，FEDXGB 训练 XGBoost 的性能损失可以忽略不计，并降低了安全聚合的计算复杂度和通信开销。

<h2 align="center">参考文献</h2>

[1] CHEN T Q, GUESTRIN C. XGBoost: a scalable tree boosting system[C]//Proceedings of the 22nd ACM SIGKDD International Conference on Knowledge Discovery and Data Mining. New York: ACM Press, 2016: 785–794.

[2] RUSTGI P, FUNG C. Droidnet-an android permission control recommendation system based on crowdsourcing[C]//2019 IFIP/IEEE Symposium on Integrated Network and Service Management. Piscataway: IEEE Press, 2019: 737-738.

[3] GARCIA D, MITIKE KASSA Y, CUEVAS A, et al. Analyzing gender inequality through large-scale Facebook advertising data[J]. Proceedings of the National Academy of Sciences of the United States of America, 2018, 115(27): 6958-6963.

[4] MCMAHAN H B, MOORE E, RAMAGE D, et al. Communication-efficient learning of deep networks from decentralized data[EB]. 2016.

[5] KAIROUZ P, MCMAHAN H B, AVENT B, et al. Advances and open problems in federated learning[J]. Foundations and Trends® in Machine Learning, 2021, 14(1/2): 1-210.

[6] YANG K, FAN T, CHEN T J, et al. A quasi-newton method based vertical federated learning framework for logistic regression[EB]. 2019.

[7] CHENG K W, FAN T, JIN Y L, et al. SecureBoost: a lossless federated learning framework[J].

IEEE Intelligent Systems, 2021, 36(6): 87-98.

[8] TRUEX S, BARACALDO N, ANWAR A, et al. A hybrid approach to privacy-preserving federated learning[C]//Proceedings of the 12th ACM Workshop on Artificial Intelligence and Security. New York: ACM Press, 2019: 1–11.

[9] BRESSON E, CATALANO D, POINTCHEVAL D. A simple public-key cryptosystem with a double trapdoor decryption mechanism and its applications[C]//Advances in Cryptology - ASIACRYPT 2003. Heidelberg: Springer, 2003: 37-54.

[10] SHAMIR A. How to share a secret[J]. Communications of the ACM, 1979, 22(11): 612-613.

[11] WANG S Q, TUOR T, SALONIDIS T, et al. When edge meets learning: adaptive control for resource-constrained distributed machine learning[C]//Proceedings of the IEEE INFOCOM 2018 - IEEE Conference on Computer Communications. Piscataway: IEEE Press, 2018: 63-71.

[12] MCMAHAN H B, RAMAGE D, TALWAR K, et al. Learning differentially private recurrent language models[EB]. 2017.

[13] SMITH V, CHIANG C K, SANJABI M, et al. Federated multi-task learning[J]. Advances in Neural Information Processing Systems, 2017(30).

[14] WANG Z B, SONG M K, ZHANG Z F, et al. Beyond inferring class representatives: user-level privacy leakage from federated learning[C]//Proceedings of the IEEE INFOCOM 2019 - IEEE Conference on Computer Communications. Piscataway: IEEE Press, 2019: 2512-2520.

[15] CHEN C L, PAL R, GOLUBCHIK L. Oblivious mechanisms in differential privacy: experiments, conjectures, and open questions[C]//Proceedings of the 2016 IEEE Security and Privacy Workshops (SPW). Piscataway: IEEE Press, 2016: 41-48.

[16] BONAWITZ K, IVANOV V, KREUTER B, et al. Practical secure aggregation for privacy-preserving machine learning[C]//Proceedings of the 2017 ACM SIGSAC Conference on Computer and Communications Security. New York: ACM Press, 2017: 1175-1191.

[17] PAILLIER P. Public-key cryptosystems based on composite degree residuosity classes[C]// International Conference on the Theory and Applications of Cryptographic Techniques. Heidelberg: Springer, 1999: 223-238.

[18] DAMGÅRD I, JURIK M. A generalisation, a simplification and some applications of Paillier's probabilistic public-key system[C]//International Workshop on Public Key Cryptography. Heidelberg: Springer, 2001: 119-136.

[19] XU R H, BARACALDO N, ZHOU Y, et al. HybridAlpha: an efficient approach for privacy-preserving federated learning[C]//Proceedings of the 12th ACM Workshop on Artificial Intelligence and Security. New York: ACM Press, 2019: 13-23.

[20] PAVERD A, MARTIN A, BROWN I. Modelling and automatically analysing privacy properties for honest-but-curious adversaries[J]. Tech. Rep, 2014.

[21] SALEM A, BHATTACHARYA A, BACKES M, et al. Updates-leak: data set inference and reconstruction attacks in online learning[C]//Proceedings of the 29th USENIX Conference on Security Symposium. New York: ACM Press, 2020: 1291-1308.

[22] MA Z, LIU Y, LIU X M, et al. Lightweight privacy-preserving ensemble classification for face

recognition[J]. IEEE Internet of Things Journal, 2019, 6(3): 5778-5790.

[23] BOGDANOV D, LAUR S, WILLEMSON J. Sharemind: a framework for fast privacy-preserving computations[C]//European Symposium on Research in Computer Security. Heidelberg: Springer, 2008: 192-206.

[24] MOHASSEL P, ZHANG Y P. SecureML: a system for scalable privacy-preserving machine learning[C]//Proceedings of the 2017 IEEE Symposium on Security and Privacy (SP). Piscataway: IEEE Press, 2017: 19-38.

[25] MCELIECE R J, SARWATE D V. On sharing secrets and Reed-Solomon codes[J]. Communications of the ACM, 1981, 24(9): 583-584.

[26] BELLARE M, TACKMANN B. The multi-user security of authenticated encryption: AES-GCM in TLS 1.3[C]//Annual International Cryptology Conference. Heidelberg: Springer, 2016: 247-276.

[27] KNUTH D E. Art of computer programming, volume 2: seminumerical algorithms[M]. [S.l.]: Addison-Wesley, 2014.

[28] ABDALLA M, CATALANO D, FIORE D, et al. Multi-input functional encryption for inner products: function-hiding realizations and constructions without pairings[C]//Annual International Cryptology Conference. Heidelberg: Springer, 2018: 597-627.

第5章
隐私保护联邦 K-means

本章针对在主动缓存中通过使用 K-means 来估计内容的受欢迎程度导致的隐私泄露问题，介绍一种隐私保护联邦 K-means（PFK-means，Privacy-preserving Federated K-means）方案，将其用于下一代蜂窝网络的主动缓存。PFK-means 基于两种隐私保护技术，联邦学习和秘密共享。在 PFK-means 中，设计了一套秘密共享协议来实现 K-means 的轻量级高效联邦学习。当有用户退出时，这些协议会允许 PFK-means 对主动缓存进行训练。本章对 PFK-means 的安全性进行严格的分析，并进行全面的实验评估，以证明其安全性、有效性和高效性。通过对实验结果进行比较，验证 PFK-means 优于现有相关方案。

🔍 5.1 背景介绍

在新兴的蜂窝网络中，智能技术被广泛应用于商业领域。K-means 作为一种经典的无监督机器学习智能算法，在没有类别标签的情况下，根据相似度对数据进行聚类。由于其具有计算复杂度低、性能高、自组织能力强等优点，K-means 及其相关技术在下一代蜂窝网络（NGCN，Next Generation Cellular Network）中必将得到更广泛的应用[1]。一个典型的应用程序是资源管理领域中的主动缓存[2]。主动缓存方案通过对用户进行聚类，对热门内容进行预测，并在业务量较小时主动预测用户需求[3]。与传统缓存算法相比，主动缓存可以实现资源节约，并降低35%的通信开销[4]。

智能资源管理技术的便利性也引发了隐私泄露问题。如图 5-1 所示，一个普通的超密集 5G 蜂窝网络由宏蜂窝基站、用户和微蜂窝基站 3 类实体组成。在现行蜂窝网络标准中，许多隐私保护机制是为了保护数据隐私而设计的，尽管如此，这些机制大多采用身份验证协议或一些加密方法来抵抗外部的攻击[5-7]。一个常被忽视的问题是，基站并不完全可信[8-9]，对于基站来说，收集用户的位置、内容偏好、轨迹等隐私数据是训练 K-means 模型进行用户内容需求预测和主动缓存策略制定的必要条件，问题在于用户上传的数据不仅被用于资源管理或其他常规业务，还会被滥用以获取非法收入。2017 年，印度的电信运营商 Reliance Jio 通过 4G 基站收集了超过 1 亿用户的个人隐私数据，并从中获得了大量的利润。为了解决上述隐私泄露问题，人们提出了许多隐私保护的 K-means 方案[10-13]。对于这些方案，仍面临着以下两个方面的挑战。

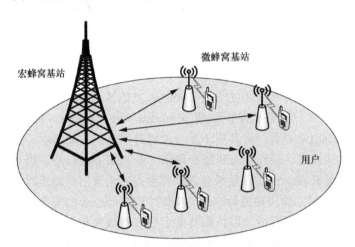

图 5-1　一个普通的超密集 5G 蜂窝网络示意

1. 用户体验质量（QoE，Quality of Experience）急剧下降

考虑目前蜂窝网络的模式，低时延和高通信速率可以实现高 QoE，而为资源管理预留的时间和计算能力是相当有限的。但现有可用于资源管理的隐私保护 K-means 方案通常需要引入复杂的密码操作，例如同态加密[10]和区块链[13]，该类操作会占用大量的计算资源，无法实现实时通信和高 QoE[14]，用户体验较差。例如，在 2019 年的研究中，文献[13]使用随机同态椭圆曲线密码学加密的 $5×10^4$ 个区块，搜索数据大约需要 200s。因此，对于下一代蜂窝网络，亟须一种高效的隐私保护 K-means 方案。

2. 动态修改用户组

蜂窝网络极具代表性的特征之一是用户的高移动性。一个基站所覆盖的用户在下一个时刻中以相当高的概率发生变化，特别是在高速移动和频繁切换的情况下。目前基于隐私保护 K-means 的方案[10-13,15]总是忽略必要条件，并假设用户在任何时候都能保持稳定的连接。理想条件下的实验假设使得它们无法被有效应用到实际场景中。

为了应对上述挑战，本节介绍了一种有效的 PFK-means 方案，用于下一代蜂窝网络中的主动缓存。PFK-means 通过在 K-means 算法的计算中引入联邦学习和秘密共享，从而实现主动缓存的隐私保护。当在主动缓存中执行用户聚类时，采用联邦学习 K-means 算法可以实现对用户数据隐私保护的要求。原始的联邦学习存在后门攻击，使得基站操作员可以导出用户私有数据[16]，而将秘密共享技术用于对后门进行处理，可对退出用户的数据进行重构，以适应模型训练过程中用户的动态变化。为此，设计了两种基于秘密共享的安全协议，一种是被用于初始化安全参数和分发加密密钥的安全系统设置协议；另一种是实现高效隐私保护 K-means 的隐私保护簇心更新协议。在秘密共享协议中，最耗时的操作是通过计算拉格朗日多项式来重构退出用户的数据，但与现有的基于同态加密或基于区块链的方案相比，该操作比集中调用复杂的密码函数省时。

对 PFK-means 方法的贡献概述如下。

（1）联邦聚类。本章专门针对下一代蜂窝网络中的主动缓存提出一种 PFK-means 方案。具体地说，利用两种基于安全秘密共享的协议，即安全系统设置协议和隐私保护簇心更新协议，实现了 K-means 的联邦簇心更新。

（2）抵御用户动态变化的鲁棒性。通过一套基于秘密共享的安全计算协议，PFK-means 可以在某些用户退出时继续进行计算，并且对退出用户的数据进行重构，确保不会侵犯其个人隐私。

（3）可证明安全性。全面讨论蜂窝网络对主动缓存的隐私要求，并给出详细的安全性证明，PFK-means 能够满足在标准安全模型中不向恶意基站和系统中其他用户泄露隐私数据的隐私要求。

（4）聚类误差低且效率高。大量的实验被用来评估 PFK-means 的可行性和效率。实验结果表明，PFK-means 算法的聚类精度损失可以忽略不计（小于 0.1%），并且比现有算法计算速度提高 17%左右。

5.2　研究现状

本节总结现有基于 K-means 的主动缓存及隐私保护 K-means 方案。

1. 基于 K-means 的主动缓存

主动缓存是一种智能缓存管理技术，它通过缓存蜂窝网络中最流行的内容来最小化服务时延。确定流行内容最常用的方法是基于 K-means 的用户聚类。第一个将上下文感知的动态主动缓存应用到 5G 蜂窝网络中的方案是由 Bastug 等人[3]在 2014 年提出的。Fekih 等人[17]随后提出了一种主动内容缓存方案，被称为基于学习的协同缓存，用于基于 5G SDN 的内容中心网络，并进行路由器重分配，并且考虑用户对低时延和高通信速率的需求，将新兴的边缘计算概念引入蜂窝网络。因此，Hou 等人[4]将主动缓存扩展到 5G 网络的移动网络边缘，以进一步提高用户的 QoE，由于边缘计算的高性能和快速发展，它将在下一代蜂窝网络中得到更广泛的应用。此外，针对存储受限的小型蜂窝网络，Mishra 等人[18]通过使用一种新颖的内容估计算法进一步提高了主动缓存的性能，Zhang 等人[19]继承了文献[18]的工作，并以一个通过学习来排名的机制进行进一步改进。在上述研究中，K-means 算法可以将将用户分组到内容受欢迎程度相似的社会群体中，文献[1]发现，K-means 及其聚类算法变体由于计算复杂度低、聚类精度高，在蜂窝网络智能架构中发挥着越来越重要的作用。

2．隐私保护 K-means 方案

近年来，针对不同的应用场景，研究人员开发了许多隐私保护 K-means 方案来保护用户数据隐私。可将隐私保护 K-means 方案中常用的技术归纳为同态加密、差分隐私和秘密共享 3 类，其中应用最广泛的是同态加密，它是基于 Paillier 密码系统[10,15,20-21]或基于误差学习（LWE，Learning With Error）问题[22]构造的加密方案。这些方案的核心思想都是利用同态加密的同态性将明文用户数据从云服务器中隔离出来，方案的安全性完全依赖于所采用的同态加密算法。然而，虽然文献[23]提出了使用可信处理器加速同态加密计算的方案，但集中的计算能力和存储需求仍然极大地限制了其在应用程序中的实用性[24]。在基于差分隐私的隐私保护K-means 方案中[11-12,25-26]，用户数据被加入满足特定分布的随机噪声，在理想情况下，这种干扰不影响 K-means 算法学习用户数据的统计特性。由于差分隐私算法唯一的耗时操作是生成随机数，虽然基于差分隐私的隐私保护 K-means 方案相当高效，但是会降低聚类精度，目前还没有人提出无精度损失的高效隐私保护K-means 方案。对于秘密共享方法，近年来提出了几种基于 Shamir 秘密共享的隐私保护 K-means 方案[27-28]，但这些方案在执行 K-means 训练时没有考虑用户群的动态变化，仍有巨大的发展空间。此外，一些传统的安全计算协议也可以保证数据的机密性，与其他方案相比，在文献[29]中提出的安全计算协议效率较低，并且缺乏全面的安全证明。

🔍 5.3　问题描述

本节首先列出了常用符号及其描述，见表 5-1。然后给出系统模型和安全模型。

表 5-1　常用符号及其描述

符号	描述
C	簇心
$\langle \cdot \rangle$	用于签名、加密的密钥

续表

符号	描述
$\mathcal{K}_u$	用户 u 与其他用户共享的盲密钥
γ_u	从其他用户 u 处接收到的盲钥份额
$\mathcal{R}_u$	从其他用户 u 处接收到的随机共享份额
$\mathcal{F}$	有限域 $\mathcal{F}$，例如 $\mathcal{F}_p = \mathcal{Z}_p$，$p$ 为大素数
$\xi_{u,v}$	由 u 生成并与 v 共享的随机共享份额
$\mathcal{U}'$	选定的用户集合
$\mathcal{U}''$	保持活跃状态的选定用户集合
$\mathcal{U}'/\mathcal{U}''$	退出的用户集合
$\lvert\cdot\rvert$	任意集合中元素的个数

5.3.1　系统模型

将 PFK-means 应用于下一代蜂窝网络的隐私保护用户聚类，以帮助对流行内容进行主动缓存。通过用户聚类来估计内容的流行程度，主动预测用户需求，以减少对高峰流量的需求[3]。应用 PFK-means 的下一代蜂窝网络场景示意[3,30]如图 5-2 所示，主要包括宏蜂窝基站（$\mathcal{S}$）、微蜂窝基站（$\mathcal{B}$）和用户（$\mathcal{U}$）。详细描述如下。

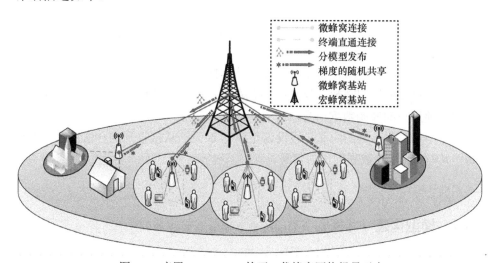

图 5-2　应用 PFK-means 的下一代蜂窝网络场景示意

宏蜂窝基站（$\mathcal{S}$）。$\mathcal{S}$ 是一个覆盖范围较大的高功率基站，也被称为中央控制器，它连接 $\mathcal{B}$，控制着整个网络的用户调度和资源分配。在 PFK-means 中，通过隐私保护 K-means 将用户聚类为多个簇，以优化通信资源分配任务。

微蜂窝基站（$\mathcal{B}$）。$\mathcal{B}$ 是比 $\mathcal{S}$ 的覆盖范围小得多的基站集合。一个典型的 $\mathcal{B}$ 通

常很小，可以将其安装在路灯上。在 PFK-means 中，$\mathcal{B}$ 作为通信桥接，不参与安全计算协议的计算，由每个 $b \in \mathcal{B}$ 及它控制的用户组成一个微蜂窝网络，此外，在通过用户聚类确定流行内容后，将它们主动缓存到 $\mathcal{B}$ 中。

用户（$\mathcal{U}$）。$\mathcal{U}$ 是 $\mathcal{S}$ 覆盖到的用户集合。用户可以是任何具有通信能力的终端，如移动电话、智能手表或笔记本计算机等。特别地，$u \in \mathcal{U}$ 也可以是一个用户统一管理的楼区或社区，每个 $u \in \mathcal{U}$ 的索引均为 $\{1,2,\cdots,|\mathcal{U}|\}$。$u$ 持有一个本地数据库 $\mathcal{D}_u$，用于存储可用于 K-means 算法训练的私有数据（如位置、速度、文件流行度和移动模式等）。

5.3.2 安全模型

PFK-means 采用了诚实且好奇的模型作为标准安全模型。在安全模型中，用户和基站诚实地按照承诺的程序遵守安全计算协议，同时也愿意学习更多的信息来使自己受益。直观来说，用户希望了解其他用户的私人数据，基站则试图推断出用户拥有的样本信息。在所提安全模型中，敌手 $\mathcal{A}$ 的定义如下。

定义 5.1[31] $\mathcal{A}$ 是通信协议的合法参与者，它不会违背协议，但会尝试从合法接收到的消息中学习所有可能的信息。

如上所述，包括 $u \in \mathcal{U}$，$\mathcal{B}$ 和 $\mathcal{S}$ 都可以扮演 $\mathcal{A}$，$\mathcal{A}$ 具有以下能力，即 $\mathcal{A}$ 可以窃听通信通道并记录传输的消息；$\mathcal{A}$ 无法同时与多于 t 个用户进行共谋或被收买；$\mathcal{A}$ 不能获取其他良好用户的合法输入或随机种子；$\mathcal{A}$ 具有多项式时间的计算能力来发起攻击。

综上所述，PFK-means 希望通过秘密共享技术来实现以下两个隐私需求。

（1）用户对用户的隐私。假设 $u_0 \in \mathcal{U}$ 是 $\mathcal{A}$，u_0 无法从接收到的合法协议消息中获取其他用户的原始数据信息。

（2）用户对服务器的隐私。假设 $\mathcal{S}$ 是 $\mathcal{A}$，$\mathcal{S}$ 无法从接收到的合法协议中推断出每个 $u \in \mathcal{U}$ 的原始数据的任何信息。

🔍 5.4 模型构建

本节详细介绍 PFK-means 如何实现 K-means 算法的隐私保护训练。

5.4.1 PFK-means 概述

PFK-means 整体工作流程如图 5-3 所示，PFK-means 包含安全系统设置（PFK-Setup）和簇心更新（PFK-Update）。通过这两种协议，$\mathcal{S}$ 可以找到最优的簇心来划分用户，以加速数据传输和优化网络资源管理。

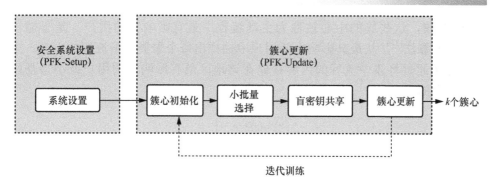

图 5-3　PFK-means 整体工作流程

PFK-Setup 主要用于生成 PFK-means 所有实体的基本参数和密钥。在离线阶段，每个用户预先安装一对公–私钥用于身份签名和验证，通过部署可信第三方，为用户和 $\mathcal{S}$ 发布可信的安全四元组。随后，每个用户生成自己的公–私钥对用于加密，将公钥签名后发送给其他用户，用户对接收到的签名进行有效性验证后，计算彼此之间的共享加密密钥。

PFK-Update 分 4 个阶段完成 K-means 算法训练的所有计算任务，以下是这 4 个阶段的细节。

（1）簇心初始化。K-means 训练的第一步是对簇心进行初始化。$\mathcal{S}$ 随机选取 k 个簇心，每个簇心的维数与训练样本相同。

（2）小批量选择。为了加速下一代蜂窝网络大规模数据的训练效率，$\mathcal{S}$ 随机选择部分用户参与每一轮的训练，所选用户提供的样本可以被视作一个小批量数据集。此外，$\mathcal{S}$ 还根据选择用户的数量来确定秘密共享的门限值。

（3）盲密钥共享。为了防止用户数据被直接泄露给基站，每个选择的用户生成一对盲公–私钥和一个随机值来掩盖其梯度。为了适应用户的动态变化，私钥和随机值在这个阶段中被秘密共享。在计算梯度的聚合时，需要使用随机值的共享，使用共享的私钥为退出的用户重构盲私钥。盲公钥、共享的盲私钥和共享的随机值均被以加密签名的形式分发给其他选定的用户，接收到的盲私钥用于派生彼此之间的共享盲私钥，同时使用共享盲私钥和随机值，可以让 $\mathcal{S}$ 在不了解原始数据的情况下，获得用户上传梯度的聚合。

（4）簇心更新。为了更新聚类簇心，每个选择的用户根据上一轮的训练结果计算本地样本的梯度，将计算结果用随机值和共享的盲私钥进行掩盖，然后以加密格式发送到 $\mathcal{S}$。为了得到正确的梯度聚合结果，$\mathcal{S}$ 必须重构在线用户的随机值和退出用户的盲私钥，根据梯度聚合结果计算更新后的簇心。

这 4 个阶段迭代运行，直到达到最大迭代次数或满足终止条件（聚类簇心达到最优）。PFK-means 训练结果示意如图 5-4 所示，将微蜂窝网络中的用户划分为 6 个簇，这些簇的中心被称为主动缓存中最有影响力的用户。基于随机 Dirichlet 算法[3]，从最具影响力的用户中抽样出每个聚类中最流行的内容。主动缓存是通过将簇中流行的内容存储在该地区最有影响力的用户或小型基站中来实现的。

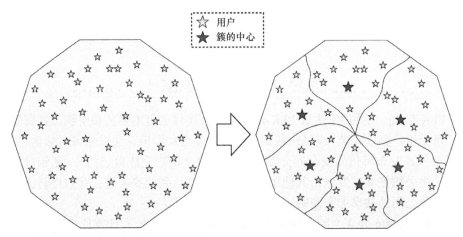

图 5-4　PFK-means 训练结果示意

在 PFK-means 中，用户将数据的梯度上传到 $\mathcal{S}$ 中，用于更新聚类簇心。如果梯度以明文格式直接上传，$\mathcal{S}$ 有机会利用生成对抗网络[16]推导出原始数据。为了解决这一问题，本章利用 Shamir 秘密共享[32]方案来保护梯度隐私。在使用秘密共享技术时，一个不可避免的问题是中间计算结果不总是整数。如上所述，秘密共享方案仅在 $\mathcal{F}_p$ 上是安全的，为了保证安全性，PFK-means 在计算过程中必须将浮点数据统一转换为整数。PFK-means 通过简单地使用定点数据格式来实现转换。给定任意浮点数 x 和精确度 d，x 可以表达为定点数 $x_o = \lfloor x \cdot 10^d \rfloor$，其中 $\lfloor \cdot \rfloor$ 是向下取整函数。例如，给定 $x = 2.019$ 和 $d = 3$，可得 $x_0 = \lfloor 2.019 \cdot 10^3 \rfloor = 2019$，为了恢复原始的计算结果，我们可以简单地计算 $x = x_0 / 10^d = 2.019$。值得注意的是，在上述数据格式中引入取整函数可能会造成精度损失，受文献[33]的启发，当 $d > 6$ 时，精度损失可以忽略不计。在接下来的内容中，所有的数据都采用该数据格式进行存储和传输。

5.4.2　PFK-means 方案

PFK-Setup 和 PFK-Update 的实现细节如图 5-5 所示。在介绍实现细节之前，本节还定义了 PFK-means 的 3 种基本算法，包括密钥协议、加密算法和签名算法。

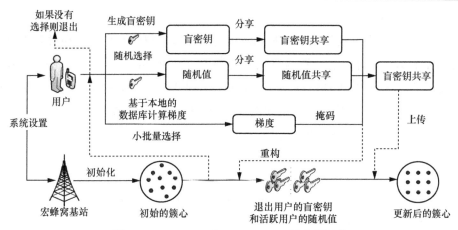

图 5-5 PFK-Setup 和 PFK-Update 的实现细节

在 PFK-means 中，对敏感数据（即簇心更新的秘密共享份额）进行加密，每个用户必须在发布公钥时使用签名验证其身份，加密、签名和秘密共享需要使用一些安全密钥协议生成密钥，这 3 种算法都是在一个具有大素数 p 的加法循环群 $\mathbb{G}$ 和一个生成器 g 上进行运算的。因此，我们给出 3 类密码算法的通用定义，具体如下，这些算法在 PFK-means 中都被认为是理想的。

（1）密钥协议

PFK-means 中的密钥协议是基于 Diffie-Hellman 的密钥协议算法，包括参数初始化（KEY.init）、公–私钥对生成（KEY.Gen）和共享密钥协议（KEY.Shr）3 种算法。给定一个安全参数 $\mathcal{J}$，KEY.init($\mathcal{J}$) 输出一个公开安全的四元组 $q \leftarrow (\mathbb{G}, p, g, H)$ 用于密钥生成。$\mathcal{J}$ 约束域 $\mathcal{F}_p$ 的大小。H 是一种常用的哈希算法，它将任意长度的输入映射到固定长度的输出。对于 q，用户 u 可以通过调用 $(\langle pk_u \rangle, \langle sk_u \rangle) \leftarrow KEY.Gen(q)$ 来生成公–私钥对。给定任意两个用户 u 和 v，以及它们的公–私钥对 $\langle k_{u,v} \rangle \leftarrow KEY.Shr(\langle sk_u \rangle, \langle pk_v \rangle)$，用于在两个用户之间生成共享密钥。

（2）加密算法

PFK-means 采用对称加密算法，如 AES-GCM[34]，对数据进行加密。为了安全，加密算法需要确保选择明文攻击下的计算不可区分性（IND-CPA，Indistinguishability Under Chosen Plaintext Attack）。同时，在相同的安全级别下，共享密钥的对称加密算法会比非对称加密算法更加高效[35]。给定 u 和 v 间的一个共享密钥 $\langle ek_{u,v} \rangle \leftarrow KEY.Shr(\langle sk_u \rangle_{enc}, \langle pk_v \rangle_{enc})$，$c \leftarrow CRY.Enc(\langle ek_{u,v} \rangle, m)$ 输出明文消息 m 对应的密文 c。而 $m \leftarrow CRY.Dec(\langle ek_{u,v} \rangle, c)$ 负责解密密文，输出明文消息。

（3）签名算法

类似于加密算法的定义，PFK-means 定义了签名算法 CRY.Sig 和对应的验证算法 CRY.Ver，同样地，签名算法需要确保 IND-CPA 安全。给定公-私钥对 $(\langle pk_u \rangle, \langle sk_u \rangle) \leftarrow KEY.Gen(q)$，通过调用 $\sigma \leftarrow CRY.Sig(\langle sk_u \rangle, m)$，用户 u 可以对任意消息 m 签名，其他用户可以利用公钥 $\langle pk_u \rangle$，通过计算 $CRY.Ver(\langle pk_u \rangle, \sigma)$ 来验证签名。如果 CRY.Ver 输出为 1，则签名有效；否则签名无效。

5.4.3　安全系统设置

在系统设置过程中，PFK-means 的 PFK-Setup 负责完成参数初始化、密钥生成和公钥分发，其实现细节如协议 5.1 所示。

协议 5.1　PFK-means 的安全系统设置协议（PFK-Setup）

输入： 宏蜂窝基站 $\mathcal{S}$、用户集合 $\mathcal{U}$ 和可信的第三方服务器 $\mathcal{T}$

输出： 用户间的共享密钥 $\langle ek_{u,v} \rangle$

1. $\mathcal{T}$ 初始化安全的四元组 $q \leftarrow KEY.Init(\mathcal{J})$，并通过安全信道将 q 发布给 $\mathcal{S}$ 和 $\mathcal{U}$

2. **for** $u \in \mathcal{U}$ **do**

3. 　　调用 $(\langle pk_u \rangle_{enc}, \langle sk_u \rangle_{enc}) \leftarrow KEY.Gen(q)$ 生成用于加密的公-私钥对

4. 　　计算 $\sigma_u \leftarrow CRY.Sig(\langle sk_u \rangle, u \| \langle pk_u \rangle_{enc})$，并发布 $(u, \langle pk_u \rangle_{enc}, \sigma_u)$ 给其他用户和 $\mathcal{S}$

5. **end for**

6. 验证 $\mathcal{S}$ 和 $\mathcal{U}$ 中的所有用户验证接收到的签名是否满足 $CRY.Ver(\langle pk_v \rangle, \sigma_v) = 1$，其中 $v \in \mathcal{U}$

7. $u \in \mathcal{U}$，通过计算 $\langle ek_{u,v} \rangle \leftarrow KEY.Shr(\langle sk_u \rangle_{enc}, \langle pk_v \rangle_{enc})$ 得到与其他用户 $v \in \mathcal{U}$ 的共享密钥

首先，PFK-Setup 让可信第三方服务器 $\mathcal{T}$ 生成并发布公开安全的四元组 $q \leftarrow KEY.Init(\mathcal{J})$，用于后续的密钥生成，部署 $\mathcal{T}$ 是为了防止 $\mathcal{S}$ 在选择安全参数时留下后门。每个用户 $u \in \mathcal{U}$ 在接收到 q 后，均通过调用 KEY.Gen(q) 来生成自己的公-私钥对 $(\langle pk_u \rangle_{enc}, \langle sk_u \rangle_{enc})$。然后，用户 u 通过计算签名 σ_u，将自己的身份与公钥 $(u, \langle pk_u \rangle_{enc})$ 连接在一起，实现安全发布公钥、相互验证身份的目的。对于每个用户 u，都预先分配了签名公-私钥对 $(\langle pk_u \rangle, \langle sk_u \rangle)$ 和来自其他用户 $v \in \mathcal{U}$ 的公钥 $\langle pk_v \rangle$，在应用中，这个分配任务需要依靠 $\mathcal{T}$ 签发的证书。接下来，$\mathcal{U}$ 和 $\mathcal{S}$ 相互验证对方签名的有效性，将不能通过 CRY.Ver 验证的用户从 PFK-means 的后续计算中

删除。最后，每个用户 u 均通过与其他用户协同调用 $\mathrm{KEY.Shr}\left(\langle sk_u\rangle_{\mathrm{enc}},\langle pk_v\rangle_{\mathrm{enc}}\right)$ 来计算共享加密密钥 $\langle ek_{u,v}\rangle$，用于簇心更新阶段中的加密操作。

5.4.4 簇心更新

K-means 算法对簇心进行迭代更新，从而以最小的平方误差实现用户聚类。在 PFK-means 中，这个过程是通过迭代调用 PFK-Update 实现的，如协议 5.2 所示。

协议 5.2 PFK-means 的簇心更新协议（PFK-Update）

输入：宏蜂窝基站 $\mathcal{S}$、用户集合 $\mathcal{U}$ 和最大迭代次数 $r_{\max}$

输出：最优簇心集合 $\mathcal{C}_i$

1. $\mathcal{S}$ 随机从输入空间 $\mathcal{X}$ 中选取 k 个簇心 $\mathcal{C}_0=\{c_1,c_2,\cdots,c_k\}$

2. **for** $1\leqslant i\leqslant r_{\max}$ **do**

3. $\mathcal{S}$ 从 $\mathcal{U}$ 中选择 n 个用户作为小批量数据集的提供者 $\mathcal{U}'\in\mathcal{U}$，并确定秘密共享的门限值 $t\leqslant n$。

4. $\mathcal{K},\Upsilon,\mathcal{R}\leftarrow\mathrm{MKshare}(\mathcal{U}')$

5. $\mathcal{C}_i=\mathrm{CUpdate}(\mathcal{U}',\mathcal{K},\mathcal{R},\Upsilon,\mathcal{C}_{i-1})$

6.   **if** $\mathcal{C}_i=\mathcal{C}_{i-1}$ **then**

7.   跳出循环

8.   **end if**

9. **end for**

10. 返回最优的簇心集合 $\mathcal{C}_i$

（1）簇心初始化阶段（协议 5.2 第 1 步）：PFK-means 的第一步是初始化簇心。对于经典的 K-means 算法，簇心是从所有可能的输入中随机选择的，在 PFK-means 中，为了初始化 k 个簇心 $\mathcal{C}_0$，$\mathcal{S}$ 从输入空间 $\mathcal{X}$ 中随机选取 k 个样本作为簇心。输入空间 $\mathcal{X}$ 是训练中使用的所有可能的数据点的子集，这些数据点可以由 $\mathcal{S}$ 的操作员预先收集。假设每个样本均包含 ℓ 个特征，输入域是 $\mathcal{F}_p^\ell$，即输入域 $\mathcal{F}_p$ 中的一个 ℓ 维的向量空间，p 是一个大素数。

（2）小批量选择阶段（协议 5.2 第 3 步）：在 PFK-means 中，算法将所有用户的样本作为数据库 $D=\{D_1,D_2,\cdots,D_{|\mathcal{U}|}\}$，在每次迭代中，$\mathcal{S}$ 选择 D 的一部分数据参与训练，将被选定的一批样本称为小批量。对于集中式的计算架构，可以通过随机选择本地存储的样本直接获得小批量；而在 PFK-means 中，由于原始样本分布在不同的用户中，我们通过选择用户而不是样本来实现小批量的选择。$\mathcal{S}$ 随机从 $\mathcal{U}$ 中选取 n 个用户 $\mathcal{U}'$ 作为训练数据的提供者，其中 $\mathcal{U}'\in\mathcal{U}$ 且 $n\ll|\mathcal{U}|$。考虑现实应用程序中的用户随时都有可能失去与 $\mathcal{S}$ 的连接，被选择的用户集合

$\mathcal{U}'$往往根据一些预定义的标准来判断是否为活跃用户,例如保持连接的时间和心跳帧响应的时间。

(3)盲密钥共享阶段(协议 5.2 第 4 步):用户 $u \in \mathcal{U}'$ 通过调用盲密钥共享协议(MKShare)执行盲密钥的共享操作。对于所选择的用户 $\mathcal{U}'$,MKShare 输出共享的盲密钥集合 $\mathcal{K} = \{\mathcal{K}_1, \cdots, \mathcal{K}_{|\mathcal{U}'|}\}$、盲私钥的随机共享份额 $\Upsilon = \{\Upsilon_1, \cdots, \Upsilon_{|\mathcal{U}'|}\}$ 以及每个用户 $\mathcal{U}' \subset \mathcal{U}$ 的随机共享份额 $\mathcal{R} = \{\mathcal{R}_1, \cdots, \mathcal{R}_{|\mathcal{U}'|}\}$,其中 Υ 用于重构退出用户的私钥,$\mathcal{K}$ 和 $\mathcal{R}$ 用于对每个用户上传的梯度进行掩盖。MKShare 的详细构造如协议 5.3 所示。

协议 5.3 盲密钥共享协议(MKShare)

输入:被选择的用户集合 $\mathcal{U}'$

输出:共享的盲密钥集合 $\mathcal{K}$、盲私钥的随机共享份额 Υ 和 $\mathcal{U}'$ 的随机共享份额 $\mathcal{R}$

1. **for** $u \in \mathcal{U}'$ **do**
2.   生成公-私钥对 $\left(\langle \mathrm{pk}_u \rangle_{\mathrm{msk}}, \langle \mathrm{sk}_u \rangle_{\mathrm{msk}}\right) \leftarrow \mathrm{KEY.Gen}(q)$
3.   计算盲私钥的随机共享份额 $\left\{\left(u, \xi_{u,v}^m\right) | v \in \mathcal{U}'\right\} \leftarrow \mathrm{SEC.Split}\left(\langle \mathrm{sk}_u \rangle_{\mathrm{msk}}, |\mathcal{U}'|\right)$
4.   生成一个随机值 r_u,并计算它的随机共享份额 $\left\{\left(u, \xi_{u,v}^r\right) | v \in \mathcal{U}'\right\} \leftarrow \mathrm{SEC.Split}\left(r_u, |\mathcal{U}'|\right)$
5.   计算盲公钥和随机共享份额的签名 $\sigma_{u,v} \leftarrow \mathrm{CRY.Sig}\left(\langle \mathrm{sk}_u \rangle, u \| v \| \langle \mathrm{pk}_u \rangle_{\mathrm{msk}} \| \xi_{u,v}^m \| \xi_{u,v}^r\right)$
6.   计算盲公钥和随机共享份额的密文 $c_{u,v} \leftarrow \mathrm{CRY.Enc}\left(\langle \mathrm{ek}_{u,v} \rangle, u \| v \| \langle \mathrm{pk}_u \rangle_{\mathrm{msk}} \| \xi_{u,v}^m \| \xi_{u,v}^r\right)$
7.   将 $\left(c_{u,v}, \sigma_{u,v}\right)$ 发送给其他用户 $v \in \mathcal{U}'$
8.   解密从其他用户处接收到的密文 $\langle \mathrm{pk}_u \rangle_{\mathrm{msk}}, \xi_{u,v}^m, \xi_{u,v}^r \rightarrow \mathrm{CRY.Dec}\left(\langle \mathrm{ek}_{u,v} \rangle, c_{v,u}\right)$,并验证其特征是否满足 $\mathrm{CRY.Ver}\left(\langle \mathrm{pk}_v \rangle, \sigma_{v,u}\right) = 1$
9.   计算 $\langle \mathrm{mk}_{u,v} \rangle \leftarrow \mathrm{CRY.Shr}\left(\langle \mathrm{sk}_u \rangle_{\mathrm{msk}}, \langle \mathrm{pk}_v \rangle_{\mathrm{msk}}\right)$
10.   如果签名有效,则收集 $\mathcal{K}_u \leftarrow \left\{\left(v, \langle \mathrm{mk}_{u,v} \rangle\right) | v \in \mathcal{U}'\right\}$、$\Upsilon_u \leftarrow \left\{\left(v, \xi_{v,u}^m\right) | v \in \mathcal{U}'\right\}$ 和 $\mathcal{R}_u \leftarrow \left\{\left(v, \xi_{v,u}^r\right) | v \in \mathcal{U}'\right\}$
11.   **end for**
12. 返回 $\mathcal{K} = \{\mathcal{K}_1, \mathcal{K}_2, \cdots, \mathcal{K}_{|\mathcal{U}'|}\}$、$\Upsilon = \{\Upsilon_1, \Upsilon_2, \cdots, \Upsilon_{|\mathcal{U}'|}\}$ 和 $\mathcal{R} = \{\mathcal{R}_1, \mathcal{R}_2, \cdots, \mathcal{R}_{|\mathcal{U}'|}\}$

首先,每个用户 $u \in \mathcal{U}'$ 均通过调用 $\mathrm{KEY.Gen}(q)$ 来生成盲公-私钥对

$\left(\langle \mathrm{pk}_u \rangle_{\mathrm{msk}}, \langle \mathrm{sk}_u \rangle_{\mathrm{msk}}\right)$，然后，用户选择一个随机值 $r_u \in \mathcal{F}_p$，通过计算两次 SEC.Split，$\langle \mathrm{sk}_u \rangle_{\mathrm{msk}}$ 和 r_u 都被随机拆分成 $\left\{\left(u, \xi_{u,v}^m\right) \mid v \in \mathcal{U}'\right\}$ 和 $\left\{\left(u, \xi_{u,v}^r\right) \mid v \in \mathcal{U}'\right\}$。对于每个被随机选择的用户 $v \in \mathcal{U}'$，用户 u 计算身份 u 和 v、盲公钥 $\langle \mathrm{pk}_u \rangle_{\mathrm{msk}}$ 及随机共享份额 $\xi_{u,v}^m$ 和 $\xi_{u,v}^r$ 的签名，采用 CRY.Enc 对签名后的数据与新生成的签名 σ_u 进行加密，并发送给 v。相应地，每个用户 $u \in \mathcal{U}'$ 从其他用户处接收到加密的随机共享份额和盲公钥后，采用 CRY.Dec 可以解密得到 $\langle \mathrm{pk}_v \rangle_{\mathrm{msk}}$、$\xi_{u,v}^m$ 和 $\xi_{u,v}^r$。若验证签名有效，u 将 $\xi_{u,v}^m$ 和 $\xi_{u,v}^r$ 分别加到 $\varUpsilon_u$ 和 $\mathcal{R}_u$ 中。此外，u 通过调用 $\langle \mathrm{mk}_{u,v} \rangle \leftarrow$ CRY.Shr$\left(\langle \mathrm{sk}_u \rangle_{\mathrm{msk}}, \langle \mathrm{pk}_v \rangle_{\mathrm{msk}}\right)$ 来计算 v 的共享盲密钥。当 MKShare 计算完成后，每个用户 $u \in \mathcal{U}'$ 构建共享的盲密钥 k_u、盲私钥的随机共享份额 $\varUpsilon_u$、$\mathcal{U}'$ 的随机共享份额 $\mathcal{R}_u$ 的集合。

（4）簇心更新阶段（协议 5.2 第 5 步～第 8 步）：在此阶段，完成 PFK-means 的簇心更新操作。如协议 5.4 所示，PFK-Update 通过调用簇心更新协议（CUpdate）来实现更新。给定被选择的用户集合 $\mathcal{U}'$、由 MKShare 得到的 3 个集合和上一轮迭代得到的簇心集合 $\mathcal{C}_{i-1}$，CUpdate 输出当前迭代的簇心 $\mathcal{C}_i$。将每个用户持有的本地样本表示为 D_u，其中 $u \subset \mathcal{U}'$。

协议 5.4　簇心更新协议（CUpdate）

输入：被选择的用户集合 $\mathcal{U}'$、共享的盲密钥集合 $\mathcal{K}$、盲私钥的随机共享份额 $\varUpsilon$、$\mathcal{U}'$ 的随机共享份额 $\mathcal{R}$、上一轮迭代的簇心集合 $\mathcal{C}_{i-1}$

输出：更新之后的簇心集合 $\mathcal{C}_i = \left\{c_1', c_2', \cdots, c_k'\right\}$

1. **for** $u \subset \mathcal{U}'$ **do**
2. 　　初始化 $C_u \leftarrow C_{i-1}$
3. 　　u 从 $D' \leftarrow D_u(\theta)$ 中随机选取样本 θ
4. 　　u 初始化一个计数集合 $\mathcal{V}_u = \left\{v_{u,1}, v_{u,2}, \cdots, v_{u,k}\right\} = 0$
5. 　　**for** $x \in D_u'$ **do**
6. 　　　　计算最接近 x 的簇心 $c \leftarrow f(\mathcal{C}_u, x)$
7. 　　　　更新 $v_c \leftarrow v_c + 1$，记录簇心 c 内的样本数量
8. 　　**end for**
9. 　　**for** $c \in \mathcal{C}_u$ **do**
10. 　　　　计算学习率 $\eta \leftarrow 1/v_c$
11. 　　　　更新簇心 $c \leftarrow (1-\eta)c + \eta x$
12. 　　**end for**
13. 　　掩盖簇心 $\varsigma_u \leftarrow C_u + r_u + \sum\limits_{u>v}\langle \mathrm{mk}_{u,v}\rangle + \sum\limits_{u<v}\langle \mathrm{mk}_{u,v}\rangle$
14. **end for**

15. $\mathcal{S}$ 检查活跃用户集合 $\mathcal{U}''$ 和退出用户集合 $\mathcal{U}'/\mathcal{U}''$，并将活跃用户集合共享给每个活跃用户

16. 对每个 $u \in \mathcal{U}''$ 加密 $c_u \leftarrow \text{CRY.Enc}\big(\langle \text{ek}_{u,\mathcal{S}} \rangle, \mathcal{U} \| \mathcal{S} \| \varsigma_u \| \mathcal{R}'_u \big)$，其中 $\mathcal{R}'_u = \big\{ \xi^r_{v,u} \mid v \in \mathcal{U}'' \big\}$，并将 c_u 发送给 $\mathcal{S}$

17. 对于 $u \in \mathcal{U}''$，$\mathcal{S}$ 收集 $\varsigma_u, \mathcal{R}'_u \leftarrow \text{CRY.Dec}\big(\langle \text{ek}_{u,\mathcal{S}} \rangle, c_u\big)$，并重构 $r_u \leftarrow \text{SEC.Recon}$ $\Big(\big\{\big(u, \xi^r_{v,u}\big) \mid v \in \mathcal{U}'', \xi^r_{v,u} \in \mathcal{R}'_v \big\}, t\Big)$

18. 对于 $v \in \mathcal{U}'/\mathcal{U}''$，$\mathcal{S}$ 要求 $u \in \mathcal{U}''$ 上传 $\xi^r_{v,u}$，并重构 $\langle \text{sk}_v \rangle_{\text{msk}} \leftarrow \text{SEC.Recon}$ $\Big(\big\{\big(v, \xi^m_{v,u}\big) \mid v \in \mathcal{U}'/\mathcal{U}'', u \in \mathcal{U}'' \big\}, t\Big)$

19. $\mathcal{S}$ 计算 $\langle \text{mk}_{v,u} \rangle \leftarrow \text{CRY.Shr}\big(\langle \text{sk}_v \rangle_{\text{msk}}, \langle \text{pk}_u \rangle_{\text{msk}} \big)$，其中 $v \in \mathcal{U}'/\mathcal{U}'', u \in \mathcal{U}''$

20. $\mathcal{C}_i \leftarrow \dfrac{1}{|\mathcal{U}'|} \left(\displaystyle\sum_{u \in \mathcal{U}''} (\varsigma_u - r_u) + \sum_{u \in \mathcal{U}''} \sum_{v \in \mathcal{U}'/\mathcal{U}''} \text{sign}(v, u) \cdot \langle \text{mk}_{v,u} \rangle \right)$

21. 返回 $\mathcal{C}_i = \big\{ c'_1, c'_2, \cdots, c'_k \big\}$

在 CUpdate 中，首先将上一轮迭代 $\mathcal{C}_{i-1}$ 的簇心发布给每一个被选中的用户 $u \in \mathcal{U}'$，用户 u 使用 $\mathcal{C}_{i-1}$ 来更新它的本地簇心。然后，对于每个样本 $x \in D_u$，用户 u 通过调用函数 $f(\mathcal{C}_u, x)$ 得到最接近它的簇心，其中 $f(\mathcal{C}_u, x)$ 的输出 c 满足：

$$\|x - c\|_2^2 = \operatorname*{arg\,min}_{c_i \in \mathcal{C}_u} \|x - c_i\|_2^2 \tag{5-1}$$

对于每个簇心，使用一个计数器 v_c 来记录属于该簇内的样本数量。给定训练样本 x，采用学习率 η 和函数 $f(\mathcal{C}_u, x)$ 可以得到新的簇心，其中 η 可由 $\eta \leftarrow 1/v_c$ 反向推导，如式（5-2）所示。

$$c \leftarrow (1 - \eta)c + \eta x \tag{5-2}$$

式（5-2）所示的更新过程在原来的小批量 K-means 中也被称为梯度下降，c 表示梯度[36]。为了保护梯度隐私，用户可以根据式（5-3）来掩盖 $\mathcal{C}_u$。当涉及 3 个用户时，针对用户 u_2 的简单盲梯度示例如图 5-6 所示，其中 PRG 是一种伪随机数生成器。

$$\varsigma_u \leftarrow \mathcal{C}_u + r_u + \sum_{u>v} \langle \text{mk}_{u,v} \rangle - \sum_{u<v} \langle \text{mk}_{u,v} \rangle \tag{5-3}$$

其中，r_u 为 MKShare 生成的随机值，$\text{mk}_{u,v} \in k_u$ 为 u 与 v 之间的共享盲密钥，其中 $v \subset \mathcal{U}'$。

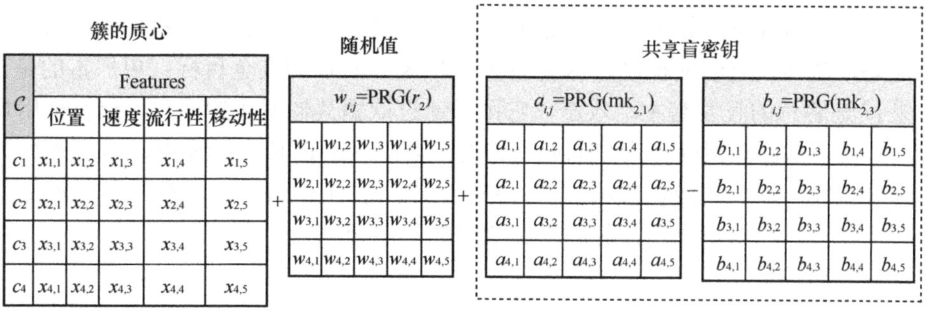

图 5-6　针对用户 u_2 的简单盲梯度示例

在盲梯度的上传过程中，部分用户可能会与 $\mathcal{S}$ 断开连接。因此，在用户上传盲梯度之前，$\mathcal{S}$ 会检查每个用户的连接状态，活跃用户的集合被标记为 $\mathcal{U}''$，退出用户的集合被标记为 $\mathcal{U}'/\mathcal{U}''$。如果 $|\mathcal{U}''| > t$，则 CUpdate 继续进行当前轮次的迭代训练；否则 CUpdate 退出并进入下一轮迭代训练，其中 t 为 PFK-Update 第二阶段确定的秘密共享门限值。$\mathcal{U}''$ 被共享给所有活跃用户，加密盲梯度 ς_u 和 $\mathcal{R}_u'$，并将加密结果 c_u 发送给 $\mathcal{S}$，其中 $\mathcal{R}_u'$ 只包含活跃用户的随机共享份额，即 $\mathcal{R}_u' = \left\{ \xi_{v,u}^r \mid v \in \mathcal{U}'' \right\}$。当 $u \subset \mathcal{U}''$ 时，$\mathcal{S}$ 解密 c_u 得到 ς_u，$\mathcal{R}_u' \leftarrow \text{CRY.Dec}\left(\langle \text{ek}_{u,\mathcal{S}} \rangle, c_u \right)$。对于 $\mathcal{R}'$，$\mathcal{S}$ 可以重构每个活跃用户的随机值，即计算 $r_u \leftarrow \text{SEC.Recon}\left(\left\{ \left(u, \xi_{u,v}^r \right) \mid u, v \in \mathcal{U}'' \right\}, t \right)$，特别地，$u$ 的随机共享份额来自其他活跃用户的随机共享份额的集合 $\xi_{v,u} \in \mathcal{R}_v$。对于退出的用户，$\mathcal{S}$ 向活跃用户请求其盲私钥份额，并通过计算 $\langle \text{sk}_v \rangle_{\text{msk}} \leftarrow \text{SEC.Recon}\left(\left\{ \left(v, \xi_{v,u}^m \right) \mid v \in \mathcal{U}'/\mathcal{U}'', u \in \mathcal{U}'' \right\}, t \right)$ 来重构密钥。对于 $\langle \text{sk}_v \rangle_{\text{msk}}$，$\mathcal{S}$ 可以通过 $\langle \text{mk}_{v,u} \rangle \leftarrow \text{CRY.Shr}\left(\langle \text{sk}_v \rangle_{\text{msk}}, \langle \text{pk}_u \rangle_{\text{msk}} \right)$ 来重新计算退出用户与其他活跃用户之间的共享盲密钥。最后，$\mathcal{S}$ 可以得到最终的簇心更新结果，计算过程如式（5-4）所示。

$$\mathcal{C}_i \leftarrow \frac{1}{|\mathcal{U}'|} \left(\sum_{u \in \mathcal{U}''} (\varsigma_u - r_u) + \sum_{u \in \mathcal{U}''} \sum_{v \in \mathcal{U}'/\mathcal{U}''} \text{sign}(v, u) \cdot \langle \text{mk}_{v,u} \rangle \right) \tag{5-4}$$

sign 函数负责输出两个输入 u 和 v 的比较结果，如式（5-5）所示。

$$\text{sign}(v, u) = \begin{cases} 1, & v > u \\ -1, & v < u \end{cases} \tag{5-5}$$

从式（5-3）和式（5-4）中可以发现，秘密值可以被共享盲密钥和一个额外的随机值掩盖。这是因为当 CUpdate 聚合梯度时，$\mathcal{S}$ 必须重构退出用户的密钥。假设某个退出用户在完成梯度聚合后重新建立与 $\mathcal{S}$ 的连接，继续向 $\mathcal{S}$ 发送加密梯度，在这种情况下，如果不添加随机值，$\mathcal{S}$ 可以使用重构后的密钥生成退出用户的掩码，从而恢复明文梯度，这就违背了 PFK-means 的安全目标。更严重的是，如果 $\mathcal{S}$ 是恶意的且发起主动攻击，它可以通过欺骗其他诚实的用户，让目标用户失去连接，从而获得任何用户的明文梯度。因此，在 PFK-means 中，$\mathcal{S}$ 不被允许同时持有同一用户的随机值和共享盲密钥。此外，上述讨论还解释了 CUpdate 不允许活跃用户更新退出用户的随机共享份额的原因。

🔍 5.5 理论分析

5.5.1 复杂度分析

$u \in \mathcal{U}$ 的计算复杂度是 $\mathcal{O}\left(n^2 + k|\mathcal{F}|\right)$。在 PFK-means 中，$u$ 采用 KEY.Shr 计算了 n 个共享的盲密钥，需要 $\mathcal{O}(n)$ 运行 Diffie-Hellman 密钥协议算法[37]。为 r_u 和 $\mathrm{mk}_u^{\mathrm{pri}}$ 创建随机共享份额，需要 $\mathcal{O}(n^2)$ 运行 Shamir 秘密共享算法[38]。为掩盖 $k|\mathcal{F}|$ 个簇心元素，需要 $\mathcal{O}\left(k|\mathcal{F}|\right)$ 运行伪随机数生成算法。在文献[39]中，u 的通信复杂度为 $\mathcal{O}\left(n + k|\mathcal{F}|\right)$。在 PFK-means 中，$u$ 需要发送两个公钥、$3(n-1)$ 个随机共享份额和 $k|\mathcal{F}|$ 个掩码，并接收 $n-1$ 个公钥和 $2(n-1)$ 个随机共享份额。从总体上看，u 的通信复杂度也为 $\mathcal{O}\left(n + k|\mathcal{F}|\right)$。

此外，$\mathcal{S}$ 的计算复杂度是 $\mathcal{O}\left(n^2 + k|\mathcal{F}|\right)$。在 PFK-means 中，$\mathcal{S}$ 重构 n 个秘密，需要 $\mathcal{O}(n^2)$ 计算拉格朗日多项式[38]。为解码 $k|\mathcal{F}|$ 个簇心元素，需要 $\mathcal{O}\left(k|\mathcal{F}|\right)$ 运行伪随机数生成算法[39]。在文献[39]中，$\mathcal{S}$ 的通信复杂度为 $\mathcal{O}\left(n^2 + k|\mathcal{F}|n\right)$。在 PFK-means 中，$\mathcal{S}$ 需要接收来自 n 个用户的消息。根据上述分析，$\mathcal{S}$ 的通信复杂度也为 $\mathcal{O}\left(n^2 + k|\mathcal{F}|n\right)$。

不同小批量大小、不同流行内容数量及在每次迭代时不同用户退出率下 PFK-means 的运行时间如图 5-7 所示，可以看出，运行时间随着小批量大小和流行内容数量的增加而增加，区别在于前者服从二次增长，后者服从线性增长，这是因为随着小批量大小的增加，用户数量 n 也在增加。理论分析结果表明计算开销与 n^2 和流行内容数量 $|\mathcal{F}|$ 线性相关，实验验证结果与理论分析一致。考虑用户增量退出率的影响，对退出用户的数据重构会导致运行时间急剧增加，主要开销在于拉格朗日多项式的计算。然而，在实际应用中，退出用户的数量通常远少于活跃用户数量，因此，为退出用户付出的额外计算开销是完全可以容忍的，例如，$n = 500$，$|\mathcal{F}| = 3$，当用户退出率为 10% 时，运行时间仅为 6.89s。

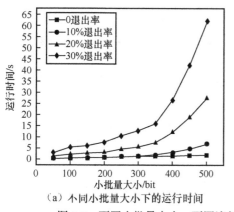
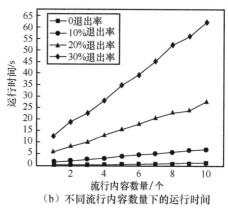

（a）不同小批量大小下的运行时间　　　（b）不同流行内容数量下的运行时间

图 5-7　不同小批量大小、不同流行内容数量及在每次迭代时不同用户
退出率下 PFK-means 的运行时间

5.5.2　安全分析

PFK-means 涉及 4 个安全计算协议：PFK-Setup、PFK-Update、MKShare 和 CUpdate。由于 PFK-Setup 只负责离线完成参数初始化，所以合理的做法是忽略它对 PFK-means 安全性的影响。其他 3 个协议都是基于秘密共享的。从安全目标的定义来看，PFK-means 的数据隐私泄露可以以两种模式发生，即用户到用户和用户到服务器。根据所提安全模型，用户和宏蜂窝基站都可以成为 A。因此，本节将这两种数据隐私泄露视作一个用户与 A 的安全博弈。根据基于秘密共享的安全计算协议的分析方法，安全博弈的定义如下。

（1）模拟器。有一个 PPT 模拟器 ζ，它可以产生均匀的随机值。对于一个可模拟的协议，ζ 可以模拟其在现实世界中的运行过程。

（2）视图。A 通过窃听通信信道，与不超过 t 个共谋用户一起进行计算来记录视图。对于 PFK-means，记录视图中的元素是由 PFK-Setup 和 PFK-Update 生成的。

（3）挑战。在 PPT 内，A 试图区分 V_A 是由 ζ 生成的模拟视图还是 PFK-means 的真实视图。如果存在这样的一种 PPT 算法，则认为 A 赢得了挑战。根据该算法，A 可以成功对 PFK-means 发起攻击[40]。

定义 5.2 是诚实且好奇模型下秘密共享协议安全性的正式定义。根据定义 5.2，为了让用户赢得安全游戏，必须证明 PFK-means 是完全可模拟的，如定理 5.1～定理 5.4 所示。如果一个协议的输出依赖于它的输入，则认为该协议是可模拟的。证明利用了两个引理，引理 5.1 和引理 5.2 如下所示。

定义 5.2　如果协议 π 存在一个 PPT 模拟器 ζ，且 ζ 在现实世界中可以为 A 生成一个模拟视图，并且该视图在计算上与它的真实视图不可区分，那么认为协议 π 是安全的。

定理 5.1 PFK-means 对于 PPT 模拟器 ζ 是可模拟的。

引理 5.1[41] 如果一个协议的所有子协议都是完全可模拟的,那么该协议也是完全可模拟的。

引理 5.2[42] 如果一个随机元素 r 均匀分布在 Z_n 上且与任意变量 $x \in Z_n$ 无关,则 $r \pm x$ 也是均匀随机的且与 x 无关。

考虑引理 5.1,在证明定理 5.1 之前,首先要证明以下 3 个定理。

定理 5.2 在诚实且好奇的模型中,MKShare 对于 PPT 模拟器 ζ 是完全可模拟的。

证明 将每个用户和宏蜂窝基站的视图表示为 view_u 和 view_S。根据协议 5.3,用户视图为 $\text{view}_u = \left\{ \langle mk_u^{pub} \rangle, \langle mk_u^{pri} \rangle, r_u, \sigma_u, c_{u,v}, \mathcal{K}_u, \Upsilon_u, R_u \right\} \cup \left\{ (u, \xi_{u,v}^m) \mid v \in U' \right\} \cup \left\{ (u, \xi_{u,v}^r) \mid v \in U' \right\}$,其中 $u, v \in \mathcal{U}'$。在 MKShare 中,宏蜂窝基站转发用户的数据并拥有视图 $\text{view}_S = \left\{ \sigma_u, \mathcal{C}_{u,v} \right\}$。在 view_u 和 view_S 中涉及 4 种类型的元素,即加密密钥、随机共享份额、由 CRY.Enc 生成的密文和由 CRY.Sig 生成的签名。加密密钥是由基于 Diffie-Hellman 协议的 KEY.Gen 生成的均匀随机比特。根据 Shamir 秘密共享方案,随机共享份额是均匀随机的。假设加密和签名算法是理想的,也可以将它们的输出看作均匀随机分布的值。因此,MKShare 的输入和输出都是均匀分布的,并且 ζ 可以生成一个在计算上与 MKShare 的真实视图无法区分的模拟视图。

定理 5.3 在诚实且好奇的模型中,CUpdate 对于 PPT 模拟器 ζ 是完全可模拟的。

证明 将每个用户和宏蜂窝基站的视图表示为 view_u 和 view_S。根据协议 5.4,用户视图为 $\text{view}_u = \left\{ \mathcal{C}_u, r_u, \mathcal{K}_u, \gamma_u, R_u, R_u', \varsigma_u, \mathcal{C}_u \langle ek_{u,v} \rangle \right\} \cup \left\{ (w, \xi_{w,u}^m) \mid w \in \mathcal{U}'/\mathcal{U}'' \right\}$,其中 $u, v \in \mathcal{U}'$。在 CUpdate 中,宏蜂窝基站参与了簇心更新的部分计算并拥有视图 $\text{view}_S = \left\{ \mathcal{C}_u, \varsigma_u, R_u', \langle ek_{u,v} \rangle r_u, \mathcal{C}_i \right\} \cup \left\{ (mk_v^{pri}) \mid v \in \mathcal{U}'/\mathcal{U}'' \right\}$,其中 $u \in \mathcal{U}''$。$\mathcal{C}_u$ 和 $\mathcal{C}_i$ 是 PFK-means 的公开参数,与 CUpdate 的安全性无关。除了在 MKShare 的证明中提到的 4 种均匀随机元素外,该视图还涉及掩码值 ς_u。从式(5-3)中可以看出,ς_u 是 $\mathcal{C}_u$ 和几个独立随机元素的和,由引理 5.2 可知它们都是随机的。因此,CUpdate 的输入和输出都是均匀分布的,并且 ζ 可以生成一个在计算上与 CUpdate 的真实视图无法区分的模拟视图。

定理 5.4 在诚实且好奇的模型中,如果 MKShare 和 CUpdate 都是完全可模拟的,那么 PFK-Update 对于 PPT 的模拟器 ζ 也是可模拟的。

证明 PFK-Update 由 4 个阶段组成。根据协议 5.2,簇心初始化和小批量选择阶段负责用户和初始簇心的随机选择,这可以被看作均匀随机值的生成,很容易被 ζ 模拟。其他两个阶段是调用 MKShare 和 CUpdate 完成的,根据定理 5.2 和定理 5.3 的证明可知,这两种协议也是可模拟的。由于所有子协议都是可模拟的,根据引理 5.1 可以推导出 PFK-Update 也是可模拟的。因此，ζ 可以生成一个在计算上与 PFK-Update 的真实视图无法区分的模拟视图。

从上述证明中可以看出，PFK-means 所有子协议都是可模拟的。根据引理 5.1 可以证明 PFK-means 也是可模拟的，并证明了定理 5.1。因此，在诚实且好奇的模型中，可以证明 PFK-means 是安全的，从而实现了两个安全目标。

🔍 5.6 性能评估

本节评估了 PFK-means 在下一代蜂窝网络用户集群的主动缓存中是有效的，并且优于大多数现有的隐私保护 K-means 方案。

5.6.1 实验设置

实验采用下一代蜂窝网络中主动缓存的一般设置来评估 PFK-means 的性能。一个配备 Intel(R) Core(TM) i7-7920HQ CPU @3.10GHz, 64GB RAM 的工作站用于模拟 $\mathcal{S}$，启动多进程和多线程，10 台配备 Intel(R) Core(TM) i5-7400 CPU @3.0GHz, 8GB RAM 的计算机被部署作为用户。每个用户 $u \in \mathcal{U}$ 都被部署了一个内容偏好向量 $\boldsymbol{p}_u = \left\{ p_1, p_2, \cdots, p_{|\mathcal{F}|} \right\}$，用于描述 u 对不同内容 $\mathcal{F} = \left\{ f_1, f_2, \cdots \right\}$ 的请求频率。将二维位置信息融合为一维的，用于聚类的训练样本 u 表示为 $v_u = \left(x, y, p_1, p_2, \cdots, p_{|\mathcal{F}|} \right)$。从训练样本中给每个用户随机分配一个样本。位置信息和内容流行度都对基站保密，由于此类信息很容易被用来获取性别、职业、行为习惯或其他私人信息。我们在由 SHA-256 哈希组成的 NIST P-256 曲线上采用椭圆曲线 Diffie-Hellman 协议实现密钥协议，采用 128 位 AES-GCM 协议实现对称加密。默认参数设置见表 5-2。

表 5-2 默认参数设置

参数	描述	值
m	训练样本的数量	50000 个
n	小批量大小（1%的训练样本）	500 个
t	秘密共享的门限值	200bit
k	簇心的数量	5 个
r	最大迭代训练次数	300 次
$|\mathcal{F}|$	流行内容的数量	3 个

5.6.2 效用评估

首先通过比较 PFK-means 算法与经典 K-means 算法的聚类结果来评价

PFK-means 算法的有效性[41]，如图 5-8 所示。在实验中，随机生成服从正态分布的 x 和 y，内容流行度的生成来自 Kaggle 竞赛提供的真实数据集。图 5-8（a）是使用经典 K-means 算法和集中式明文数据集的用户聚类结果，图 5-8（b）是使用 PFK-means 算法和梯度密钥共享的用户聚类结果，图 5-8（c）是两种算法聚类结果的差异。K-means 算法和 PFK-means 算法都将用户分成 5 个簇。从图 5-8（c）中可以发现，与 K-means 算法相比，PFK-means 算法只对少数用户（具体来说，50000 个用户中有 99 个用户）误分类。结果表明，该算法在保持数据隐私性的同时，实现了与 K-means 算法相当的性能。然后，在默认参数设置下，我们进一步评估 PFK-means 算法在主动缓存中的有效性。将作为簇心的用户称为最有影响力的用户，为了更好地管理通信资源，这些用户和它的微蜂窝网络负责主动缓存簇中最流行的内容。表 5-3 列出了 PFK-means 方案、基于 K-means 算法的下一代蜂窝网络主动缓存方案[43]及作为基准的随机缓存方案[43]的性能。与基于 K-means 算法的下一代蜂窝网络主动缓存方案相比，PFK-means 方案可以获得类似的平均服务时延和卸载增益，这得益于 PFK-means 方案较低的聚类精度损失。

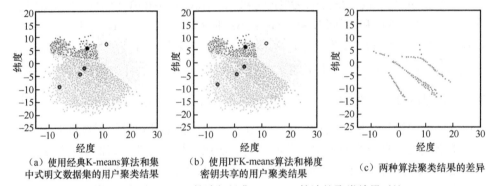

（a）使用经典K-means算法和集中式明文数据集的用户聚类结果　　（b）使用PFK-means算法和梯度密钥共享的用户聚类结果　　（c）两种算法聚类结果的差异

图 5-8　PFK-means 算法与经典 K-means 算法的聚类结果对比

表 5-3　聚类方案比较

方案	平均服务时延/ms	卸载增益/dBm
随机缓存方案[43]	1.086	5.056
基于 K-means 算法的下一代蜂窝网络主动缓存方案[43]	0.684	23.864
PFK-means 方案	0.684	23.863

5.6.3　实验分析

在实验中，我们评估了 PFK-means 在不同的用户退出率、不同的小批量大小和不同的流行内容数量下一次聚类迭代的运行时间和通信开销。用户退出率分别为 0、10%、20% 和 30%，PFK-means 操作的运行时间和通信开销为进行 100 次选代的平均值。特别地，当 $\mathcal{S}$ 完成计算时记录运行时间，即 $\mathcal{S}$ 的运行时间，因为 $\mathcal{S}$ 必须处理所有用户的消息，所以 $\mathcal{S}$ 的运行时间与 PFK-means 的运行时间相同。为了更直观地反映 PFK-means 的效率，我们省略了用户的运行时间。与运行时间不同，我们只评估用户的通信开销，$\mathcal{S}$ 的通信开销可以通过时间间隔乘以小批量大小（1%训练样本）直接计算出来。

随着小批量大小和流行内容数量的增加，每个用户的通信开销呈线性增大趋势，如图 5-9 所示。小批量大小的增大导致的通信开销增大是由于传输公钥和随机共享份额的操作增多，流行内容数量的增加导致的通信开销增大是由于必须传输更多的掩码值。特别是退出用户数量越多，每个活跃用户的通信开销增量越小，这是因为活跃用户只需要为每个退出用户发送一个随机共享份额给 $\mathcal{S}$，以便重构其盲私钥。

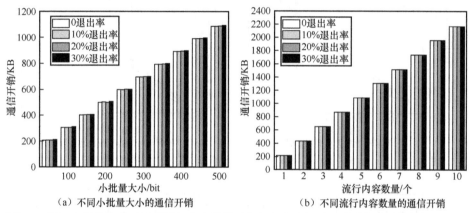

（a）不同小批量大小的通信开销　　　　　（b）不同流行内容数量的通信开销

图 5-9　不同小批量大小、不同流行内容数量及在每一次迭代时不同用户退出率的通信开销

表 5-4 给出了在没有用户退出的情况下，PFK-Update 在不同阶段的效率，可以发现 PFK-Update 的通信开销主要集中在簇心更新阶段，数据交换主要在盲密钥共享阶段完成。测试结果与上述理论分析一致，总共的运行时间和通信开销分别为 1209ms 和 1085KB，对于实际应用而言是可以接受的。

表 5-4　PFK-Update 在不同阶段的效率

阶段	运行时间/ms	通信开销/KB
簇心初始化	1	—
小批量选择	1	—
盲密钥共享	419	746
簇心更新	788	339
总计	1209	1085

此外，我们将 PFK-means 的效率与现有的隐私保护 K-means 方案 PPK-means[22] 和经典的 K-means 方案[44]进行了比较，如图 5-10 所示，假设测试过程中无用户退出。PPK-means 是一种基于同态加密的高效隐私保护 K-means 方案。比较结果表明，两种方案与原始的 K-means 相比，均增加了计算量。但相对而言，PFK-means 中秘密共享产生的额外计算开销远小于 PPK-means 中基于 LWE 的同态加密开销。此外，在图 5-11 中，我们比较了 PPK-means 和 PFK-means 之间的通信开销。如图 5-11 所示，随着小批量 n 的增大，PFK-means 的通信开销仅在 $n=50$ 时高于 PPK-means。虽然随着流行内容数量的增加，PFK-means 的增长速度比 PPK-means 快，但当$|\mathcal{F}| \leqslant 10$时，PFK-means 的通信开销较小。

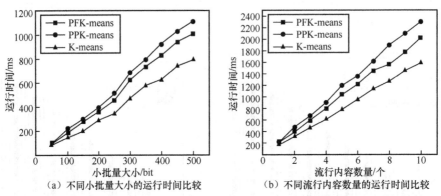

（a）不同小批量大小的运行时间比较　　（b）不同流行内容数量的运行时间比较

图 5-10　不同小批量大小、不同流行内容数量及在每一次迭代时的运行时间比较

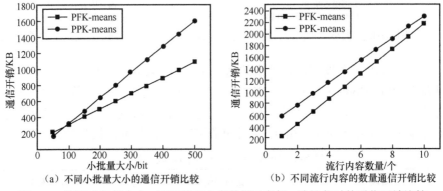

（a）不同小批量大小的通信开销比较　　（b）不同流行内容的数量通信开销比较

图 5-11　不同小批量大小、不同流行内容数量及在每一次迭代时的通信开销比较

5.6.4　安全性和实用性比较

为了进一步评估 PFK-means 的性能，我们将 PFK-means 与现有隐私保护 K-means 方案的性能进行了全面的比较。

不同隐私保护方案对比见表 5-5。常用的安全工具包括 Shamir 秘密共享、基于 Paillier 密码系统的同态加密（PC-HE，Paillier Cryptosystem based HE）[15]、基于 LWE 的同态加密（LWE-HE）[22]、加法秘密共享（A-SS，Additive Secret Sharing）[20] 和差分隐私[25]。方案的双方可以是一台服务器和至少两个用户（$n > 3$）、一个服务器和至少一个用户（$n > 2$），它们都支持分布式学习，即隐私保护 K-means 训练由分布式的用户和中央控制器共同完成。这些方案基于不同的威胁模型，假设它们受到诚实且好奇的用户（SHU，Honest-but-Curious User）、诚实且好奇的服务器（SHS，Honest-but-Curious Server）或两者的威胁，其中一些方案还假设用户是不共谋的（NCU，Users Are Not Colluded）。从比较结果来看，基于差分隐私的算法效率最高，但聚类误差也最高。本章提出的 PFK-means 是唯一一种在模型训练过程中支持用户动态变化的方案。综合来看，PFK-means 相比于其他隐私保护 K-means 方案达到了相同或更高的安全级别，并在整体性能上优于其他 K-means 方案。

表 5-5　不同隐私保护方案对比

方案	安全工具	参与者数量	威胁模型	上传数据类型	计算复杂度	用户动态变化	聚类误差
PFK-means	秘密共享	$n > 3$	SHS、SHU 和 t-NCU	盲梯度	$\mathcal{O}\left(n^2 + k\|\mathcal{F}\|\right)$	√	<0.1%
Xing 等人[15]	PC-HE	$n > 2$	SHS	加密数据	$\mathcal{O}\left(n^2\|\mathcal{F}\|k\right)$	×	<0.1%
Yuan 等人[22]	LWE-HE	$n > 2$	SHS	加密梯度	$\mathcal{O}\left(nk\|\mathcal{F}\|^3\right)$	×	<0.1%
Gheid 等人[20]	A-SS	$n > 3$	SHU 和 NCU	共享梯度	$\mathcal{O}\left(km + nk\|\mathcal{F}\|\right)$	×	<0.1%
Su 等人[25]	差分隐私	$n > 2$	SHS	噪声数据	$\mathcal{O}\left(nm\|\mathcal{F}\|\right)$	×	<1%

🔍 5.7　本章小结

本章介绍了一种高效的隐私保护 K-means 方案 PFK-means[45]，可以保证在主动缓存中不向基站泄露用户数据。PFK-means 基于新兴的联邦学习和秘密共享技术，通过一套新提出的安全方案，PFK-means 在每次 K-means 迭代时实现隐私保护的簇心更新，而不泄露任何用户信息。同时，PFK-means 与现有的 K-means 方案相比，达到了先进的安全性和实用性目标。首先，PFK-means 选择不直接上传加密数据，而是传输梯度的随机共享份额，确保数据更安全，运行时间更短。其次，PFK-means 考虑了用户退出条件，实用性更高。最后，开展了广泛的安全性分析和实验，评估了 PFK-means 的安全性、有效性和效率，实验结果进一步验证了 PFK-means 的高效性。在未来的工作中，可以使用比 Python 性能更高的编程语言来实现 PFK-means，例如 C / C++。针对 PFK-means 中数据重构导致的高计算开销，我们将进一步研究如何以更有效的方式重构退出用户的数据。此外，如果部署更强大的计算平台，PFK-means 可以获得更优的性能。

参考文献

[1] JIANG C X, ZHANG H J, REN Y, et al. Machine learning paradigms for next-generation wireless networks[J]. IEEE Wireless Communications, 2017, 24(2): 98-105.

[2] BALEVI E, GITLIN R D. A clustering algorithm that maximizes throughput in 5G heterogeneous F-RAN networks[C]//Proceedings of the 2018 IEEE International Conference on Communications (ICC). Piscataway: IEEE Press, 2018: 1-6.

[3] BASTUG E, BENNIS M, DEBBAH M. Living on the edge: the role of proactive caching in 5G wireless networks[J]. IEEE Communications Magazine, 2014, 52(8): 82-89.

[4] HOU T T, FENG G, QIN S, et al. Proactive content caching by exploiting transfer learning for mobile edge computing[C]//Proceedings of the GLOBECOM 2017 IEEE Global Communications Conference. Piscataway: IEEE Press, 2017: 1-6.

[5] FERRAG M A, MAGLARAS L, ARGYRIOU A, et al. Security for 4G and 5G cellular networks: a survey of existing authentication and privacy-preserving schemes[J]. Journal of Network and Computer Applications, 2018(101): 55-82.

[6] HASSAN A, HAMZA R, YAN H Y, et al. An efficient outsourced privacy preserving machine learning scheme with public verifiability[J]. IEEE Access, 2019(7): 146322-146330.

[7] LI T, GAO C Z, JIANG L L, et al. Publicly verifiable privacy-preserving aggregation and its application in IoT[J]. Journal of Network and Computer Applications, 2019(126): 39-44.

[8] LIU L, DE VEL O, HAN Q L, et al. Detecting and preventing cyber insider threats: a survey[J]. IEEE Communications Surveys & Tutorials, 2018, 20(2): 1397-1417.

[9] COULTER R, HAN Q L, PAN L, et al. Data-driven cyber security in perspective-intelligent traffic analysis[J]. IEEE Transactions on Cybernetics, 2020, 50(7): 3081-3093.

[10] JIANG Z L, GUO N, JIN Y B, et al. Efficient two-party privacy-preserving collaborative K-means clustering protocol supporting both storage and computation outsourcing[J]. Information Sciences, 2020(518): 168-180.

[11] SCHELLEKENS V, CHATALIC A, HOUSSIAU F, et al. Differentially private compressive K-means[C]//Proceedings of the ICASSP 2019 IEEE International Conference on Acoustics, Speech and Signal Processing (ICASSP). Piscataway: IEEE Press, 2019: 7933-7937.

[12] LU Z G, SHEN H. A convergent differentially private K-means clustering algorithm[C]//Pacific-Asia Conference on Knowledge Discovery and Data Mining. Cham: Springer, 2019: 612-624.

[13] CHEN Y, XIE H, LV K, et al. DEPLEST: a blockchain-based privacy-preserving distributed database toward user behaviors in social networks[J]. Information Sciences, 2019(501): 100-117.

[14] JUVEKAR C, VAIKUNTANATHAN V, CHANDRAKASAN A. GAZELLE: a low latency framework for secure neural network inference[C]//Proceedings of the 27th USENIX

Conference on Security Symposium. New York: ACM Press, 2018: 1651-1668.

[15] XING K, HU C Q, YU J G, et al. Mutual privacy preserving K-means clustering in social participatory sensing[J]. IEEE Transactions on Industrial Informatics, 2017, 13(4): 2066-2076.

[16] WANG Z B, SONG M K, ZHANG Z F, et al. Beyond inferring class representatives: user-level privacy leakage from federated learning[C]//Proceedings of the IEEE INFOCOM 2019 - IEEE Conference on Computer Communications. Piscataway: IEEE Press, 2019: 2512-2520.

[17] FEKIH A, GAIED S, YOUSSEF H. Proactive content caching strategy with router reassignment in content centric networks based SDN[C]//Proceedings of the 2018 IEEE 11th Conference on Service-Oriented Computing and Applications (SOCA). Piscataway: IEEE Press, 2018: 81-87.

[18] MISHRA S K, PANDEY P, ARYA P, et al. Efficient proactive caching in storage constrained 5G small cells[C]//Proceedings of the 2018 10th International Conference on Communication Systems & Networks (COMSNETS). Piscataway: IEEE Press, 2018: 291-296.

[19] ZHANG C X, REN P Y, DU Q H. Learning-to-rank based strategy for caching in wireless small cell networks[C]//Lecture Notes of the Institute for Computer Sciences, Social Informatics and Telecommunications Engineering. Cham: Springer International Publishing, 2019: 111-119.

[20] GHEID Z, CHALLAL Y. Efficient and privacy-preserving K-means clustering for big data mining[C]//Proceedings of the 2016 IEEE Trustcom/BigDataSE/ISPA. Piscataway: IEEE Press, 2016: 791-798.

[21] YIN H, ZHANG J X, XIONG Y Q, et al. PPK-means: achieving privacy-preserving clustering over encrypted multi-dimensional cloud data[J]. Electronics, 2018, 7(11): 310.

[22] YUAN J W, TIAN Y F. Practical privacy-preserving MapReduce based K-means clustering over large-scale dataset[J]. IEEE Transactions on Cloud Computing, 2019, 7(2): 568-579.

[23] LI T, LI X, ZHONG X Y, et al. Communication-efficient outsourced privacy-preserving classification service using trusted processor[J]. Information Sciences, 2019(505): 473-486.

[24] MA Z, LIU Y, LIU X M, et al. Privacy-preserving outsourced speech recognition for smart IoT devices[J]. IEEE Internet of Things Journal, 2019, 6(5): 8406-8420.

[25] SU D, CAO J N, LI N H, et al. Differentially private K-means clustering[C]//Proceedings of the Sixth ACM Conference on Data and Application Security and Privacy. New York: ACM Press, 2016: 26–37.

[26] HU X Y, LU L P, ZHAO D D, et al. Privacy-preserving K-means clustering upon negative databases[C]//Neural Information Processing(ICONIP 2018). Cham: Springer International Publishing, 2018: 191-204.

[27] PATEL S, GARASIA S, JINWALA D. An efficient approach for privacy preserving distributed K-means clustering based on shamir's secret sharing scheme[C]//IFIP Advances in Information and Communication Technology. Heidelberg: Springer, 2012: 129-141.

[28] BEYE M, ERKIN Z, LAGENDIJK R L. Efficient privacy preserving K-means clustering in a three-party setting[C]//Proceedings of the 2011 IEEE International Workshop on Information Forensics and Security. New York: ACM Press, 2011: 1-6.

[29] KIM H J, CHANG J W. A privacy-preserving K-means clustering algorithm using secure

comparison protocol and density-based center point selection[C]//Proceedings of the 2018 IEEE 11th International Conference on Cloud Computing (CLOUD). Piscataway: IEEE Press, 2018: 928-931.

[30] GAO Z, DAI L L, MI D, et al. MmWave massive-MIMO-based wireless backhaul for the 5G ultra-dense network[J]. IEEE Wireless Communications, 2015, 22(5): 13-21.

[31] PAVERD A, MARTIN A, BROWN I. Modelling and automatically analysing privacy properties for honest-but-curious adversaries[J]. Tech. Rep, 2014.

[32] SHAMIR A. How to share a secret[J]. Communications of the ACM, 1979, 22(11): 612-613.

[33] LIU Y, MA Z, LIU X M, et al. Privacy-preserving object detection for medical images with faster R-CNN[J]. IEEE Transactions on Information Forensics and Security, 2019(17): 69-84.

[34] SUNG B Y, KIM K B, SHIN K W. An AES-GCM authenticated encryption crypto-core for IoT security[C]//Proceedings of the 2018 International Conference on Electronics, Information, and Communication (ICEIC). Piscataway: IEEE Press, 2018: 1-3.

[35] RIFÀ-POUS H, HERRERA-JOANCOMARTÍ J. Computational and energy costs of cryptographic algorithms on handheld devices[J]. Future Internet, 2011, 3(1): 31-48.

[36] SCULLEY D. Web-scale K-means clustering[C]//Proceedings of the 19th international conference on World wide web. New York: ACM Press, 2010: 1177-1178.

[37] SMITH N M, DELEEUW W C, WILLIS T G. Diffie-Hellman key agreement using an M-of-N threshold scheme: US9860057[P]. 2018-01-02.

[38] BONAWITZ K, IVANOV V, KREUTER B, et al. Practical secure aggregation for privacy-preserving machine learning[C]//Proceedings of the 2017 ACM SIGSAC Conference on Computer and Communications Security. New York: ACM Press, 2017: 1175–1191.

[39] XU H, TONG X J, MENG X W. An efficient chaos pseudo-random number generator applied to video encryption[J]. Optik, 2016, 127(20): 9305-9319.

[40] GAO C Z, CHENG Q, LI X, et al. Cloud-assisted privacy-preserving profile-matching scheme under multiple keys in mobile social network[J]. Cluster Computing, 2019, 22(1): 1655-1663.

[41] BOGDANOV D, LAUR S, WILLEMSON J. Sharemind: a framework for fast privacy-preserving computations[C]//European Symposium on Research in Computer Security. Heidelberg: Springer, 2008: 192-206.

[42] BOGDANOV D, NIITSOO M, TOFT T, et al. High-performance secure multi-party computation for data mining applications[J]. International Journal of Information Security, 2012, 11(6): 403-418.

[43] ELBAMBY M S, BENNIS M, SAAD W, et al. Content-aware user clustering and caching in wireless small cell networks[C]//Proceedings of the 2014 11th International Symposium on Wireless Communications Systems (ISWCS). Piscataway: IEEE Press, 2014: 945-949.

[44] JIAN A K. Data clustering: 50 years beyond K-means, pattern recognition letters[EB]. 2009.

[45] LIU Y, MA Z, YAN Z, et al. Privacy-preserving federated k-means for proactive caching in next generation cellular networks[J]. Information Sciences, 2020(521): 14-31.

第6章
基于同态加密的密态神经网络训练

本章针对在基于同态加密的隐私保护神经网络中存在的计算效率低和精度不足的问题，介绍了一种在三方协作下支持隐私保护训练的高效同态神经网络（HNN，Homomorphic Neural Network）。首先，为降低在同态加密中密文乘密文（CCM，Ciphertext-Ciphertext Multiplication）运算产生的计算开销，结合秘密共享思想设计了一种安全快速乘法协议，将密文乘密文运算转换为复杂度较低的明文乘密文（PCM，Plaintext-Ciphertext Multiplication）运算；其次，为避免在构建HNN时产生的密文多项式多轮迭代，并提高非线性计算精度，研究一种安全的非线性计算方法，对添加随机掩码的混淆明文消息执行相应的非线性算子；最后，对所设计协议的安全性、正确性及效率进行理论分析，并对 HNN 的有效性及优越性进行实验验证。

6.1 背景介绍

神经网络（NN，Neural Network）模型来源于生物神经网络，是生物神经网络在某种简化意义下的技术复现。具体而言，神经网络模型由大量节点（或称神经元）之间的相互连接构成[1]。每个节点代表一种特定的输出函数，被称为激活函数。每两个节点间的连接都代表连接节点之间的重要性。网络模型的输出由网络的连接方式、权值和激励函数共同决定，可将整个网络看作对自然界中某种算法函数的逼近或对一种逻辑策略的表达[2]。根据网络结构的不同，神经网络模型可被分为全连接神经网络、卷积神经网络、深度神经网络及递归神经网络[3]。

由于与生物神经网络具有十分相似的特性，神经网络一直以来都是业界的重要研究热点，并已在计算机视觉[4]、声音识别[5]、医疗诊断[6]等智能领域中获得了广泛应用。云计算[7]技术进一步扩大了神经网络应用的发展规模。用户和企业可以将模型训练任务外包给云服务器进行处理[8]，进而节省了大量的计算和存储资源。然而，在用户数据中常包含着大量的敏感信息，一旦将数据管理权上移至云端，将会面临严峻的数据安全和隐私泄露隐患。据英国《卫报》报道，剑桥数据分析公司在未经用户许可的情况下，盗用了近 5000 万份用户资料[9]。《华盛顿邮报》也曾透露，Zoom 会议软件存在严重的安全漏洞，数以万计的用户视频被上传至公开访问网页[10]。可见，第三方云服务器不总是可信的，直接将数据上传至云服务器存在泄露用户隐私数据的严重风险。因此，须将数据进行加密后上传，也意味着研究云计算环境下的隐私保护方案应确保数据的机密性，并兼顾方案的计算效率和模型精确度，这一点是至关重要的。

近年来，有越来越多的同态加密技术被应用在神经网络模型上。

在面向神经网络的隐私保护预测方面，Xie 等人[11]提出了一种基于层级全同态加密（FHE，Fully Homomorphic Encryption）的密态神经网络模型，实现了神经网络的隐私保护预测，Dowlin 等人[12]引入单指令多数据（SIMD，Single Instruction Multiple Data）机制并行处理加密数据，提高了隐私保护预测的效率；Chabanne 等人[13]为了实现深度神经网络的隐私保护预测，提出的方案适用于更复杂的图像分类任务；而 Badawi 等人[14]，通过改进一种兼容图形处理器（GPU，Graphics Processing Unit）设置的 BFV-FHE（Brakerski-Fan-Vercauteren-FHE）方案，为隐私保护神经网络模型落地于实际应用提供了理论条件。

在神经网络模型的隐私保护方面，Zhang 等人[15]提出了基于 BGV-FHE（Brakerski-Gentry Vaikuntanathan-FHE）的隐私保护神经网络训练模型，缓解了由深层同态密文乘法产生的噪声问题；文献[16]采用切比雪夫多项式近似计算 ReLU 函数，在一定程度上提高了非线性函数的拟合精度，且减少了乘法运算次数，有效降低了通信开销；Bourse 等人[17]使用 TFHE（Torus Fully Homomorphic Encryption）和"自启动"技术在单服务器设置下提出了二值化神经网络的隐私保护训练方案。此外，Lou 等人[18]进一步实现了 BFV 密文与 TFHE 密文之间的转换，在硬件上完成了神经网络的隐私保护训练。

上述方案采用同态加密技术实现了支持隐私保护训练的神经网络模型，初步解决了模型训练中的数据和模型隐私泄露问题。然而，在文献[15-18]中普遍存在模型训练效率和精度较低等问题。为了解决上述问题，本章介绍了一种在三方协作下支持隐私保护训练的高效 HNN[1]，设计了一种安全快速乘法协议（SFMP，Secure Fast Multiplication Protocol）以提高密文矩阵乘法计算的效率，研究了一种基于非线性函数的安全计算方法以提高模型训练的精度，主要贡献总结如下。

（1）针对同态加密方案中密文乘密文运算相比于明文乘密文运算复杂度较高这一问题，设计了一种安全快速乘法协议，通过向密文消息添加掩码后进行半解密将密文乘密文运算转换为明文乘密文运算，提高了计算效率。

（2）鉴于多项式近似方法常被用来实现非线性函数的同态加密计算，研究一种安全非线性函数计算思路，对添加掩码的消息执行相应的非线性算子，实现精确的非线性计算。

（3）设计一种三方协作的安全计算架构，并提出一种支持隐私保护训练的高效 HNN，实现了安全正向传播、安全反向传播及安全梯度更新。

（4）在理论层面证明本章所介绍隐私保护训练方案及其协议的正确性和安全性，并给出计算和通信的复杂度分析。采用 MNIST 数据集的实验结果表明，本章方案的训练速度与 PPML 训练方案相比较提高了 18.9 倍，且测试集精度提高了1.4%。

6.2　研究现状

针对云服务器辅助下的数据和神经网络模型隐私泄露问题，研究学者结合差分隐私、安全多方计算[19]、同态加密等技术开展了大量的研究工作。本章主要关注基于同态加密的隐私保护神经网络研究。在面向神经网络的隐私保护预测方面，Xie 等人[11]在理论上分析了低阶多项式近似表达非线性函数的可行性，并提出了一种基于层级 FHE 的密态神经网络模型，实现了神经网络的隐私保护预测。Dowlin 等人[12]使用泰勒多项式近似计算神经网络中的非线性函数，并引入 SIMD 机制并行处理加密数据，提高了隐私保护预测的效率。为了实现深度神经网络的隐私保护预测，Chabanne 等人[13]基于 BGV-FHE 构造了安全的批处理归一化层，并采用多项式逼近方法实现 ReLU 函数的安全计算，提出的方案适用于更复杂的图像分类任务。Badawi 等人[14]改进了一种兼容图形处理器设置的 BFV-FHE 方案，为隐私保护神经网络模型落地于实际应用提供了理论条件。

上述研究方案仅实现了神经网络的隐私保护预测[20]，无法对神经网络模型进行安全的训练和更新。Zhang 等人[15]提出了基于 BGV-FHE 的隐私保护神经网络训练模型，采用泰勒多项式近似计算 ReLU 等非线性函数，在模型反向训练的每次迭代运算过程中，将更新后的加密模型权重发送给客户端解密后再执行下一次迭代运算，缓解了深层同态密文乘法产生的噪声问题。Hesamifard 等人[16]采用切比雪夫多项式近似计算 ReLU 函数，在一定程度上提高了非线性函数的拟合精度，且减少了乘法运算次数，在提出的 PPML（Privacy Protection Machine Learning）方案中，额外设置了固定的噪声阈值，仅当密文乘法噪声达到该阈值后，服务器才会将加密模型返回给用户进行解密，有效减少了通信开销。然而，文献[15-16]需要用户参与整个加密训练过程，且使用密文乘密文运算来计算线性函数的效率较低，使用多项式迭代近似计算非线性函数的精度不高。Bourse 等人[17]使用 TFHE 和"自启动"技术在单服务器设置下提出了二值化神经网络的隐私保护训练方案。

此外，Lou 等人[18]进一步实现了 BFV 密文与 TFHE 密文之间的转换，采用 BFV 密文计算线性矩阵乘法及 TFHE 密文计算非线性函数，并构造了相应的电路模块，在硬件上完成了神经网络模型的隐私保护训练。虽然文献[17-18]可以在单服务器上独立完成神经网络模型的隐私保护训练，但该方案需要额外的"自启动"操作，非线性函数计算依赖于复杂电路，运行效率仍然较低。

🔍 6.3　问题描述

6.3.1　系统模型

本章所提方案的一个典型应用是智慧医疗系统，越来越多的医疗机构采用人工智能手段进行辅助医疗诊断，既能提高诊断效率又能提高诊断准确率。为了得到特定疾病对应的神经网络模型，这些医疗机构受限于技术设备问题而将病例数据交由云端，在云端完成目标模型的训练，机构获得所需要的模型后即能进行人工智能医疗诊断。然而在医疗数据中含有大量敏感信息，直接在云端进行模型训练存在隐私泄露风险，因而需要解决的问题是如何让用户数据能够在云端进行神经网络模型训练，且保证隐私数据和模型参数不会被泄露给云端。系统模型包含两台计算服务器 S_1 和 S_2、一台辅助服务器 S_3 及数据拥有者 Us，如图 6-1 所示。

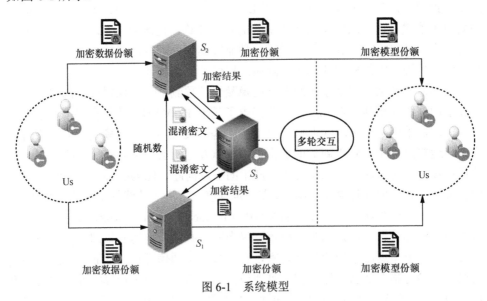

图 6-1　系统模型

首先，S_3 生成公–私钥对 (pk,sk) 并发送给 Us，同时将公钥 pk 发送给 S_1 和 S_2；

其次，对实体间交互过程的描述如下。

（1）Us 采用 pk 将数据加密后上传给 S_1 和 S_2。

（2）S_1、S_2 和 S_3 协同执行神经网络模型的隐私保护训练过程，S_1 和 S_2 均持有一份用户上传的加密数据份额，可以独自执行线性的密文计算，当执行非线性的密文计算时，S_1 和 S_2 将添加随机掩码后的加密数据传递给 S_3，由 S_3 采用 sk 对其进行解密后执行非线性计算。

（3）S_1 和 S_2 将训练后的加密模型参数份额反馈给 Us，Us 采用加法运算可以恢复出完整的加密模型，然后解密获得真实模型。

6.3.2　安全模型

类似于文献[21-22]，本章采用半可信模型，每台服务器均是诚实且好奇的实体，诚实地遵循协议，但又对其他实体拥有的信息感兴趣。此外，假设服务器在计算过程中不能恶意退出并提前终止协议，且服务器之间是不共谋的[22]，不能直接共享持有的秘密份额，这在实际中可由竞争型的服务供应商托管。数据拥有者旨在外包云端进行安全模型训练，因此用户是可信的，不会向服务器上传虚假的数据。模型采用安全信道进行通信，传递的消息不能被窃听和篡改。本章考虑的隐私信息包含用户上传的数据、服务器协作训练的模型参数及中间产生的计算结果。服务器 S_1 和 S_2 由于没有私钥，不能解密密文，S_3 不知道随机掩码，不能由混淆密文恢复出明文。同时，模型引入一个 PPT 敌手 $\mathcal{A}^*$，在同态加密方案中常被认定为拥有 PPT 内的解密能力，正确识别两份密文对应的明文的概率不高于随机猜测的概率。假设 $\mathcal{A}^*$ 拥有下述攻击能力和约束：$\mathcal{A}^*$ 可能攻击 S_1 或 S_2 以猜测来自 Us 的密文所对应的明文值，也可能通过执行交互协议猜测来自 S_3 的密文所对应的明文值；$\mathcal{A}^*$ 可能攻击 S_3，通过执行交互协议猜测来自 S_1 和 S_2 的密文所对应的明文值；$\mathcal{A}^*$ 不能同时攻击 S_1、S_2 和 S_3 中的任意两方并获取相应数据。上述敌手攻击能力的约束与文献[21-22]是一致的，即敌手可以通过攻击单台服务器获取目标信息，但不可同时攻击任意两方服务器。上述约束也是众多安全多方计算方案成立的前提，若无上述约束，大多安全多方计算方案将无法安全执行，因此提出上述约束以保证方案的安全性。若服务器和敌手不能获得隐私信息，则意味着 HNN 方案在此安全模型下是安全的，详细的方案安全性证明过程见第 6.5 节。

 6.4　HNN 方案构造

HNN 方案概述如图 6-2 所示，包含全连接（FC，Full-Connected）层、ReLU 层和 Softmax 层的安全正向传播和安全反向传播过程。在安全正向传播过程中，

模型参数被随机拆分为两份模型参数份额，计算服务器 S_1 和 S_2 各自持有加密图像和一份模型参数份额，3 台服务器协同执行安全快速乘法协议可以实现连接层中加密图像和模型参数份额的安全计算。接下来协同执行安全 ReLU 协议（SRP，Secure ReLU Protocol），S_1 和 S_2 向加密特征添加随机数，由 S_3 对解密后的混淆明文特征进行非线性激活计算。类似地，3 台服务器协同执行安全倒数协议（SREP，Secure Reciprocal Protocol）和安全指数协议（SEP，Secure Exponent Protocol）完成安全 Softmax 归一化操作。在安全反向传播过程中，3 台服务器负责协作计算全连接层、ReLU 层和 Softmax 层的加密梯度，然后结合链式求导法则与安全快速乘法协议完成加密梯度的安全传递和加密模型的安全更新。

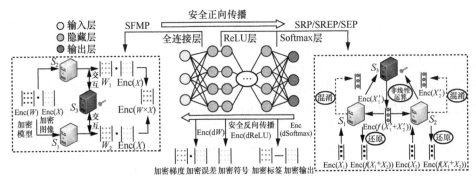

图 6-2　HNN 方案概述

6.4.1　全连接层

全连接层负责计算输入特征与权重的线性组合，为了确保特征 x 和参数 w 的隐私性，文献[16]中采用同态加密实现 x 和 w 的加密计算，但密文乘密文运算的复杂度较高。因此，本章结合加法秘密共享的思想，给出一种安全快速乘法协议，将密文乘密文运算转换为时间复杂度较低的明文乘密文运算，有效提高了全连接层线性乘法运算的效率。安全快速乘法协议的具体构造过程如协议 6.1 所示。

协议 6.1　安全快速乘法协议（SFMP）

输入：$S_i, i \in \{1,2\}$ 持有公钥 pk、加密参数 cw 和加密特征 cx，S_3 持有公−私钥对 (pk,sk)

输出：S_i 返回加密特征份额 c_i

1. S_1 选择随机数 $k > 0$，计算 $ck \leftarrow \mathrm{Enc}(k, \mathrm{pk})$ 和 $temp \leftarrow ck \otimes cw = \mathrm{Enc}(k \cdot w, \mathrm{pk})$
2. S_1 将 k 发送给 S_2，将 temp 发送给 S_3
3. S_3 计算 $m \leftarrow \mathrm{Dec}(temp, sk)$，选择随机数 r，计算 $tw_1 = m - r$ 和 $tw_2 = r$
4. S_3 将 tw_1 和 tw_2 分别给 S_1 和 S_2

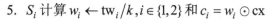

5. S_i 计算 $w_i \leftarrow \mathrm{tw}_i/k, i \in \{1,2\}$ 和 $c_i = w_i \odot \mathrm{cx}$

S_1 和 S_2 持有加密参数 cw 和加密特征 cx，S_1 向 cw 添加随机数 k 获得混淆加密参数 temp。S_3 解密 temp 获得混淆参数 m，并将 m 随机拆分为 tw_1 和 tw_2，满足 $m = k \cdot w = \mathrm{tw}_1 + \mathrm{tw}_2$。由于 S_3 不知道 k，不能推测出真实参数 w。进而，S_1 和 S_2 消除 k 可以分别获得真实参数的份额 w_1 和 w_2，cw 与 cx 的密文乘密文运算可以被转换为 w 与 cx 的明文乘密文运算，即 $c_1 + c_2 = w \odot \mathrm{cx} = \mathrm{cw} \otimes \mathrm{cx}$，其中 $w = w_1 + w_2$。

6.4.2 ReLU 层

现有同态加密方案[16]通常采用多项式迭代方法近似计算非线性函数，例如 ReLU 层的比较函数，须执行多轮次的迭代运算减少计算误差。为了有效减少非线性函数的安全计算开销，给出一种 SRP 用于实现高效且精确的安全 ReLU 运算，具体构造过程如协议 6.2 所示。

协议 6.2 安全 ReLU 协议（SRP）

输入：$S_i, i \in \{1,2\}$ 持有加密特征份额 c_i 和公钥 pk，S_3 持有公-私钥对 (pk,sk)

输出：S_i 返回激活的加密特征 $f(c)$

1. S_1 选择随机数 $k > 0$，计算 $\mathrm{ck} \leftarrow \mathrm{Enc}(k,\mathrm{pk})$，将 k 发送给 S_2
2. S_i 计算 $\mathrm{temp}_i \leftarrow \mathrm{ck} \otimes c_i = \mathrm{Enc}(k \cdot \mathrm{Dec}(c_i,\mathrm{sk}),\mathrm{pk})$，并将 temp_i 发送给 S_3
3. S_3 计算 $\mathrm{temp} \leftarrow \mathrm{temp}_1 + \mathrm{temp}_2$ 和 $m_1 \leftarrow \mathrm{Dec}(\mathrm{temp},\mathrm{sk})$
4. **if** $m_1 \geq 0$：
5. S_3 赋值 $j \leftarrow \mathrm{Enc}(0,\mathrm{pk})$
6. **else**
7. S_3 赋值 $j \leftarrow \mathrm{Enc}(1,\mathrm{pk})$
8. **end if**
9.   将 temp 和 j 发送给 S_1 和 S_2
10. S_i 计算 $f(c) \leftarrow j \otimes \mathrm{temp} \otimes (1/k)$

$S_i, i \in \{1,2\}$ 首先向加密特征份额 c_i 添加随机数 k 获得混淆加密特征份额 temp_i，S_3 可以解密 temp 获得混淆特征 m_1，但不知道 k，不能获得真实特征 $\mathrm{Dec}(\mathrm{temp}/k)$。由于 $m_1 = k \cdot \mathrm{Dec}(c)$ 且 $k > 0$，因此 m_1 的正负性与明文特征 $\mathrm{Dec}(c)$ 相同，其中 $c = c_1 + c_2$。若 $m_1 \geq 0$，则 S_3 记录加密符号 $j \leftarrow \mathrm{Enc}(0,\mathrm{pk})$；否则 S_3 记录 $j \leftarrow \mathrm{Enc}(1,\mathrm{pk})$。对于 $S_i, i \in \{1,2\}$ 而言，S_i 无法区分 j 是 1 还是 0 的密文。实际上 $\mathrm{temp} \otimes (1/k) = c$，若 $\mathrm{Dec}(c) \geq 0$，则 SRP 输出激活的加密特征 $f(c) = \mathrm{Enc}(0 \cdot \mathrm{Dec}(c)) = \mathrm{Enc}(0)$；若 $\mathrm{Dec}(c) < 0$，则 SRP 输出 $f(c) = \mathrm{Enc}(1 \cdot \mathrm{Dec}(c)) = c$。

6.4.3 Softmax 层

在神经网络中，Softmax 层负责将网络输出特征归一化表示，已知特征 x，

Softmax 函数输出归一化特征 $y_j = \mathrm{e}^{x_j}/\sum \mathrm{e}^{x_j}$。为了保护特征隐私，本节设计 SREP 和 SEP 分别实现倒数和指数的同态加密计算。SREP 的具体构造过程如协议 6.3 所示，$S_i, i \in \{1,2\}$ 首先向加密特征份额 c_i 添加随机数 k 获得混淆加密特征份额 temp_i，S_3 可以通过解密 temp 获得混淆特征 m_1，但不知道 k，不能获得真实特征 $\mathrm{Dec}(\mathrm{temp}/k)$。$S_3$ 通过对 m_1 执行相应的非线性倒数运算来获得混淆倒数特征 $t \leftarrow 1/(k \cdot \mathrm{Dec}(c))$，$S_i$ 通过消除 k 可以获得加密倒数特征 $f(c) = \mathrm{Enc}(1/\mathrm{Dec}(c))$。由于 S_i 不知道私钥 sk，无法解密获得真实的倒数特征 $1/\mathrm{Dec}(c)$。

协议 6.3 安全倒数协议（SREP）

输入： $S_i, i \subset \{1,2\}$ 持有加密特征份额 c_i 和公钥 pk，S_3 持有公–私钥对 (pk,sk)

输出： S_i 返回加密倒数特征 $f(c)$

1. S_1 选择随机数 $k > 0$，计算 $\mathrm{ck} \leftarrow \mathrm{Enc}(k, \mathrm{pk})$，并将 k 发送给 S_2
2. S_i 计算 $\mathrm{temp}_i \leftarrow \mathrm{ck} \otimes c_i = \mathrm{Enc}(k \cdot \mathrm{Dec}(c_i, \mathrm{sk}), \mathrm{pk})$，并将 temp_i 发送给 S_3
3. S_3 计算 $\mathrm{temp} \leftarrow \mathrm{temp}_1 + \mathrm{temp}_2$ 和 $m_1 \leftarrow \mathrm{Dec}(\mathrm{temp}, \mathrm{sk})$
4. S_3 计算 $t \leftarrow 1/m_1$ 和 $\mathrm{ct} \leftarrow \mathrm{Enc}(t, \mathrm{pk})$，并将 ct 发送给 S_1 和 S_2
5. S_i 计算 $f(c) \leftarrow \mathrm{ct} \otimes \mathrm{ck}$

SEP 的具体构造过程如协议 6.4 所示。类似于 SREP，$S_i, i \in \{1,2\}$ 首先向 c_i 添加 k 获得 temp_i，S_3 可以通过解密 temp 获得 $m_1 = k + \mathrm{Dec}(c_i, \mathrm{sk})$。$S_3$ 对 m_1 执行相应的非线性指数运算获得混淆指数特征 $\exp(k + \mathrm{Dec}(c_i))$，$S_i$ 通过消除 k 可以获得加密指数特征 $f(c) = \mathrm{Enc}(\exp(\mathrm{Dec}(c)))$。由于 S_i 不知道私钥 sk，无法解密获得真实的指数特征 $\exp(\mathrm{Dec}(c))$。

协议 6.4 安全指数协议（SEP）

输入： $S_i, i \in \{1,2\}$ 持有加密特征份额 c_i 和公钥 pk，S_3 持有公–私钥对 (pk,sk)

输出： S_i 返回加密指数特征 $f(c)$

1. S_1 选择随机数 $k > 0$，计算 $\mathrm{ck} \leftarrow \mathrm{Enc}(k, \mathrm{pk})$，并将 k 发送给 S_2
2. S_i 计算 $\mathrm{temp}_i \leftarrow \mathrm{ck} \cdot c_i = \mathrm{Enc}(k + \mathrm{Dec}(c_i, \mathrm{sk}), \mathrm{pk})$，并将 temp_i 发送给 S_3
3. S_3 计算 $\mathrm{temp} \leftarrow \mathrm{temp}_1 + \mathrm{temp}_2$ 和 $m_1 \leftarrow \mathrm{Dec}(\mathrm{temp}, \mathrm{sk})$
4. S_3 计算 $t \leftarrow \exp(m_1)$ 和 $\mathrm{ct} \leftarrow \mathrm{Enc}(t, \mathrm{pk})$，并将 ct 发送给 S_1 和 S_2
5. S_i 计算 $f(c) \leftarrow \mathrm{ct} \otimes \mathrm{Enc}(\exp(-k), \mathrm{pk})$

6.4.4 安全反向传播

在神经网络的安全反向传播过程中，依据链式求导法则进行误差反向传播，主要包含同态加密乘法运算和非线性函数的安全导数运算。安全快速乘法协议被用来将密文乘密文运算转换为明文乘密文运算，以提高同态加密乘法的计算效率。

ReLU 函数的导数为 $\mathrm{dRELU}(x) = \begin{cases} 1, & f(x) < 0 \\ 0, & f(x) \geqslant 0 \end{cases}$，服务器协同执行 SRP，对于 $S_i, i \in \{1,2\}$ 而言，由于同态加密的随机安全性，采用同一公钥对同一份明文消息进行两次加密的结果是不一样的，S_i 在计算上无法区分 1 和 0 的密文，因此确保了 ReLU 函数的导数符号隐私。针对 Softmax 的损失安全传递问题，假设 Softmax 函数为 $y_j = \mathrm{e}^{x_j} / \sum \mathrm{e}^{x_j}$，神经网络的交叉熵损失函数为 $E = -\sum(\hat{y}_j \ln y_j)$，其中 x_j 表示全连接层输出的特征，y_j 表示 Softmax 归一化特征，表示 $\hat{y}_j$ 样本的真实标签，j 表示标签 0~9。Softmax 层的目的是计算损失对于特征的导数 $\dfrac{\partial E}{\partial x_j}$，根据链式求导法则有 $\dfrac{\partial E}{\partial x_j} = \dfrac{\partial E}{\partial y_j} \dfrac{\partial y}{\partial x_j}$，其中 $\dfrac{\partial E}{\partial y_j} = -\sum(\hat{y}_j / y_j)$。若 $j' = j$，则 Softmax 函数的导数为 $\dfrac{\partial y_{j'}}{\partial x_{j'}} = y_{j'}(1 - y_{j'})$；否则 $\dfrac{\partial y_{j'}}{\partial x_{j'}} = -y_{j'} y_j$。因此 $\dfrac{\partial E}{\partial x_j} = -\hat{y}_j + y_j \sum \hat{y}_j$，由于 $\sum \hat{y}_j = 1$，$\dfrac{\partial E}{\partial x_j} = y_j - \hat{y}_j$。在 BGV 方案中，明文减法运算类似于明文加法运算，可以被转换为同态密文多项式的减法运算。

　　HNN 训练过程如算法 6.1 所示。数据拥有者 Us 将图像和模型参数加密后上传给云服务器，由 S_1、S_2 和 S_3 协同执行 HNN 的全连接层、ReLU 层和 Softmax 层等前向计算及相应的安全反向传播过程。当达到迭代终止条件后，S_1 和 S_2 将最优模型参数份额返回给 Us，Us 可以恢复和解密出最优模型参数 $\{W^*, b^*\}$。

　　算法 6.1　HNN 训练过程

　　输入：Us 持有图像 $\{x_1, \cdots, x_n\}$ 和公-私钥对 (pk,sk)，$S_i, i \in \{1,2\}$ 持有公钥 pk，S_3 持有公-私钥对 (pk,sk)，公开的初始模型参数 $\{W, b\}$

　　输出：Us 输出最优模型参数 $\{W^*, b^*\}$

　　1. Us 采用 pk 获得加密图像 $\{\mathrm{cx}_1, \cdots, \mathrm{cx}_n\}$ 和加密参数 $\{\mathrm{Enc}(W), \mathrm{Enc}(b)\}$，并发送给 S_i

　　2. **while** 未达到迭代终止条件 **do**

　　3.　　　**for** $j = 1, \cdots, n$

　　4.　　　　　S_1、S_2 和 S_3 协同执行安全快速乘法协议完成 FC_j

　　5.　　　　　**if** $j \neq n$

　　6.　　　　　　　S_1、S_2 和 S_3 协同执行 SRP 完成 ReLU_j

　　7.　　　　　**end if**

　　8.　　　**end for**

9. S_1、S_2 和 S_3 协同执行 SREP 和 SRP 完成 Softmax

10. S_1、S_2 和 S_3 根据链式求导法则完成 $\{\mathrm{Enc}(W), \mathrm{Enc}(b)\}$ 的安全反向传播与更新

11. end while

12. S_i 获得最优的加密模型参数份额 $\{\mathrm{Enc}(W_i^*), \mathrm{Enc}(b_i^*)\}$，并发送给 Us

13. Us 恢复出最优加密模型参数 $\{\mathrm{Enc}(W^*), \mathrm{Enc}(b^*)\}$，并解密获得最优模型参数 $\{W^*, b^*\}$

6.5 安全性分析

本节主要分析了 HNN 方案及其安全计算协议的安全性，将用户数据、协议交互的中间计算结果及模型参数的保密性作为安全评估指标。在安全性的证明过程中，引入一组分别攻击 Us、S_1、S_2 和 S_3 的外部 PPT 敌手 $\mathcal{A} = (\mathcal{A}_{Us}, \mathcal{A}_{s_1}, \mathcal{A}_{s_2}, \mathcal{A}_{s_3})$ 和内部服务器敌手 (S_1, S_2, S_3)。

命题 6.1 面对半可信且不共谋的敌手 $\mathcal{A} = (\mathcal{A}_{Us}, \mathcal{A}_{s_1}, \mathcal{A}_{s_2}, \mathcal{A}_{s_3})$ 和 (S_1, S_2, S_3)，SFMP、SRP、SREP 和 SEP 是安全的。

证明 通过构建独立的模拟器 Sim_{Us}、Sim_{S_1}、Sim_{S_2} 和 Sim_{S_3} 来证明 SFMP 的安全性。

Sim_{Us} 接收输入 w 和 x，然后模拟 $\mathcal{A}_{Us}$。它产生密文 $cw = \mathrm{Enc}(w)$ 和 $cx = \mathrm{Enc}(x)$，并将 cw 和 cx 返回给 $\mathcal{A}_{Us}$。$\mathcal{A}_{Us}$ 的视图由它创建的加密数据所组成，根据 BGV 方案的安全性[16]，确保 $\mathcal{A}_{Us}$ 的真实视图和模拟视图在计算上是不可区分的。

Sim_{S_1} 模拟 $\mathcal{A}_{s_1}$。首先随机选择 $\hat{w}$ 并加密为 $\widehat{cw}$，然后随机选择 $\hat{k}$，结合 $\widehat{cw}$ 和 $\hat{k}$ 计算得到 $\widehat{\mathrm{temp}}$。并将 $\widehat{\mathrm{temp}}$ 发送给 $\mathcal{A}_{s_1}$。$\mathcal{A}_{s_1}$ 的视图由它创建的加密数据组成，在真实视图和模拟视图中，它接收到的均为密文 $\widehat{\mathrm{temp}}$。根据 Us 的诚实性和 BGV 方案的安全性，可以确保 $\mathcal{A}_{s_1}$ 的真实视图和模拟视图在计算上是不可区分的。

Sim_{S_2} 模拟 $\mathcal{A}_{s_2}$ 的安全性证明类似于 Sim_{S_1} 模拟 $\mathcal{A}_{s_1}$ 的步骤。

Sim_{S_3} 模拟 $\mathcal{A}_{s_3}$。首先随机选择 $\hat{m}$ 并将其加密为 $\widehat{\mathrm{temp}}$，解密得到 $\hat{m} \leftarrow \mathrm{Dec}(\mathrm{temp}, \mathrm{sk})$，然后随机选择 r，通过计算可以得到 $\widehat{\mathrm{tw}_1}$ 和 $\widehat{\mathrm{tw}_2}$，并将 $\widehat{\mathrm{temp}}$、$\hat{m}$、$\widehat{\mathrm{tw}_1}$ 和 $\widehat{\mathrm{tw}_2}$ 发送给 $\mathcal{A}_{s_3}$。在真实视图和模拟视图中，$\mathcal{A}_{s_3}$ 收到的输出均为混淆明文 $\hat{m}$、$\widehat{\mathrm{tw}_1}$ 和 $\widehat{\mathrm{tw}_2}$ 及密文 $\widehat{\mathrm{temp}}$，根据信息论安全可以确保 $\mathcal{A}_{s_3}$ 的真实视图和模拟视图在计算上是不可区分的。

此外，3 台内部服务器 S_1、S_2 和 S_3 也尝试通过推断获得隐私信息。S_1 拥有 cw、cx 和 w_1，但没有密钥，无法通过解密获得明文模型参数 w 和数据 x，S_2 类似于 S_1。S_3 可以采用私钥解密获得混淆明文 m、tw_1 和 tw_2，但不知道 S_1 随机生成的掩码同样无法恢复出明文 w 和 x。因此，SFMP 可以抵抗 $\mathcal{A}$ 和 (S_1, S_2, S_3) 的攻击。

同理可证，SRP、SREP 和 SEP 面对半可信且不共谋的敌手 $\mathcal{A} = (\mathcal{A}_{\mathrm{Us}}, \mathcal{A}_{s_1}, \mathcal{A}_{s_2}, \mathcal{A}_{s_3})$ 和 (S_1, S_2, S_3) 也是安全的。

证毕。

命题 6.2　面对半可信且不共谋的敌手 $\mathcal{A}$ 和 (S_1, S_2, S_3)，HNN 方案是安全的。

证明　若 $\mathcal{A}$ 攻击 S_1（或 S_2）并获取 S_1（或 S_2）的加密数据，根据 BGV 方案的安全性可以确保 $\mathcal{A}$ 无法获取明文消息。此外，敌手只能获得明文消息的一份份额，秘密共享理论可以保证原始数据的无条件安全，因此，确保 $\mathcal{A}$ 无法获取完整的明文消息。若 $\mathcal{A}$ 攻击 S_3 获取私钥并解密 S_3 的加密数据，由于 S_1（或 S_2）传递给 S_3 的加密数据均被添加了随机掩码，$\mathcal{A}$ 不知道随机掩码，无法获得真实的明文消息。由于 S_1、S_2 和 S_3 间不能共谋，S_1 和 S_2 无法获得 S_3 生成的私钥并解密密文，S_3 也无法获得 S_1 和 S_2 生成的随机数并恢复明文。$\mathcal{A}$ 和 (S_1, S_2, S_3) 均不能获得真实的隐私信息，可以证明 HNN 方案是安全的。

证毕。

🔍 6.6　性能评估

本节采用处理器 AMD Ryzen 5 4600H 3GHz RAM 24GB Ubuntu 20.0.4 的笔记本计算机模拟服务器，类似于 PPML[16]、FHESGD（Fully Homomorphic Encryption Stochastic Gradient Descent）[23] 和 Glyph[18] 方案，在 C++ 开发环境下执行单线程的训练和计算。对于实数 x'，HElib 库截断保留 x' 的 k 位小数，计算并存储 $x' = [x \cdot 10^k]$，若 $x' < 0$，则计算 $x' = (x' + p) \bmod n$，p 表示明文空间的模，n 表示密文空间的模。除非特别说明，实验设置 64bit 表示明文消息，设置 300bit 表示密文消息。实验采用 HElib[24] 库实现 BGV 方案[18]，安全参数为 128bit。实验采用 MNIST 数据集，包含 0～9 共 10 个类别，共 60000 张训练样本和 10000 张测试样本。选择 5 种全连接神经网络模型进行实验，分别为 N1（$784 \times 128 \times 128 \times 10$）、N2（$784 \times 32 \times 16 \times 10$）、N3（$784 \times 128 \times 32 \times 10$）、N4（$784 \times 30 \times 10$）和 N5（$784 \times 64 \times 64 \times 10$）。激活层采用 ReLU 函数，采用交叉熵损失函数计算网络目标损失，采用均值为 0.1 的高斯函数随机初始化网络模型参数，将学习率设置为 0.6。

　　HNN 方案的安全性取决于 BGV 方案的加密安全强度，这与安全参数的比特长度有关。选择 N3 网络，不同比特长度下单批量的 HNN 方案运行时间对比见表 6-1。随着比特长度的增加，计算模数的增大会导致训练运行时间增加，此外，由于密文空间增大会降低随机识别密文的概率，使得 HNN 方案的隐私保护强度也随之增强。因此设计 HNN 方案的同时须兼顾同态加密的安全强度和效率。

表 6-1　不同比特长度下单批量的 HNN 方案运行时间对比

比特长度/bit	运行时间/s
80	148
128	220
176	431

　　全连接层涉及了大量的同态密文乘法运算，本章介绍的 SFMP 将密文乘密文运算转换为较低复杂度的明文乘密文运算，表 6-2 给出了不同乘法深度下密文乘密文和明文乘密文运算的计算开销对比。密文乘密文和明文乘密文运算的计算开销均随着乘法深度的增加而增加，乘法深度表示 BGV 方案执行连续乘法运算而不产生计算错误的次数，与密文空间的模长呈正相关关系，这也意味着每条密文消息占用越长的比特位，执行单次乘法运算需要的计算开销越大。在同一乘法深度下，明文乘密文运算的计算开销只有密文乘密文运算的计算开销的 10% 左右，表明 SFMP 可以在很大程度上提高隐私保护神经网络的计算效率。

表 6-2　不同乘法深度下密文乘密文和明文乘密文运算的计算开销对比

乘法深度	密文乘密文计算开销/ms	明文乘密文计算开销/ms	倍数
3	41.3	3.6	11.4×
5	98.9	11.01	9×
7	123.9	12.1	10.2×
9	150.2	13.8	10.8×

　　神经网络的隐私保护训练方案确保了数据和模型的隐私和安全性，但不可避免地降低了训练效率。采用 N1、N2 和 N3 这 3 种全连接神经网络模型进行实验，对一组小批量样本执行隐私保护训练，不同方案的计算开销对比见表 6-3。

表 6-3　不同方案的计算开销对比

网络模型	方案	小批量大小/个	小批量样本计算开销/s	单个样本计算开销/s
N1	PPML[16]	192	10470	54.56
	HNN	192	550	2.88
N2	FHESGD[22]	60	118000	1966
	HNN	192	118	0.61

续表

网络模型	方案	小批量大小/个	小批量样本计算开销/s	单个样本计算开销/s
N3	Glyph[18]	60	2900	48.33
	HNN	192	220	1.14

基于双服务器架构的 PPML 方案[16]采用密文乘密文运算执行全连接层中特征与参数的同态密文乘法,而 HNN 方案则采用 SFMP 将密文乘密文运算转换为明文乘密文运算,提高了全连接层的计算效率,节省了约 94.7%的训练时间。FHESGD方案[23]和 Glyph 方案[18]不仅采用密文乘密文运算执行同态密文乘法,而且采用单服务器完成神经网络训练过程,需要进行额外的"自启动"操作来压缩加密乘法噪声,以确保同态计算的正确性。相比之下,HNN 方案牺牲少量通信开销,令服务器 S_3 对混淆明文消息执行相应的非线性算子,不仅可以实现精确的非线性计算,而且大大减少了单服务器密文的计算开销。在 N2 网络中,HNN 方案对批量192 个样本进行训练,消耗的计算开销远远低于 FHESGD 方案[23]的计算开销。类似地,在 N3 网络中,HNN 方案训练单个样本的计算开销只有 Glyph 方案[18]计算开销的 2%左右。

上述结果表明 HNN 方案的训练效率远远优于 PPML[16]方案、FHESGD[23]方案和 Glyph[18]方案。此外,本节给出了 HNN 方案与这些方案的模型精度对比,见表 6-4。经过 5 轮迭代训练,Glyph 方案[18]的模型精度最高,达到 96.4%,而 HNN方案达到相同精度仅需要执行 3 次迭代训练。这是因为其他方案只能采用泰勒多项式近似计算非线性函数,相比于明文环境下的神经网络训练会产生一些计算误差,而 HNN 方案采用 SRP、SREP 和 SEP 可以实现精确的非线性计算,因此可以更快地达到模型收敛效果。

表 6-4　不同方案的模型精度对比

方案	迭代次数	模型精度
FHESGD[22]	5	93%
PPML[16]	5	95%
Glyph[18]	5	96.4%
HNN	3	96.4%

为了观察 HNN 方案与明文神经网络之间的训练差异,采用 N4 和 N5 两种全连接神经网络模型,设置小批量样本大小为 192,执行 600 次批量迭代训练,HNN方案与明文神经网络的模型精度对比如图 6-3 所示。在 N4 网络中,HNN 方案的模型精度略低于明文神经网络的模型精度,这是由于 HNN 方案将模型参数由浮点型转换为整型产生的截断误差,但影响十分有限,在经过约 280 次批量迭代训练后,模型精度趋于一致。N5 网络略复杂于 N4 网络,在前 160 次批量迭代训练

中，HNN 方案的模型精度略低于明文神经网络的模型精度，参数截断误差类似于向训练模型添加的噪声，反而增强了模型的泛化能力。经过 600 次批量迭代训练后，HNN 方案的模型精度近似于明文神经网络的模型精度，可以达到 96%。此外，HNN 方案的模型精度曲线的波动幅度略大于明文神经网络的模型精度曲线的波动幅度，进一步验证了 HNN 方案具有较强的模型鲁棒性。

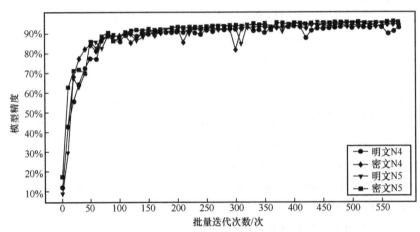

图 6-3　HNN 方案与明文神经网络的模型精度对比

6.7　本章小结

本章介绍了一种在三方服务器协作下支持隐私保护训练的高效 HNN 方案，针对现有方案计算效率较低的问题，设计了安全快速乘法协议将同态加密中的密文乘密文运算转换为复杂度较低的明文乘密文运算，提高了神经网络的隐私保护训练效率。为了解决多项式迭代近似计算非线性函数的计算误差问题，给出了一种多服务器协作的安全非线性计算方法，实现了非线性函数的精确计算。理论和实验结果均表明 HNN 方案可以保证数据和模型的隐私性，计算开销和模型精度优于现有方案。在未来工作中，将基于全同态加密方案深入研究卷积神经网络和递归神经网络的隐私保护推理和训练方案，并探索将密态训练方案移植于 GPU 设置下的可行性思路。

参考文献

[1]　钟洋, 毕仁万, 颜西山, 等. 支持隐私保护训练的高效同态神经网络[J]. 计算机应用, 2022.

[2]　谭作文, 张连福. 机器学习隐私保护研究综述[J]. 软件学报, 2020, 31(7): 2127-2156.

[3] 麻文刚, 张亚东, 郭进. 基于 LSTM 与改进残差网络优化的异常流量检测方法[J]. 通信学报, 2021, 42(5): 23-40.

[4] 耿艺宁, 刘帅师, 刘泰廷, 等. 基于计算机视觉的行人检测技术综述[J]. 计算机应用, 2021, 41(S1): 43-50.

[5] LUO X Y, LI L, WAN H, et al. Phone keypad voice recognition (PKVR): an integrated experiment for digital signal processing education[C]//Proceedings of the 2020 IEEE Frontiers in Education Conference (FIE). Piscataway: IEEE Press, 2020: 1-4.

[6] GUO Y Y, BI L, AHN E, et al. A spatiotemporal volumetric interpolation network for 4D dynamic medical image[C]//Proceedings of the 2020 IEEE/CVF Conference on Computer Vision and Pattern Recognition (CVPR). Piscataway: IEEE Press, 2020: 4725-4734.

[7] 徐占洋, 郑克长. 云计算下基于改进遗传算法的聚类融合算法[J]. 计算机应用, 2018, 38(2): 458-463.

[8] 熊金波, 毕仁万, 陈前昕, 等. 边缘协作的轻量级安全区域建议网络[J]. 通信学报, 2020, 41(10): 188-201.

[9] JULIA C. The cambridge analytica scandal changed the world-but it didn't change facebook[R]. London: The Guardian, 2019.

[10] DREW H. Thousands of zoom video calls left exposed on open web[R]. Washington: The Washington Post, 2020.

[11] XIE P, BILENKO M, FINLEY T, et al. Crypto-nets: neural networks over encrypted data[EB]. 2021.

[12] DOWLIN N, GILAD-BACHRACH R, LAINE K, et al. CryptoNets: applying neural networks to encrypted data with high throughput and accuracy[C]//Proceedings of the 33rd International Conference on International Conference on Machine Learning - Volume 48. New York: ACM Press, 2016: 201-210.

[13] CHABANNE H, DE A, MILGRAM J, et al. Privacy-preserving classification on deep neural network[EB]. 2021.

[14] BADAWI A, JIN C, LIN J, et al. Towards the AlexNet moment for homomorphic encryption: HCNN, the first homomorphic CNN on encrypted data with GPUs[J]. IEEE Transactions on Emerging Topics in Computing, 2021, 9(3): 1330-1343.

[15] ZHANG Q C, YANG L T, CHEN Z K. Privacy preserving deep computation model on cloud for big data feature learning[J]. IEEE Transactions on Computers, 2016, 65(5): 1351-1362.

[16] HESAMIFARD E, TAKABI H, GHASEMI M, et al. Privacy-preserving machine learning in cloud[C]//Proceedings of the 2017 on Cloud Computing Security Workshop. New York: ACM Press, 2017: 39-43.

[17] BOURSE F, MINELLI M, MINIHOLD M, et al. Fast homomorphic evaluation of deep discretized neural networks[C]//Annual International Cryptology Conference. Cham: Springer, 2018: 483-512.

[18] LOU Q, FENG B, FOX G, et al. Glyph: fast and accurately training deep neural networks on encrypted data[EB]. 2021.

[19] 毕仁万, 陈前昕, 熊金波, 等. 面向深度神经网络的安全计算协议设计方法[J]. 网络与信息安全学报, 2020, 6(4): 130-139.

[20] XIONG J B, BI R W, TIAN Y L, et al. Toward lightweight, privacy-preserving cooperative object classification for connected autonomous vehicles[J]. IEEE Internet of Things Journal, 2022, 9(4): 2787-2801.

[21] LIU X M, QIN B D, DENG R H, et al. An efficient privacy-preserving outsourced computation over public data[J]. IEEE Transactions on Services Computing, 2017, 10(5): 756-770.

[22] XIONG J B, BI R W, ZHAO M F, et al. Edge-assisted privacy-preserving raw data sharing framework for connected autonomous vehicles[J]. IEEE Wireless Communications, 2020, 27(3): 24-30.

[23] NANDAKUMAR K, RATHA N, PANKANTI S, et al. Towards deep neural network training on encrypted data[C]//Proceedings of the 2019 IEEE/CVF Conference on Computer Vision and Pattern Recognition Workshops (CVPRW). Piscataway: IEEE Press, 2019: 40-48.

[24] HALEVI S, SHOUP V. Design and implementation of HElib: a homomorphic encryption library[EB]. 2021.

第7章
基于卷积神经网络的密态计算

本章围绕密态环境下的卷积神经网络（CNN，Convolutional Neural Network）展开讨论，基于加法秘密共享等设计了一系列的安全交互协议，分析卷积神经网络各层所用到的函数，然后设计将安全交互协议应用到卷积神经网络各层的方法，实现密态数据的训练与分类。理论分析表明构造的密态深度学习方法是正确的、安全的和有效的，实验结果说明密态卷积神经网络训练的误差较小且效率较高。

🔍 7.1 背景介绍

近年来，移动感知应用受到了人们的广泛关注，并且作为一种高效的传感范式，改变着我们的日常工作生活，这在很大程度上归功于智能手机和携带大量传感器（加速度传感器、陀螺仪、传声器和摄像机等）的移动电子设备的普及。这些传感器可从我们周围的环境中收集数据并为各种各样的应用程序提供有价值的信息。值得一提的是，摄像机是所有传感器之中普及最广泛的一种。由摄像机获得的海量照片被用来支持大规模的视觉应用，例如目标识别、种类识别、场景理解和环境建模等。特别地，随着近期卷积神经网络技术的突破，这些应用的准确率将得到大幅提升。文献[1-3]展示了由卷积神经网络提取特征明显比传统人工选取和采用其他方法效果更好。在本质上属于视觉的任务中，应当首要考虑通过卷积神经网络来提取特征[1]。

卷积神经网络特征提取的优越性促使许多研究人员致力于推动其在移动设备上的应用。然而，该研究方向尚处于起步阶段，仍然存在巨大的研究空间。图像数量的爆炸增长和卷积神经网络的日趋复杂成为了资源受限的移动感知设备的存储和计算能力所要面对的重大挑战。随着对云计算服务的广泛使用，越来越多的用户选择将他们海量的图像数据及数量密集型的视觉任务外包给云服务器来处理。不幸的是，云服务器通常远离移动用户，而用户通常是通过无线网络连接到互联网。对于海量的图像数据，移动用户与云服务器之间的通信需要大量的带宽，并将产生不可预测的时延，最终会导致用户体验质量下降[4]。

针对上述问题，作为云计算体系结构的一种优化方法，边缘计算受到学术界和工业界的广泛关注[5]。边缘服务器接近网络边缘的数据源端，并且通过在网络的边缘实施数据处理来显著减轻向云服务器交付大量数据的通信带宽消耗，并减少移动设备和云服务器之间的网络时延，提高效率和用户体验。然而，由于图像通常包含机密与敏感的信息，这种体系结构下的安全问题仍然是一项严峻挑战。

因此，设计一种面向移动感知应用的新型轻量级方案来解决隐私保护卷积神经网络的特征提取问题至关重要。本章所介绍的基于卷积神经网络的密态计算方案的目标是在保持卷积神经网络的准确性和数据隐私性的同时，大大降低终端设备的时延和开销。为了保护数据的隐私，使卷积神经网络能够对密态数据进行特征提取，可以使用一系列基于加法秘密共享技术的安全计算协议。这与以往的秘密共享方案[6-10]均针对至少三方来扮演几乎相同的角色不同，本方案引入两台独立非共谋的边缘服务器和一个可信第三方。在离线阶段，可信第三方负责生成边缘服务器所需要的随机数；在在线阶段，两台边缘服务器协同执行，在收到经由一系列基于加法秘密共享的安全计算协议加密过的图像后，执行卷积神经网络特征提取任务，来降低通信和存储开销并提高计算效率。这是因为用于共享方的存储和传输所需要的存储和带宽资源必须至少是将交互数据的比特大小乘以共享方的数量，相应地，每增加一个共享方，都会大大增加通信流量，且提高被攻击的风险。最后，用户可以通过两台边缘服务器产生的加密结果获得最终卷积神经网络的密态特征信息。

🔍 7.2　研究现状

保证卷积神经网络隐私安全最直接的方法是使用同态加密方案，该方案允许直接对同态加密数据进行计算，从而保护被外包给边缘设备之前的图像隐私。首先展示如何将卷积神经网络应用到基于同态加密数据的工作是由 Dowlin 等人[11]提出的 CryptoNets——一个可以在同态加密数据上运行神经网络的框架，CryptoNets 用来保护用户和云服务之间的数据交换，云服务可以利用加密数据，实现密态数据下的预测，然后将加密的预测返回给用户，用户可以使用自己的私钥对其进行解密，最终得到预测结果。CryptoNets 的弱点在于其性能对非线性层数的限制。从深度神经网络可以发现，如果非线性层数目较多，则错误率会增加，精度会下降。文献[12]提出了 CryptoDL，用低阶多项式逼近卷积神经网络中常用的激活函数，并使用平均池代替最大池，在加密数据上实现卷积神经网络，来提供高效的、准确的和可扩展的隐私保护预测，但是目前尚不清楚 CryptoDL 如何处理将流式输入用于实时分类时可能出现的单个实例。文献[13]选择在训练阶段保留经典的具有 ReLU 激活功能的深层神经网络，仅在分类阶段用一个低阶多项式来代替激活函数，并将近似多项式和批量归一化[14]相结合，加快卷积神经网络训练并且满足安全需求。但是他们用低次多项式来近似网络中非线性函数的做法，实质上降低了算法精度，此外，目前的同态加密算法对计算量的要求过大。

近来，Liu 等人[15]设计了一种 MiniONN 方法，将现有的神经网络转化为可以支持隐私保护预测的遗忘神经网络，提出为网络中线性层的卷积（矩阵乘法）及非线性层的激活和池化函数设计独立的安全计算子协议，并且要求所有子协议的输入输出接口保持一致，将各层对应的安全计算子协议按原顺序（卷积→激活→池化→卷积）组合即可安全地计算整个神经网络。Liu 等人[15]提出只在在线预测阶段使用如秘密共享和乱码电路的轻量级密码学原语，在离线预计算阶段，使用加法同态加密和 SIMD 批处理技术执行与请求无关的操作。虽然他们的工作允许对同态加密计算进行离线处理，但在在线阶段引入混淆电路，生成和存储这种混淆电路将会是一个具有挑战性的任务。

Riazi 等人[16]提出了一种混合协议安全计算框架，它通过集成顺序乱码电路，为快速矩阵乘法提供优化的向量点积协议，在离线阶段使用半诚实的第三方来生成用于预计算不经意传输和乘法三元组的相关随机性。与以前的框架不同，该框架支持有符号的定点数字。Riazi 等人[16]声称可以为不同的操作选择最有效的协议。然而，他们面临着复杂的数据结构和协议转换的难题。因此，即使提供了相应的安全性，现有的解决方案仍然需要在终端设备上进行大量的计算和存储，且会在终端设备和数据中心之间产生巨大的通信开销。因此，上述方案在移动感知环境中应用是不现实的。

7.3　问题描述

7.3.1　系统模型

本方案致力于解决面向移动感知设备的隐私保护卷积神经网络特征提取的问题。已有学者提出了许多方案，将卷积神经网络预测任务外包给云服务器执行。然而，一个深度卷积神经网络模型通常具有相当复杂的结构，由许多层非线性特征提取器组成。由于用户和云服务器通常相距较远，用户和云服务器间的交互带来的额外时延将令人不可接受。此外，为了保护数据的隐私，现有文献通常使用像同态加密或者混淆电路的计算密集型加密原语。如前所述，这将导致终端设备消耗大量的计算和存储开销，以及在终端设备和数据中心之间的高通信开销。因此，本章介绍一种基于边缘计算的新型轻量级方案，并且大多数的数据处理由集中式云服务器迁移到网络的边缘（如边缘网关或者边缘服务器）。

为了保护数据的隐私，并使卷积神经网络能够对密态数据进行特征提取，可以使用一系列基于加法秘密共享技术的安全计算协议。然而，与以往的秘密共享方案（文献[11-15]）均针对至少三方来扮演几乎相同的角色不同，所提方案采用两台边缘服务器执行基于加法秘密共享的安全计算协议，以减少通信与存储开销并提高计算效率。这是因为用于共享方的存储和传输所需要的存储和带宽资源必须至少是将交互数据的比特大小乘以共享方的数量。相应地，每增加一个共享方，都会大大增加通信流量和被攻击的风险。

系统模型如图 7-1 所示，由 4 个主要的实体组成：移动感知设备 $\mathcal{O}$、两台边缘服务器 $\mathcal{S}_1$ 和 $\mathcal{S}_2$、可信第三方 $\mathcal{T}$ 和用户 $\mathcal{U}$。经过训练的卷积神经网络模型是公开的，可以被 $\mathcal{S}_1$ 和 $\mathcal{S}_2$ 获得。用户采用移动感知设备收集大量的图像，对图像进行加法秘密共享处理，并利用他们的存储和计算资源在边缘服务器上对处理后的图像进行密态计算以提取密态图像特征。令 I 表示原始图像，ϕ 表示所提取的卷积神经网络特征。为了保护图像的隐私，$\mathcal{O}$ 首先按像素加密图像 I，将其随机分成两个共享的密态份额 I' 和 I''，从而可以通过将两个份额相加来恢复 I。随后，I' 和 I'' 将被分发给两台边缘服务器 $\mathcal{S}_1$ 和 $\mathcal{S}_2$。为了减少各实体之间的交互，$\mathcal{T}$ 只负责产生随机数，这个简单工作可以由微型服务器或者客户端完成。计算密集型工作由 $\mathcal{S}_1$ 和 $\mathcal{S}_2$ 执行。通过执行一系列安全计算协议实现在密文域下的卷积神经网络特征提取之后，$\mathcal{S}_1$ 和 $\mathcal{S}_2$ 将加密的卷积神经网络特征 ϕ' 和 ϕ'' 返回给用户 $\mathcal{U}$。然后，$\mathcal{U}$ 最终可以恢复出真实的卷积神经网络特征 ϕ，以执行各种视觉任务，例如目标识别、属性检测、图像分类和图像检索等。

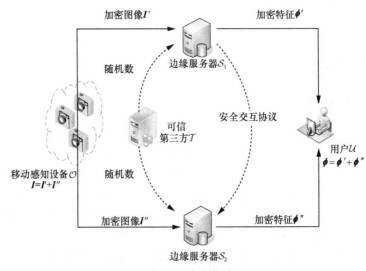

图 7-1　系统模型

7.3.2　安全模型

与文献[6-8,17,18-20]中的许多安全计算协议相似,本章介绍的协议使用半诚实（也被称为被动或诚实且好奇）的安全模型。每台边缘服务器将会完全执行规定的协议,然而也可能依据存储和处理的数据尽可能多地尝试获取敏感信息。

此外,假定两台边缘服务器 S_1 和 S_2 是独立且非共谋的,这意味着一台边缘服务器不会向另一台边缘服务器透露比协议消息更多的其他信息。这是比较切合实际的假设,因为可以将两台边缘服务器部署在两个不同甚至是有竞争的服务供应商（例如 AWS 的 Lambda@Edge 和 Microsoft Azure IoT Edge）上并由其管理。

正如第 7.3.1 节所描述的,可信第三方 T 负责随机数的生成。这个工作可以简单地由轻量级服务器或由有效用户控制的客户端执行。因此,可以合理地假设 T 总是诚信并且可以被信任的。此外,假设传感设备和有效用户总是诚实的,并且实体之间存在安全的通信链路,这些链路可以通过 VPN 等技术有效实现。

7.3.3　设计目标

本章的设计目标是设计一个面向移动感知的安全且轻量级的卷积神经网络特征提取方案。具体来说有如下目标。

（1）正确性。主要目标是支持加密图像的卷积神经网络特征提取。在系统模型架构中,边缘服务器应该能够正确地提取密态图像上的卷积神经网络特征,随后解密密态的卷积神经网络特征,以便用户来执行其他视觉任务。

（2）隐私保护。设计主要关注图像的隐私。在密态卷积神经网络特征提取过程中,应防止边缘服务器或者敌手学习任何图像的内容或者提取的特征。

（3）轻量级。因为移动感知设备有着典型的资源约束,设计应该充分考虑移动设备的计算开销。与此同时,应尽量减少移动设备和边缘服务器的通信开销,从而降低响应时延。

🔍 7.4　模型构造

为了实现两台边缘服务器 S_1 和 S_2 之间的安全交互,可以基于加法秘密共享技术设计一系列有效的安全计算子协议。

给定两个数 u 和 v ,它们将分别随机分成两个份额。假设 $u=u_1+u_2$ 和 $v=v_1+v_2$,其中 u_i 和 v_i 被称为 u 和 v 的共享值,并且将会被存储在 $S_i(i=1,2)$ 中。接着, S_1 和 S_2 协同计算 $f(u,v)$, S_1 输出 f_1 , S_2 输出 f_2 ,满足 $f_1+f_2=f$ 。注意,

为了保护两台边缘服务器的输入隐私，除了安全比较协议外，在安全计算中，两方不会相互显示各自函数的输出。

7.4.1　安全加减法协议

在计算 $f(u,v)=u\pm v$ 时，由于 $u\pm v=(u_1+u_2)\pm(v_1+v_2)=(u_1\pm v_1)+(u_2\pm v_2)$，很容易发现 $\mathcal{S}_1$ 和 $\mathcal{S}_2$ 可以在不用相互交互的情况下执行安全加法和安全减法。在计算完成后，$\mathcal{S}_i(i=1,2)$ 输出 $f_i=u_i\pm v_i$。因此，可以得出 $f_1+f_2=u\pm v$。

注意，只要在有限域 $\mathbb{Z}_2$ 中执行这些操作，就可以实现安全的 XOR($\oplus$) 计算。

此外，可以用同样的方式实现常数 c 与共享值的安全标量乘法。为了计算 $f(u)=c\cdot u$，$\mathcal{S}_i(i=1,2)$ 输出 $f_i=c\cdot u_i$，这可以由 $\mathcal{S}_i$ 独立完成并且不需要进行交互。

7.4.2　安全乘法协议

为了尽可能减小计算和通信开销，可以结合 Beaver 三元组[21]思想设计安全乘法协议。Beaver 三元组的形式为 (a,b,c)，其中 a 和 b 是随机且私有的，$c=a\cdot b$。这个三元组会在离线阶段被共享给两台边缘服务器。令 $\mathcal{S}_i(i=1,2)$ 持有 a_i、b_i 和 c_i 的共享值。当处于在线阶段时，两台边缘服务器将在有限域 $\mathbb{F}$ 上计算乘积 $f(u,v)=u\cdot v$。Beaver 三元组的基本思想是让 a 和 b 隐藏 u 和 v，$u\cdot v$ 可以被表示为 a、b 和 c 的线性组合，其份额是公开的，并且不会泄露有关 u 和 v 的任何信息。

如协议 7.1 所示，可以将安全乘法协议（SecMul）划分成离线阶段和在线阶段。注意在离线阶段不受私人输入数据的影响。在执行实际计算之前，它可以由可信第三方 $\mathcal{T}$ 预先进行计算和存储，这将使得在两台边缘服务器 S_1 和 S_2 之间在线阶段的工作非常高效。

离线阶段：可信第三方 $\mathcal{T}$ 生成 Beaver 三元组 (a,b,c)，这里 $a,b\in\mathbb{F}$ 并且 $c=a\cdot b$，然后把 a、b 和 c 划分成随机共享值：$a=a_1+a_2$，$b=b_1+b_2$ 和 $c=c_1+c_2$。共享值 a_i、b_i 和 c_i 将被分发到两台边缘服务器 $\mathcal{S}_i$。

在线阶段：两台边缘服务器 $\mathcal{S}_i(i=1,2)$ 首先计算 $\alpha_i=u_i-a_i$ 和 $\beta_i=v_i-b_i$，然后相互发送 α_i 和 β_i 并且重构 α 和 β。最终，S_1 和 S_2 分别计算并输出 $f_1=c_1+b_1\cdot\alpha+a_1\cdot\beta$ 和 $f_2=c_2+b_2\cdot\alpha+a_2\cdot\beta+\alpha\cdot\beta$。

类似情况是，只要在有限域 $\mathbb{Z}_2$ 上执行这些操作，就可以实现安全的 AND($\wedge$) 计算。

协议 7.1　安全乘法协议（SecMul）
输入：S_1 持有 $u_1,v_1\in\mathbb{F}$，S_2 持有 $u_2,v_2\in\mathbb{F}$
输出：S_1 输出 f_1，S_2 输出 f_2

离线阶段

1. $\mathcal{T}$ 产生随机数 $a,b \in \mathbb{F}$，并计算 $c \leftarrow a \cdot b$
2. $\mathcal{T}$ 把 a,b,c 划分成随机共享值，$a = a_1 + a_2$，$b = b_1 + b_2$，$c = c_1 + c_2$
3. $\mathcal{T}$ 把 a_i, b_i, c_i 发送给 $\mathcal{S}_i (i=1,2)$

在线阶段

1. $\mathcal{S}_1$ 计算 $\alpha_1 \leftarrow u_1 - a_1$ 和 $\beta_1 \leftarrow v_1 - b_1$，并把 α_1 和 β_1 发送给 $\mathcal{S}_2$
2. $\mathcal{S}_2$ 计算 $\alpha_2 \leftarrow u_2 - a_2$ 和 $\beta_2 \leftarrow v_2 - b_2$，并把 α_2 和 β_2 发送给 $\mathcal{S}_1$
3. $\mathcal{S}_1$ 计算 $\alpha \leftarrow \alpha_1 + \alpha_2$、$\beta \leftarrow \beta_1 + \beta_2$ 和 $f_1 \leftarrow c_1 + b_1 \cdot \alpha + a_1 \cdot \beta$
4. $\mathcal{S}_2$ 计算 $\alpha \leftarrow \alpha_1 + \alpha_2$、$\beta \leftarrow \beta_1 + \beta_2$ 和 $f_2 \leftarrow c_2 + b_2 \cdot \alpha + a_2 \cdot \beta + \alpha \cdot \beta$

7.4.3　安全比较协议

安全比较协议是最基础的构建模块之一。给定两个输入 $u,v \in \mathbb{R}$，目标计算为 $f(u,v) = (u < v)$，且 $f \in \{0,1\}$，其中仅在 $u < v$ 时，$f = 1$。

首先设计一种用于安全比较某个数字与 0 之间的大小的协议，这实际上是在确定数字的符号。它可以自然地拓展到对任意两个数字进行大于、等于或小于的安全运算。安全比较协议基于这样一个事实，使用带符号的二进制补码表示的最高有效位（MSB，Most Significant Bit）表示数字的符号。因此，可以将"大于或等于"和"小于"谓词的评估简化为比特提取操作。

为了提取 MSB 且保护数据的隐私，可以采用文献[22]的比特分解方法来实现本方案中的比特级操作。在线操作仅在两方之间执行，这可以大大减小各方之间的通信开销。给定一个 l bit 的数字 $u = u_1 + u_2$，需要安全计算 MSB 的共享值 $u^{l-1} = u_1^{l-1} \oplus u_2^{l-1}$，其中 u_i 和 u_i^{l-1} 是 $\mathcal{S}_i (i=1,2)$ 的输入和输出。这是通过使用随机数隐藏输入来实现的，这些随机数将会被转换为比特共享，并且可以通过执行逐比特操作得到原始输入的比特。为了确保计算和通信的有效性，需要通过可信第三方 $\mathcal{T}$ 生成随机数，这可以在离线阶段完成。

具体而言，这里的安全比较协议还包括如下几个子协议。

（1）数据表示。比特分解方法需要在有符号的整数上使用，然而，比较的数字可能会是小数。由于仅需要确定数字的符号，可以通过将该数字乘以 10^p 将小数转化为整数并删除剩余的小数位，其中 p 是小数的位数。因此，对于共享的数字 $u = u_1 + u_2$，两台边缘服务器 $\mathcal{S}_i (i=1,2)$ 可以分别计算 $\overline{u}_i = \lfloor u_i \cdot 10^p \rfloor$，其中 $\lfloor . \rfloor$ 表示向下取整操作。为了符号的简单性，如果不会发生混淆，将在后面的内容中省略上划线。

为了执行逐比特操作，将使用数字的二进制补码表示有符号数。除了 MSB 外，每个比特的权重是 2 的幂，而 MSB 的权重是相应 2 的幂的负数。具体来说，

对于 l 位符号整数 u，可以将其转换为 $u^{l-1}, u^{l-2}, \cdots, u^0$ 的形式，其中 u^{l-1} 是 MSB 且 $u = -u^{l-1} \cdot 2^{l-1} + \sum_{j=0}^{l-2} u^j \cdot 2^j$。

（2）随机比特生成。可信第三方 $\mathcal{T}$ 很容易产生一个随机数 r 的 l 位共享值和 r 在 $\mathbb{Z}_2$ 上的比特位共享值。

举例来说，$\mathcal{T}$ 首先生成两个随机数的共享值 $r_1^{l-1}, \cdots, r_1^0$ 和 $r_2^{l-1}, \cdots, r_2^0$，之后执行逐比特 XOR（$\oplus$）运算并且生成 $r^{l-1}, \cdots, r^0$，这里 $r^j = r_1^j \oplus r_2^j$，$j = 0, 1, \cdots, l-1$。根据二进制补码表示，可以通过计算 $r = -r^{l-1} \cdot 2^{l-1} + \sum_{j=0}^{l-2} r^j \cdot 2^j$ 得到 r。接着，$\mathcal{T}$ 将 r 拆分成两个份额 s_1 和 s_2，且 $r = s_1 + s_2$。注意到 $s_i \neq -r_i^{l-1} \cdot 2^{l-1} + \sum_{j=0}^{l-2} r_i^j \cdot 2^j, i = 1, 2$。最终，$\mathcal{T}$ 分别将 s_i 和 $(r_i^{l-1}, \cdots, r_i^0)$ 发送给 $\mathcal{S}_i$。

（3）安全的逐比特相加。给出两个逐比特共享值 $v_i^{l-1}, \cdots, v_i^0$ 和 $r_i^{l-1}, \cdots, r_i^0$，$\mathcal{S}_1$ 和 $\mathcal{S}_2$ 协同计算 $u = v + r$ 的逐位共享值 $u_i^{l-1}, \cdots, u_i^0$。

协议 7.2 安全比特加协议（BitAdd）

输入：$\mathcal{S}_1$ 持有 $v_1^{l-1}, \cdots, v_1^0$ 和 $r_1^{l-1}, \cdots, r_1^0$，$\mathcal{S}_2$ 持有 $v_2^{l-1}, \cdots, v_2^0$ 和 $r_2^{l-1}, \cdots, r_2^0$

输出：$\mathcal{S}_1$ 输出 $u_1^{l-1}, \cdots, u_1^0$，$\mathcal{S}_2$ 输出 $u_2^{l-1}, \cdots, u_2^0$

离线阶段

1. **for** $j = 0$ **to** $l-1$ **do**
2. $\mathcal{S}_i$ 计算 $\alpha_i^j \leftarrow v_i^j \oplus r_i^j$
3. $\mathcal{S}_1$ 和 $\mathcal{S}_2$ 计算 $(\beta_1^j, \beta_2^j) \leftarrow \mathrm{SecMul}(v_1^j, v_2^j, r_1^j, r_2^j)$
4. **end**
5. $\mathcal{S}_i$ 设置 $c_i^0 \leftarrow 0$
6. $\mathcal{S}_i$ 计算 $u_i^0 \leftarrow v_i^0 \oplus r_i^0$
7. **for** $j = 1$ **to** $l-1$ **do**
8. $\mathcal{S}_1$ 和 $\mathcal{S}_2$ 计算 $\left(\alpha_1^{j-1}, \alpha_2^{j-1}\right) \leftarrow \mathrm{SecMul}\left(\alpha_1^{j-1}, \alpha_2^{j-1}, c_1^{j-1}, c_2^{j-1}\right)$
9. $\mathcal{S}_i$ 计算 $c_i^j \leftarrow \alpha_i^{j-1} \oplus \beta_i^{j-1}$
10. $\mathcal{S}_i$ 计算 $u_i^j \leftarrow v_i^j \oplus r_i^j \oplus c_i^j$
11. **end**
12. $\mathcal{S}_i$ 返回 $u_i^{l-1}, \cdots, u_i^0$

虽然超前进位加法器（CLA，Carry Lookahead Adder）可以通过预先计算进位比特来解决脉冲进位加法器（RCA，Ripple-Carry Adder）的进位时延问题，但它需要在两台边缘服务器之间进行更多轮的通信。因此该方案基于 RCA 设计了 BitAdd。具体来说，通过从最低有效位（LSB，Least Significant Bit）迭代到 MSB 来计算进位比特。

对于两个输入的二进制字符串 $v^{l-1},\cdots,v^0$ 和 $r^{l-1},\cdots,r^0$，将 u^j 作为 $v+r$ 在位置 j 的比特，而 c^j 是位置 j 的进位比特，它从一个较低有效位的位置进行传播。在这里，设定 $c^0=0$，满足 $u^j=v^j\oplus r^j\oplus c^j$，$c^{j+1}=(v^j\wedge r^j)\oplus((v^j\oplus r^j)\wedge c^j)$。

易见，上述运算只涉及 XOR（$\oplus$）和 AND（$\wedge$）操作。如协议 7.2 所示，当在两台边缘服务器 $\mathcal{S}_1$ 和 $\mathcal{S}_2$ 之间共享输入时，可以分别在本地执行大规模的 XOR（$\oplus$）操作而无须交互，AND（$\wedge$）操作可以通过在 $\mathbb{Z}_2$ 上调用 SecMul 来实现。

（4）安全比特提取。为了提取共享值 u 的比特，首先，$\mathcal{S}_1$ 和 $\mathcal{S}_2$ 分别使用接收到的随机共享值 s_1 和 s_2 来计算 $t_1=u_1-s_1$ 和 $t_2=u_2-s_2$，从而达到隐藏输入共享值 u_1 和 u_2 的目的。然后，它们互相发送 t_1 和 t_2 给对方并计算 $v=t_1+t_2$。可以很容易地发现 $u=u_1+u_2=v+r$。由于 $\mathcal{S}_1$ 和 $\mathcal{S}_2$ 知道 v 值及 r 的逐比特共享值，可以协同调用 BitAdd 来计算 u 的逐比特共享值。BitExtra 的构造如协议 7.3 所示。

到目前为止，已经提取了 u 的共享比特。然后，安全的 MSB 协议将计算 $u^{l-1}=u_1^{l-1}\oplus u_2^{l-1}$，若共享值的符号 $u^{l-1}=0$，则表明 $u\geqslant 0$；否则表明 $u<0$。

最后，如果想要比较 u 和 v，可以将问题转换为确定 $u-v$ 的符号。具体地，给定 $u=u_1+u_2$ 和 $v=v_1+v_2$，$\mathcal{S}_1$ 和 $\mathcal{S}_2$ 可以分别计算 $w_1=u_1-v_1$ 和 $w_2=u_2-v_2$。通过调用安全的 MSB 协议，可以得到 $w=w_1+w_2$ 的最高位。相应地，可以得到 u 和 v 的比较结果，即如果 $w^{l-1}=0$，有 $u\geqslant v$，否则 $u<v$。

协议 7.3　安全比特提取协议（BitExtra）

输入：$\mathcal{S}_1$ 持有 $u_1\in\mathbb{Z}_{2^l}$，$\mathcal{S}_2$ 持有 $u_2\in\mathbb{Z}_{2^l}$

输出：$\mathcal{S}_1$ 输出 u_1^{l-1}，$\mathcal{S}_2$ 输出 u_2^{l-1}

离线阶段

1. **for** $j=0$ **to** $l-1$ **do**

2. 　$\mathcal{T}$ 生成随机数 $r_1^j,r_2^j\in\mathbb{Z}_2$

3. **end**

4. **for** $j=0$ **to** $l-1$ **do**

5. 　$\mathcal{T}$ 计算 $r^j\leftarrow r_1^j\oplus r_2^j$

6. **end**

7. 　$\mathcal{T}$ 计算 $r\leftarrow -r^{l-1}\cdot 2^{l-1}+\sum_{j=0}^{l-2}r^j\cdot 2^j$

8. $\mathcal{T}$ 生成随机数 $s_1\in\mathbb{Z}_{2^l}$，并计算 $s_2\leftarrow r-s_1$

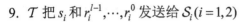
9. $\mathcal{T}$ 把 s_i 和 $r_i^{l-1},\cdots,r_i^0$ 发送给 $\mathcal{S}_i(i=1,2)$

在线阶段

1. $\mathcal{S}_1$ 计算 $t_1 \leftarrow u_1 - s_1$

2. $\mathcal{S}_2$ 计算 $t_2 \leftarrow u_2 - s_2$ 并发送给 $\mathcal{S}_1$

3. $\mathcal{S}_1$ 计算 $v \leftarrow t_1 + t_2$，并产生对应的二进制补码 $v^{l-1},\cdots,v^0$

4. **for** $j=0$ **to** $l-1$ **do**

5. $\mathcal{S}_1$ 生成随机数 $v_1^j \in \mathbb{Z}_2$，并计算 $v_2^j \leftarrow v^j \oplus v_1^j$

6. **end**

7. $\mathcal{S}_1$ 把 $v_2^j \leftarrow v^j \oplus v_1^j$ 发送给 $\mathcal{S}_2$

8. $\mathcal{S}_1$ 和 $\mathcal{S}_2$ 计算 $(u_1^{l-1},\cdots,u_1^0,u_2^{l-1},\cdots,u_2^0) \leftarrow \mathrm{BitAdd}(v_1^{l-1},\cdots,v_1^0,v_2^{l-1},\cdots,\quad v_2^0,r_1^{l-1},\cdots,r_1^0,r_2^{l-1},\cdots,r_2^0)$

9. $\mathcal{S}_i$ 返回 u_i^{l-1}

7.4.4 矢量化

通过使用有效的矩阵–向量操作，我们可以充分利用卷积神经网络的性质，即数据和参数可以被组织成向量和矩阵。此外，也可以同时批处理多个实例，从而可以明显地加快卷积神经网络中的计算速度。同时，为了更好地利用并行性和有效的矩阵运算，可以并行执行基于秘密共享的安全计算协议。由于数据总是以共享值的形式出现在本方案中，并且不需要对数据结构进行任何改变，可以容易地实现上述各类安全计算。

7.4.5 面向移动感知的轻量级隐私保护卷积神经网络特征提取

本节将介绍设计细节和安全交互协议。请注意，为了区分表示，使用 ′ 和 ″ 分别表示分配给两台边缘服务器的共享值。

1. 图像加密

为了保护原始图像的隐私性，移动感知设备 $\mathcal{O}$ 基于加法秘密共享技术来加密它们。特别地，对于每一个尺寸为 $w \times h \times d$（分别为宽度、高度和深度）的图像 $\boldsymbol{I}$，$\mathcal{O}$ 首先生成与 $\boldsymbol{I}$ 相同尺寸的随机元素 $\boldsymbol{V}$。为了在 $[0, 2^8-1]$ 的范围内保护原始元素 $\boldsymbol{I}$ 的隐私，需要从更大的区间 $[-2^{n-1}, \ 2^{n-1}-1]$ 随机均匀地绘制 $\boldsymbol{V}$ 元素，其中将 $n > 8$ 作为安全参数来定义消息空间。之后，$\mathcal{O}$ 通过 $\boldsymbol{I}' = \boldsymbol{V}$ 和 $\boldsymbol{I}'' = \boldsymbol{I} - \boldsymbol{I}'$ 将 $\boldsymbol{I}$ 分成两个共享值来对其进行加密。图 7-2 给出了在不同的 n 值下，将 MNIST 数据集中的图像拆分成两个共享值的示例，将两个份额 $\boldsymbol{I}'$ 和 $\boldsymbol{I}''$ 分别展示在顶行和底行。随后，$\boldsymbol{I}'$ 和 $\boldsymbol{I}''$ 将会被分别发送到两台边缘服务器 $\mathcal{S}_1$ 和 $\mathcal{S}_2$。

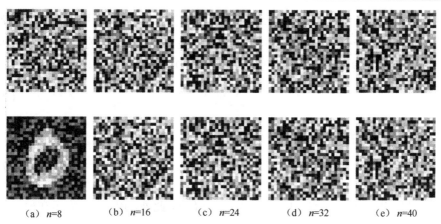

　　(a) $n=8$　　　(b) $n=16$　　　(c) $n=24$　　　(d) $n=32$　　　(e) $n=40$

图 7-2　在不同的 n 值下，将 MNIST 数据集中的图像拆分成两个共享值的示例

2. 安全的卷积神经网络特征提取

　　常见的卷积神经网络体系结构通常由以下 4 种类型的层组成，即卷积层、全连接层、ReLU 层和池化层。为了进行隐私保护的卷积神经网络特征提取，如图 7-1 所示，在两台边缘服务器 $\mathcal{S}_1$ 和 $\mathcal{S}_2$ 之间设计了一系列安全交互协议，本方案采用这些协议构建卷积神经网络不同网络层的基本安全模块。注意，该设计的目的是利用公开可使用的卷积神经网络模型，并且相关工作主要集中在推理阶段。因此，例如权重和偏置这样的参数被认为是对所有参与者公开的。

　　（1）卷积层

　　卷积运算本质上是在卷积核和输入数据的局部区域之间执行点积，这是加法上的结合律和分配律。因此，可以利用这一事实，让 $\mathcal{S}_1$ 和 $\mathcal{S}_2$ 基于安全加减法协议，使用公共的权重 w 和偏置 b，在局部执行卷积层的传递。

　　具体而言，在当前层的第 $(j,k)^{\text{th}}$ 个隐藏神经元，$\mathcal{S}_1$ 计算输出的结果为：

$$y'_{j,k} = \sum_{l=0}^{n-1}\sum_{m=0}^{n-1} w_{l,m} x'_{j+l,k+m} + b \tag{7-1}$$

　　而 $\mathcal{S}_2$ 计算输出的结果为：

$$y''_{j,k} = \sum_{l=0}^{n-1}\sum_{m=0}^{n-1} w_{l,m} x''_{j+l,k+m} \tag{7-2}$$

其中，$x_{j,k}$ 表示位置 (j,k) 的输入，卷积核的大小为 $n \times n$，权重和偏置分别为 $w_{l,m}(l,m = 0,1,\cdots,n-1)$ 和 b。需要注意的是，已将 $\mathcal{S}_2$ 里的所有偏置设置为 0。

　　（2）全连接层

　　全连接层中的神经元与前一层的所有神经元相连接，可以通过矩阵乘法和偏置计算它们的激活值，这满足结合律和分配律。因此，$\mathcal{S}_1$ 和 $\mathcal{S}_2$ 可以基于安全加减法协议在本地执行全连接层的正向传播。具体而言，对于该层的第 j^{th} 个隐藏神经元，$\mathcal{S}_1$ 将会计算输出值的一个共享，如式（7-3）所示。

$$y_j' = \sum_k w_{jk} x_k' + b_j \qquad (7\text{-}3)$$

而 S_2 将会计算输出值的另一个共享，如式（7-4）所示。

$$y_j'' = \sum_k w_{jk} x_k'' \qquad (7\text{-}4)$$

这里使用 x_k 来激活前一层的第 k^{th} 个神经元。此外，用 w_{jk} 来表示在前一层的第 k^{th} 个神经元到当前层第 j^{th} 个神经元的连接权重，b_j 表示在当前层第 j^{th} 个神经元的偏置。注意，总和超过了前一层中的所有神经元 k，另外，这里还将 $\mathcal{S}_2$ 中的偏置设置为 0。

（3）ReLU 层

与前面两个线性层不同，激活层的目标是将非线性引入卷积神经网络。现代神经网络的默认建议是使用 ReLU 作为激活函数。因此，首先描述隐私保护 ReLU 层。

ReLU 层将函数 $\max(x,0)$ 的阈值设置为 0。注意到每一个元素 x 由 $\mathcal{S}_1$ 和 $\mathcal{S}_2$ 共享，满足 $x = x' + x''$。通过应用上述安全的 MSB 协议，$\mathcal{S}_1$ 和 $\mathcal{S}_2$ 协同计算 x 的 MSB。如果 MSB 为 0，那么 $\max(x,0) = x$；否则 $\max(x,0) = 0$。相应地，对于第 $(j,k)^{th}$ 个隐藏神经元，$\mathcal{S}_1$ 输出：

$$y_{j,k}' = \begin{cases} x_{j,k}' , & \mathrm{MSB}(x) = 0 \\ 0 , & \mathrm{MSB}(x) = 1 \end{cases} \qquad (7\text{-}5)$$

同时，$\mathcal{S}_2$ 输出：

$$y_{j,k}'' = \begin{cases} x_{j,k}'' , & \mathrm{MSB}(x) = 0 \\ 0 , & \mathrm{MSB}(x) = 1 \end{cases} \qquad (7\text{-}6)$$

ReLU 主要的缺点是当 $x < 0$ 时，它无法使用基于梯度的方法进行学习[23]。为了解决该问题，人们提出了几种通用方法，包括绝对值校正、泄露 ReLU 和参数化 ReLU。当 $x < 0：\max(x,0) + \alpha\min(x,0)$ 时，使用一个非零的斜率 α。这些方法之间的主要区别在于 α 的值不同，可以分别被固定为 -1、0.01，甚至被视为可学习的参数。

对于 ReLU 的推广，需要进行相应的修改。特别地，对于第 $(j,k)^{th}$ 个隐藏神经元，令 S_1 有：

$$y'_{j,k} = \begin{cases} x'_{j,k} & , \ \mathrm{MSB}(x) = 0 \\ \alpha_{j,k} x'_{j,k} & , \ \mathrm{MSB}(x) = 1 \end{cases} \tag{7-7}$$

同时，令 S_2 有：

$$y''_{j,k} = \begin{cases} x''_{j,k} & , \ \mathrm{MSB}(x) = 0 \\ \alpha_{j,k} x''_{j,k} & , \ \mathrm{MSB}(x) = 1 \end{cases} \tag{7-8}$$

对于其他非线性激活层，可以注意到，在引入 ReLU 之前，大多数的神经网络使用 Sigmoid 激活函数 $\sigma(x) - \dfrac{1}{1+\mathrm{e}^{-x}}$ 或者双曲正切函数。然而，人们普遍认为它们存在梯度消失的问题，难以进行基于梯度的学习。因此，目前不鼓励将它们用作前馈网络中的激活函数。此外，还有许多其他类型的激活函数是可以使用的，但使用频率较低。

尽管如此，完整起见，这里仍然给出了一种安全处理非线性激活层的通用方法。与以往的工作[15]一样，采用分段多项式函数曲线。因为它易于构造且计算和评估的精度较高，并且能够近似地计算复杂的函数[24]。然后，非线性函数可以采用式（7-9）所示的分段多项式来进行近似。

$$f(x) = \begin{cases} P_0(x), & x_0 \leqslant x < x_1 \\ P_1(x), & x_1 \leqslant x < x_2 \\ \quad \cdots \\ P_{k-1}(x), & x_{k-1} \leqslant x < x_k \end{cases} \tag{7-9}$$

其中，$P(x)$ 是 n 次多项式，即 $P(x) = a_0 + a_1 x + \cdots + a_n x^n$。毫无疑问，更高次的多项式可以提供更高的近似精度。

为了进一步保护元素 x 的隐私，可以分割分段多项式。令系数 $a_i = a'_i + a''_i$，将分段函数 $P(x) = P'(x) + P''(x)$，$P'(x) = a'_0 + a'_1 x + \cdots + a'_n x^n$ 和 $P''(x) = a''_0 + a''_1 x + \cdots + a''_n x^n$ 分别存储在 S_1 和 S_2 中。同时，间隔的端点也被拆分为两个共享值，并被分别分配给 S_1 和 S_2，即 $x_j = x'_j + x''_j$。通过应用上述安全计算协议，不难发现可以安全地解决多项式问题。具体而言，第一步是确定 x 位于哪个区间，这可以用安全比较协议轻松实现。由于多项式仅包括加法和乘法运算，可以通过调用安全加法和乘法协议来安全地解决它们。

必须指出，与先前基于计算密集型加密原语的工作相比，例如同态加密、混淆电路等，本方案可以利用更高次的多项式来拟合这些非线性层，以达到更高的计算精度。这可以通过采用基于安全计算协议的秘密共享来实现高效率，并且不需要处理密文域中的噪声增长。

（4）池化层

池化层根据特征的空间维度（宽度、高度）执行下采样操作。如上文所述，常用的池化类型包括平均池化和最大池化。平均池化负责输出矩形邻域内特征的平均值，平均值的计算满足加法的结合律和分配律。如果在卷积神经网络中使用平均池化，则两台边缘服务器可以在本地执行池化操作。

然而，最大池化比较复杂，负责输出矩形邻近区域内特征的最大值。设置池化尺寸为 n，则每 $n \times n$ 个特征输出一个最大特征。在本章介绍的场景中，将每个值 $x_i(i \in \{1, 2, \cdots, n^2\})$ 拆分成两个份额 x_i' 和 x_i''，x_i' 属于 $\mathcal{S}_1$，x_i'' 属于 $\mathcal{S}_2$。最大值计算需要 $\mathcal{S}_1$ 和 $\mathcal{S}_2$ 协同执行安全比较协议，在不泄露 x_i 的情况下获得最大值的索引 m。

特别地，对于这两个值 x_i 和 x_j，有：

$$(x_i < x_j) = \mathrm{MSB}(x_i - x_j) = \mathrm{MSB}((x_i' + x_i'') - (x_j' + x_j'')) = \\ \mathrm{MSB}((x_i' - x_j') + (x_i'' - x_j'')) \tag{7-10}$$

相应地，$\mathcal{S}_1$ 和 $\mathcal{S}_2$ 分别计算 $\Delta x' = x_i' - x_j'$ 和 $\Delta x'' = x_i'' - x_j''$。然后，$\mathcal{S}_1$ 和 $\mathcal{S}_2$ 协同执行安全比特提取协议来计算 $\mathrm{MSB}(\Delta x', \Delta x'')$。如果输出的 MSB 为 0，则认为 $x_i \geqslant x_j$；否则 $x_i < x_j$。

通过遍历所有 n^2 个值，并在执行 $n^2 - 1$ 加密比较之后，$\mathcal{S}_1$ 和 $\mathcal{S}_2$ 可以确定最大值的索引 m。相应地，$\mathcal{S}_1$ 的输出：

$$y' = x_m', \quad m = \arg\max_{i \in \{1, 2, \cdots, n^2\}} (x_i' - x_i'') \tag{7-11}$$

$\mathcal{S}_2$ 的输出：

$$y'' = x_m'', \quad m = \arg\max_{i \in \{1, 2, \cdots, n^2\}} (x_i' - x_i'') \tag{7-12}$$

为了减少 $\mathcal{S}_1$ 和 $\mathcal{S}_2$ 的交互，$\mathcal{S}_1$ 和 $\mathcal{S}_2$ 可以同时计算 $n \times n$ 区域内任意两个值之间的 $\Delta x'$ 和 $\Delta x''$。然后，它们可以立即执行所有关于 $\Delta x'$ 和 $\Delta x''$ 的安全比较协议。

（5）讨论

由于我们的工作主要集中在神经网络的推理阶段，因此许多训练阶段才会用到的网络层对我们的方案不会有任何帮助。此外，一些网络层在实践中的影响十分有限，因此这些层也将被我们忽略。比如，局部响应规范化（LRN）并没有提高性能，反而导致内存消耗和计算时间增加[25]。而且，在这里把所有层都描述一遍是不实际的。因此，这里只强调组成当前最佳卷积神经网络架构的构建模块，例如 ResNets[26]。

特别是，残差层和在 ResNets 的跳跃连接使得深度神经网络的训练成为可能。它们已经成为各种神经网络架构中不可或缺的组成部分[27]，并在实际应用中具有积极的作用。具体地说，添加跳跃连接是为了执行身份映射。通过学习由几个叠加的非线性层组成的残差块来逼近残差函数，即 $\mathcal{F}(\boldsymbol{x}) = \boldsymbol{y} - \boldsymbol{x}$，这里 $\boldsymbol{x}$ 和 $\boldsymbol{y}$ 是残差块的输入和输出，其中 $y = \mathcal{F}(x) + x$。在本方案中，当输入的 x 被分成两个份额 x' 和 x'' 时，S_1 输出：

$$y' = \mathcal{F}(x') + x' \tag{7-13}$$

同时，S_2 输出：

$$y'' = \mathcal{F}(x'') + x'' \tag{7-14}$$

由于跳跃连接既不增加额外参数也不增加计算复杂度[25]，残差层也可以由两台边缘服务器在本地同时执行。

3. 卷积神经网络特征解密

在执行与预训练卷积神经网络架构相对应的一系列安全交互协议之后，S_1 和 S_2 将网络中某层的输出作为卷积神经网络特征 ϕ 的组成部分。因此，S_1 将会输出一个份额 ϕ'，并且 S_2 将会输出另一个份额 ϕ''。接下来，将这两个共享份额 ϕ' 和 ϕ'' 发送给用户 $\mathcal{U}$。根据加法秘密共享的性质，$\mathcal{U}$ 可以通过进行简单的加法计算 $\phi = \phi' + \phi''$ 来解密卷积神经网络特征。

注意，可以将特征提取视为许多视觉任务中的基本问题。结合一些分类器（如线性 SVM 分类器）或一些距离度量（如 L_2 距离），可以将解密的 ϕ 用于处理图像分类、图像检索等各种视觉任务。当然，也可以将这些分类器组合到神经网络中并训练端到端的深度学习模型。由于构建了一系列安全计算模块，并实现了一些安全计算协议，因此可以完全支持卷积神经网络模型推理阶段的隐私保护。

🔍 7.5 　理论分析

7.5.1 　正确性

在卷积神经网络特征提取的过程中，将原始图像 I 逐层从原始像素变换为单个矢量 ϕ。在本方案中，基于加法秘密共享，I 被分成两个份额 $I = I' + I''$。直观来看，在一系列线性和非线性变换中，不一定确保输出 $\phi = \phi' + \phi''$。但是，本方案可以确保系统返回精确的特征向量。

首先，卷积层、全连接层甚至在卷积神经网络中的平均池化层基本上都是执行线性点积。对于输入 $x = x' + x''$，自然有输出 $y' + y'' = y$。其次，对于 ReLU 层，输入是否大于 0 由 S_1 和 S_2 协同确定。当输入大于 0 时，S_1 和 S_2 都将保留原始 x' 和 x''，然后 $y' + y'' = x' + x'' = y$；当输入小于 0 时，S_1 和 S_2 的输出都将为 0。对于 ReLU 的其他推广，也能得到 $y' + y'' = \alpha x' + \alpha x'' = \alpha x = y$。再次，对于最大池化层，因为最大值的索引 m 也由 S_1 和 S_2 协同确定，满足 $x'_m + x''_m = y' + y'' = y$。最后，对于 ResNets 模型的残差层，因为跳跃连接均为身份映射，有：

$$y' + y'' = \left[\mathcal{F}(x') + x'\right] + \left[\mathcal{F}(x'') + x''\right] = \mathcal{F}(x' + x'') + (x' + x'') = y \tag{7-15}$$

由上述分析可知，第二个等式的非线性层输出仍然可以满足加法属性。因此，跳跃连接对加法共享的重构没有影响。

注意，在执行安全比较时会将小数转换为整数。通常，这不会影响比较结果，因为两个值会非常接近。然而，为了保持所需要的精度，例如保留 p 位小数位，可以通过将原始数乘以 10^p 来放大这些值。同时，为了防止在以二进制形式表示转换后的整数时溢出，让 $0 < p < (l-n)$，其中 l 和 n 分别是转换整数的比特长度和生成随机数的比特长度。

总的来说，尽管输入被拆分成两个共享值，每层的输出甚至整层的输出仍然可以满足加法属性，这可以确保数据用户最终能够正确地提取卷积神经网络特征。此外，在本方案的整个执行过程中，不需要像其他基于同态加密的方案那样对常见卷积神经网络层进行近似。因此，本方案可以应用于任何卷积神经网络架构而不会明显降低准确性。

7.5.2 安全性

本节在通用可组合安全框架[28-29]中证明安全计算协议的安全性。在诚实且好奇的模型中，敌手最多可以破坏两台边缘服务器 S_1 和 S_2 中的一台。为了证明协议是安全的，只要被攻击方的模拟视图在有输入和输出的条件下是可以模拟的就足够了[7]。具体而言，使用以下定义。

定义 7.1 如果存在一个 PPT 模拟器 S，它可以为现实中的敌手 A 生成一个模拟视图，并且该模拟视图与真实视图在计算上无法区分，那么协议是安全的。

为了证明本协议的安全性，需要使用以下引理。

引理 7.1[7] 如果协议的所有子协议是完全可模拟的，则该协议是完全可模拟的。

引理 7.2 如果随机元素 r 均匀分布在 $\mathbb{Z}_n$ 上并且与任何变量 $x \in \mathbb{Z}_n$ 无关，那么 $r \pm x$ 也是均匀随机且独立于 x 的。

关于引理 7.1 和引理 7.2 的证明，请读者参阅文献[6-7]。由于本方案中的大多数子协议都是在本地执行的，所以可以很好地模拟它们。因此，下面主要证明需要 S_1 和 S_2 发生交互的协议的安全性。

定理 7.1 SecMul 在诚实且好奇的模型中是安全的。

证明 对于 S_1，协议的执行视图是 $\text{view}_1 = (u_1, v_1, a_1, b_1, c_1, \alpha_2, \beta_2)$，其中 $\alpha_2 = u_2 - a_2$，$\beta_2 = v_2 - b_2$。根据引理 7.2，不难看出这些值都是随机的。此外，S_1 的输出是 $\text{output}_1 = (f_1 = c_1 + b_1 \cdot \alpha + a_1 \cdot \beta)$。因为 f_1 也是随机的，因此，view_1 和 output_1 都可以被 S 模拟，并且 S 和 A 的视图在计算上无法区分。同样地，对于 S_2 来说，S 很容易生成一个与其真实视图在计算上难以区分的模拟视图。

定理 7.2 BitAdd 在诚实且好奇的模型中是安全的。

证明 对于 S_i，执行 BitAdd 期间的视图将是 $\text{view}_i = (v_i^j, r_i^j, \beta_i^j, \alpha_i^j)$。其中 v_i^j 和 r_i^j

都是均匀随机的。同时，β_i^j 和 α_i^j 是通过执行 SecMul 获得的，该协议已被证明在诚实且好奇的模型中是安全的。因此，view_i 可由 $\mathcal{S}$ 模拟。此外，$\mathcal{S}_i$ 的输出是 $\text{output}_i = (u_i^j = v_i^j \oplus r_i^j \oplus c_i^j)$，其中 $c_i^j = \alpha_i^{j-1} \oplus \beta_i^{j-1}$。由于操作由 $\mathcal{S}_1$ 和 $\mathcal{S}_2$ 本地执行，output_i 也可以由 $\mathcal{S}$ 模拟。因此，BitAdd 在诚实且好奇的模型中是安全的。

定理 7.3　BitExtra 在诚实且好奇的模型中是安全的。

证明　在执行 BitAdd 之前，$\mathcal{S}_1$ 和 $\mathcal{S}_2$ 的视图分别是 $\text{view}_1 = (u_1, r_1, v_1)$ 和 $\text{view}_2 = (u_2, r_2, v_2^{j-1}, \cdots, v_2^0)$，可以看出它们是均匀随机的并且可以由 $\mathcal{S}$ 模拟。由于在定理 7.2 中已经证明了 BitAdd 的安全性，因此，证明整个 BitExtra 的安全性也是很简单的。相应地，MSB 协议在诚实且好奇的模型中也是安全的。

定理 7.4　本方案中的 BitExtra 在诚实且好奇的模型中是安全的。

证明　对于卷积层和全连接层，$\mathcal{S}_i$ 没有收到任何输出。因此，$\mathcal{S}$ 生成 $\mathcal{S}_i$ 接收到的传入消息视图是非常简单的。对于 ReLU 层和最大池化层，$\mathcal{S}_1$ 和 $\mathcal{S}_2$ 之间的唯一交互只发生在比较两个数值时。注意，安全比较协议是基于 MSB 协议进行设计的，它实际上是可模拟的构建块 BitExtra。对于其他非线性激活层，通过将它们表示为多项式来进行求解，该多项式也基于可模拟的构建块 BitExtra 和 SecMul，可以由 $\mathcal{S}$ 模拟。因此，可以得出结论，本方案中的 BitExtra 在诚实且好奇的模型中是安全的。

7.5.3　有效性

尽管可以在隐私和效率之间进行一些权衡，但本方案使用加法秘密共享会比使用相关同态加密方案带来更大的效率收益。一方面，在将图像上传到边缘服务器之前，图像感知设备只需要执行随机数生成和简单的加减法运算来加密图像，计算复杂度仅为 $\mathcal{O}(1)$，这大大减少了移动终端的开销；另一方面，在整个卷积神经网络特征提取过程的在线阶段中，所有的通信都发生在两台边缘服务器之间，终端设备不需要参与具有较大工作量和通信量的在线阶段。

两台边缘服务器之间的通信开销在一定程度上依赖于卷积神经网络架构。需要注意的是，只有在非线性函数计算发生时，两台边缘服务器才能进行交互通信。由于不依赖于任何像同态加密或混淆电路的计算密集型加密原语，本方案具有非常小的通信开销。关于两台边缘服务器之间的通信轮数，本方案充分利用了卷积神经网络和加法秘密共享技术的优点，而且可以并行执行本方案的操作。相应地，可以将本方案中的通信轮数减少到 $\mathcal{O}(l)$，其中 l 是输入的比特长度。在下面的实验中，由于在每轮通信中需要交互的消息是非常小的，展示出来的时延也非常小。

此外，本方案限制了参与者的数量，并将计算密集型工作卸载到两台边缘服务器执行。相应地，在移动感知用户方面，相比之前的三方计算研究工作[6-8,10]，只需要 2/3 的存储和带宽资源。对于资源受限的终端设备，所需要的存储和传输资源的减少量是可观的。而且，这可以避免多方之间的频繁交互，而频繁交互会带来额外的时延并降低效率。协议复杂度对比见表 7-1，可以看出，在本方案中，基本安全计算协议（包括 SecMul 和 SecCmp）的通信轮数和通信开销也比文献[11,13]中的少得多。

表 7-1　协议复杂度对比（这里 l 是比特长度，$m = \mathrm{lb}l$）

方法	SecMul		SecCmp	
	通信轮数	通信开销/bit	通信轮数	通信开销/bit
文献[11]	1	$15l$	$lm / 2$	$30lm + 32l$
文献[13]	1	$6l$	—	—
本方案	1	$2l$	$l+1$	$10l\ 4$

🔍 7.6　性能评估

本节对基于加法秘密共享的安全比较协议和隐私保护卷积神经网络特征提取协议进行实验分析，并介绍具体的实验结果。

实验的移动应用程序采用 JAVA 实现，运行在使用 Android 7.0 的手机（华为荣耀青春版）上，该手机配备 octa-core Kirin 655 processor @ 1.7GHz 和 4GB 的运行内存。

隐私保护卷积神经网络特征提取协议在 Python3 上实现，使用 NumPy 包作为数字的多维容器，并行实现了基于加法秘密共享的安全计算协议。卷积神经网络采用 Caffe 框架[30]进行训练。在 LAN 环境中，利用 Ubuntu 18.04 的两台边缘服务器执行隐私保护安全的卷积神经网络特征提取，每一台服务器均配备 4-core Intel Core i7-6700 CPU@ 3.40GHz 和 16GB 的运行内存。采用超过 10 次实验测试结果的平均值作为最终的记录值。

7.6.1　安全比较协议的性能

在本方案中，非线性 ReLU 层和最大池化层的操作都被简化为数值间的安全比较运算。由于其他线性层可以在本地有效地执行，安全比较协议成为了计算和通信的主要组成部分。因此，首先评估安全比较协议的性能，对比如图 7-3 所示。

由于本方案基于比特分解方法实现了安全比较协议，因此可以评估在不同比特长度 l 进行一次安全比较的运行时间。离线阶段包括由可信第三方生成的随机数和随机乘法三元组，在线阶段包括两台边缘服务器对两个比特长度 l 进行比较。如图 7-3（a）和图 7-3（b）所示，运行时间和通信开销随着比特长度 l 的增加而增加，它们的单位分别是"ms""bit"。特别地，当选择安全参数 $n < 30$ 时，设置 $l = 32$ 就足够了。此时，运行时间和通信开销分别小于 1ms 和 100bit。因此，为了在隐私和效率之间进行权衡，将在接下来的实验中设置 $l = 32$。

为了提高逐元素比较的效率，方案采用 NumPy 库并行地执行向量化操作，这与卷积神经网络的性质和秘密共享是一致的。图 7-3（c）描述了不同的并行批处理大小下安全比较协议的运行时间。可以看到，随着并行批处理大小的增加，本方案安全比较协议的运行时间没有太大变化。即使并行批处理大小为 10^4，离线阶段和在线阶段的运行时间也分别仅为 34ms 和 83ms。这里还将测试结果与文献[21]中的基于 GC 的比较协议进行了比较，它的运行时间与并行批处理大小成比例增长，这比本方案的效率低得多。此外，从图 7-3（d）中可以看出，当并行批处理大小为 10^4 时，在各方之间的通信开销只有几百 KB，这确保了本方案的通信高效性。

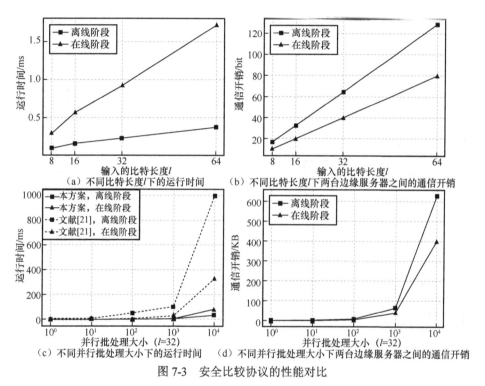

（a）不同比特长度 l 下的运行时间　　（b）不同比特长度 l 下两台边缘服务器之间的通信开销

（c）不同并行批处理大小下的运行时间　　（d）不同并行批处理大小下两台边缘服务器之间的通信开销

图 7-3　安全比较协议的性能对比

7.6.2　面向移动感知的轻量级隐私保护卷积神经网络特征提取的性能

为了评估本方案的性能，这里将本方案的实验结果与之前的研究工作进行了比较与分析，包括采用同态加密的 CryptoNets 方案[11]；将混淆电路与同态加密相结合的 MiniONN 方案[15]；结合混淆电路、GMW 和加法秘密共享的一种更复杂的混合协议方案 Chameleon[16]。

1.　网络架构

用于测试本方案的卷积神经网络架构如图 7-4 所示，采用网络 I、网络 II 和网络 III 表示，分别包括 5 层、9 层和 17 层。注意，使用最后一层的输出作为特征向量，同时使用 Softmax 函数进一步处理已提取的特征向量。这里，将网络 I 和网络 II 用于 MNIST 识别任务，MNIST 数据集包括 60000 个训练样本和 10000 个测试样本，每个灰度图像样本的尺寸为 28px×28px；网络 III 用于 CIFAR-10 上的图像分类任务，其中包括 50000 个训练样本和 10000 个测试样本，每个 RGB 图像样本的尺寸均为 3px×32px×32px。

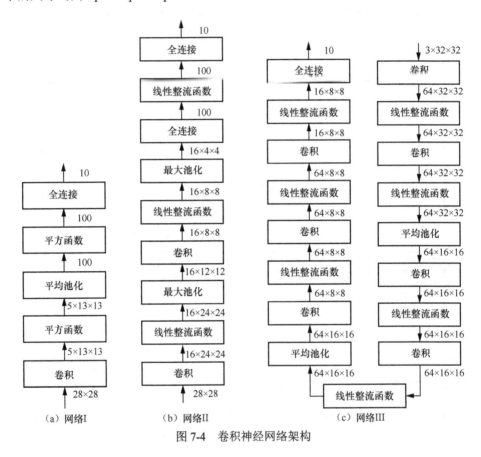

图 7-4　卷积神经网络架构

2. 准确率

网络 I 、II 和 III 分别可以获得 98.27%、99.14%和 82.45%的准确率，这与在明文中训练的卷积神经网络一致。实质上，这是由于不需要在设计卷积神经网络架构的时候对公共层进行任何近似。因此，可以将本方案应用于具有任意层数的卷积神经网络中，并且可以获得与明文卷积神经网络模型相当的准确率。更重要的是，为了使卷积神经网络与同态加密兼容，文献[11]简单地用最低次非线性多项式函数（即平方函数）取代了激活函数。但文献[11]指出，平方函数的无界导数会使得训练容易出现异常状况。因此，它们的协议只能被用于浅层网络，并且对于非线性层超过 2 层的网络，其准确率可能非常低。

在执行安全比较协议时，这里还评估了保留不同的小数位 p 对卷积神经网络准确率的影响。准确率与保留的小数位 p 之间的关系如图 7-5 所示，当 $p > 0$ 时，可以保持与明文神经网络相当的准确率。与这里的准确率分析相一致的是，在进行比较时，将小数转化为整数，仅在两个数非常接近时才会影响准确性。

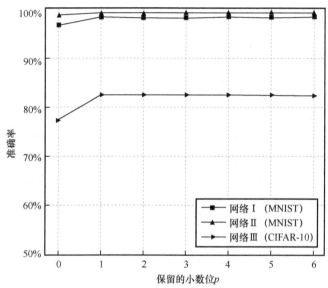

图 7-5　准确率与保留的小数位 p 之间的关系

3. 有效性

首先，测试图像加密时终端设备的通信开销，其中，利用 Android 框架中的工具 Batterystats 收集能源损耗（电量消耗，以 mAh 为单位）的数据。从表 7-2 中可以看出，加密所需要的运行时间和能源损耗几乎随图像和批处理大小的增加而线性增加，但这样的运行时间和能源损耗都是完全可以接受的，并且加密进程不会对性能造成明显的影响。处理 4096 张 MNIST 图像样本的加密和解密时间见表 7-3，与 CryptoNets 方案相比，本方案加密和解密阶段的时间开销几乎是可忽略的。此外，不需要花费额外的时间对每个实例进行编码和解码操作。这是由于终端设备只需要执行随机数生成和简单的加减法，即可解密密文图像并获得最终的分类结果。因此，终端设备的开销可以大大减少。处理 4096 张 MNIST 图像样本时终端设备和边缘服务器之间的通信开销见表 7-4，CryptoNets 方案需要将每一个像素加密为 5 个多项式，并且多项式里的每一个系数均需要 1.17KB，而本方案中每个像素只需要 0.04KB。因此，可以大大减少终端设备和边缘服务器之间的通信开销。

表 7-2 移动设备中不同批处理大小下加密阶段的运行时间与能源损耗

批处理大小	MNIST		CIFAR-10	
	运行时间/s	能源损耗/mAh	运行时间/s	能源损耗/mAh
1	0.009	0.0429	0.015	0.0538
10	0.012	0.0478	0.018	0.0548
100	0.024	0.0515	0.052	0.0588
1000	0.103	0.0637	0.346	0.0740
10000	0.796	0.140	3.158	0.345

表 7-3 处理 4096 张 MNIST 图像样本的加密和解密时间

方案	编码+加密		解密+解码	
	运行时间/s	附加时延/s	运行时间/s	附加时延/s
CryptoNets[11]	44.5	465.248	3	49.152
本方案	0.344	0	0.056	0

表 7-4 处理 4096 张 MNIST 图像样本时终端设备和边缘服务器之间的通信开销

方案	传感器 → 边缘服务器		边缘服务器 → 用户	
	整体通信开销/MB	每个实例的通信开销/KB	整体通信开销/MB	每个实例的通信开销/KB
CryptoNets[11]	367.5	91.975	4.70	1.17
本方案	12.25	3.063	0.16	0.04

然后，测试由两台边缘服务器执行隐私保护卷积神经网络特征提取方案的性能。3 种卷积神经网络在处理一个实例时不同层的运行时间对比见表 7-5。可以看到大多数层都非常高效，因为它们可以由边缘服务器在本地执行，并且本方案的计算开销主要由 ReLU 层和最大池化层决定。这里，在线阶段的运行时间主要与安全比较协议相关，而随机数和乘法三元组的生成由可信第三方在离线阶段执行。

表 7-5 3 种卷积神经网络在处理一个实例时不同层的运行时间对比

对比项		运行时间/ms		
		网络 I	网络 II	网络 III
卷积层	在线阶段	0.62	2.01	17.49
特征层	离线阶段	0.839	—	—
	在线阶段	0.82	—	—
ReLU 层	离线阶段	—	34.3	611.36
	在线阶段	—	78.71	1541.44
最大池化层	离线阶段	—	50.13	—
	在线阶段	—	121.58	—
平均池化层	在线阶段	0.37	—	1.85
全连接层	在线阶段	0.15	0.34	0.29

不同方案下网络Ⅰ、Ⅱ、Ⅲ的运行时间和通信开销对比见表 7-6～表 7-8，通过比较处理一个实例的运行时间和通信开销可以看到，本方案在运行时间方面优于现有研究工作几个数量级。这主要是因为本方案不依赖任何繁重的加密原语，避免了对加密数据进行大量的同态加密计算。此外，对于这样的大批量数据和计算密集型任务而言，混淆电路的产生和传输是非常耗时的。

更重要的是，通过使用矢量化技术，可以维持卷积神经网络的数据结构，并最大限度地并行执行操作。表 7-6～表 7-8 还显示了本方案由于不需要传输大的密文和混淆电路，各方之间的通信开销非常低。

表 7-6　不同方案下网络Ⅰ的运行时间和通信开销对比

方案	运行时间/s		通信开销/MB	
	离线阶段	在线阶段	离线阶段	在线阶段
CryptoNets[11]	0	297.5	0	372.2
MiniONN[15]	0.88	0.4	3.6	44
本方案	0.0009	0.002	0.022	0.015

表 7-7　不同方案下网络Ⅱ的运行时间和通信开销对比

方案	运行时间/s		通信开销/MB	
	离线阶段	在线阶段	离线阶段	在线阶段
MiniONN[15]	3.58	5.74	20.9	636.6
本方案	0.09	0.21	1.57	0.99

表 7-8　不同方案下网络Ⅲ的运行时间和通信开销对比

方案	运行时间/s		通信开销/MB	
	离线阶段	在线阶段	离线阶段	在线阶段
MiniONN[15]	472	72	3046	6226
Chameleon[16]	22.97	29.7	1210	140
本方案	0.62	1.55	10.57	6.61

7.7　本章小结

本章介绍了一种结合移动感知和边缘计算的轻量级隐私保护卷积神经网络特征提取方案[31]，该方案首先随机地将图像分成两个共享值，然后将它们分别外包给两台边缘服务器。通过利用基于秘密共享的安全计算方法，根据卷积神经网络的不同层设计了一系列的安全交互协议，从而实现了面向密态数据的卷积神经网络特征提取。此外，通过将密态数据处理卸载到边缘服务器，可以保证移动设备端的低计算开销和网络的低时延。通过理论分析和实验验证，其结果表明本方案具有安全性、高效性和有效性。

参考文献

[1] RAZAVIAN A S, AZIZPOUR H, SULLIVAN J, et al. CNN features off-the-shelf: an astounding baseline for recognition[C]//Proceedings of the 2014 IEEE Conference on Computer Vision and Pattern Recognition Workshops. Piscataway: IEEE Press, 2014: 512-519.

[2] LENC K, VEDALDI A. Understanding image representations by measuring their equivariance and equivalence[C]//Proceedings of the 2015 IEEE Conference on Computer Vision and Pattern Recognition (CVPR). Piscataway: IEEE Press, 2015: 991-999.

[3] JOHNSON J, KARPATHY A, LI F F. DenseCap: fully convolutional localization networks for dense captioning[C]//Proceedings of the 2016 IEEE Conference on Computer Vision and Pattern Recognition (CVPR). Piscataway: IEEE Press, 2016: 4565-4574.

[4] YANG P, ZHANG N, BI Y G, et al. Catalyzing cloud-fog interoperation in 5G wireless networks: an SDN approach[J]. IEEE Network, 2017, 31(5): 14-20.

[5] YAN Z S, XUE J T, CHEN C W. Prius: hybrid edge cloud and client adaptation for HTTP adaptive streaming in cellular networks[J]. IEEE Transactions on Circuits and Systems for Video Technology, 2017, 27(1): 209-222.

[6] BOGDANOV D, NIITSOO M, TOFT T, et al. High-performance secure multi-party computation for data mining applications[J]. International Journal of Information Security, 2012, 11(6): 403-418.

[7] BOGDANOV D, LAUR S, WILLEMSON J. Sharemind: a framework for fast privacy-preserving computations[C]//Computer Security - ESORICS. Heidelberg: Springer, 2008: 192-206.

[8] ARAKI T, FURUKAWA J, LINDELL Y, et al. High-throughput semi-honest secure three-party computation with an honest majority[C]//Proceedings of the 2016 ACM SIGSAC Conference on Computer and Communications Security. New York: ACM Press, 2016: 805-817.

[9] MOHASSEL P, ZHANG Y P. SecureML: a system for scalable privacy-preserving machine learning[C]//Proceedings of the 2017 IEEE Symposium on Security and Privacy (SP). Piscataway: IEEE Press, 2017: 19-38.

[10] ARAKI T, BARAK A, FURUKAWA J, et al. Optimized honest-majority MPC for malicious adversaries—breaking the 1 billion-gate per second barrier[C]//Proceedings of the 2017 IEEE Symposium on Security and Privacy (SP). Piscataway: IEEE Press, 2017: 843-862.

[11] DOWLIN N, GILAD-BACHRACH R, LAINE K, et al. CryptoNets: applying neural networks to encrypted data with high throughput and accuracy[C]//International conference on machine learning. New York: PMLR, 2016: 201-210.

[12] HESAMIFARD E, TAKABI H, GHASEMI M. CryptoDL: deep neural networks over encrypted

data[EB]. 2017.

[13] CHABANNE H, DE WARGNY A, MILGRAM J, et al. Privacy-preserving classification on deep neural network[J]. IACR Cryptol EPrint Arch, 2017: 35.

[14] HINTON G E, SRIVASTAVA N, KRIZHEVSKY A, et al. Improving neural networks by preventing co-adaptation of feature detectors[EB]. 2012.

[15] LIU J, JUUTI M, LU Y, et al. Oblivious neural network predictions via MiniONN transformations[C]//Proceedings of the 2017 ACM SIGSAC Conference on Computer and Communications Security. New York: ACM Press, 2017: 619–631.

[16] RIAZI M S, WEINERT C, TKACHENKO O, et al. Chameleon: a hybrid secure computation framework for machine learning applications[C]//Proceedings of the 2018 on Asia Conference on Computer and Communications Security. New York: ACM Press, 2018: 707–721.

[17] QIN Z, YAN J B, REN K, et al. Towards efficient privacy-preserving image feature extraction in cloud computing[C]//Proceedings of the 22nd ACM international conference on Multimedia. New York: ACM Press, 2014: 497–506.

[18] WANG J J, HU S S, WANG Q, et al. Privacy-preserving outsourced feature extractions in the cloud: a survey[J]. IEEE Network, 2017, 31(5): 36-41.

[19] XIONG J B, BI R W, ZHAO M F, et al. Edge-assisted privacy-preserving raw data sharing framework for connected autonomous vehicles[J]. IEEE Wireless Communications, 2020, 27(3): 24-30.

[20] NING J T, XU J, LIANG K T, et al. Passive attacks against searchable encryption[J]. IEEE Transactions on Information Forensics and Security, 2019, 14(3): 789-802.

[21] BEAVER D. Efficient multiparty protocols using circuit randomization[C]//Annual International Cryptology Conference. Heidelberg: Springer, 1991: 420-432.

[22] DAMGARD I, FITZI M, KILTZ E, et al. Unconditionally secure constant-rounds multi-party computation for equality, comparison, bits and exponentiation[C]//Theory of Cryptography Conference. Heidelberg: Springer, 2006: 285-304.

[23] GOODFELLOW I, BENGIO Y, COURVILLE A. Deep learning[M]. Cambridge: MIT press, 2016.

[24] LIU X M, DENG R H, YANG Y, et al. Hybrid privacy-preserving clinical decision support system in fog–cloud computing[J]. Future Generation Computer Systems, 2018(78): 825-837.

[25] SIMONYAN K, ZISSERMAN A. Very deep convolutional networks for large-scale image recognition[EB]. 2014.

[26] HE K M, ZHANG X Y, REN S Q, et al. Deep residual learning for image recognition[C]// Proceedings of the 2016 IEEE Conference on Computer Vision and Pattern Recognition (CVPR). Piscataway: IEEE Press, 2016: 770-778.

[27] ORHAN E, PITKOW X. Skip connections eliminate singularities[EB]. 2017.

[28] CANETTI R. Universally composable security: a new paradigm for cryptographic protocols[C]//Proceedings 42nd IEEE Symposium on Foundations of Computer Science. Piscataway: IEEE Press, 2002: 136-145.

[29] CANETTI R, COHEN A, LINDELL Y. A simpler variant of universally composable security for standard multiparty computation[C]//Annual Cryptology Conference. Heidelberg: Springer, 2015: 3-22.

[30] VEDALDI A, JIA Y, SHELHAMER E, et al. Convolutional architecture for fast feature embedding[EB]. 2014.

[31] HUANG K, LIU X M, FU S J, et al. A lightweight privacy-preserving CNN feature extraction framework for mobile sensing[J]. IEEE Transactions on Dependable and Secure Computing, 2021, 18(3): 1441-1455.

第 8 章
基于 LSTM 网络的密态计算

本章深入分析 LSTM 网络的网络结构，在此基础上介绍将安全交互协议应用到神经网络各层的方法，实现对密态数据的训练与分类。介绍一种基于秘密共享的外包隐私保护语音识别框架，该框架被用于 LSTM 网络和边缘计算中的智能物联网设备。介绍一系列基于加法秘密共享的边缘服务器安全交互协议，以实现轻量级的外包计算，最后对该框架的正确性和安全性进行理论分析和性能评估，实验结果表明该框架对神经网络训练是有效的。

🔍 8.1 背景介绍

目前，智能家居[1]和电子健康[2]的发展推动了智能物联网产品在人们日常生活中的广泛应用。基于语音识别的智能语音控制设备如图 8-1 所示，为了方便对智能设备进行控制，将基于语音识别的智能语音控制作为接收人类指令的方式，例如 Amazon Alexa 和 Apple Siri[3]。然而，说话作为人类最常用的沟通方式，包含大量有价值和敏感的信息。这些信息的泄露会对个人财产或安全造成严重损害。语音特征作为每个人独有的生物特征之一，经常被人们用来进行语音识别和语音验证。语音识别服务在智能物联网行业的普及，导致大量语音数据被以明文的形式泄露给服务供应商。对于一个被攻击的服务供应商或恶意敌手，语音数据可以被用于模仿用户的声音以取得用户进入银行账户的许可或达到其他不合法的目的。更重要的是，除了语音特征，语音识别神经网络的参数也是敌手的攻击目标。在一般情况下，大多数应用程序的语音识别系统都运行在云服务器上，如果神经网络参数以明文形式存在，云服务器管理员完全有可能出于商业目的窃取并出售这些参数。这是因为，目前训练出一个成熟的、可用于商业活动的语音识别神经网络仍然是一项代价高昂的工作。

图 8-1　基于语音识别的智能语音控制设备

　　此外，语音识别对于智能物联网设备供应商来说一直是一项复杂且具有挑战性的工作。随着深度学习神经网络的发展，基于 LSTM 网络的语音识别方法已经超越并取代了传统的语音识别方法。然而，虽然深度学习网络的预测精度有所提高，但对计算能力和内存空间的需求仍然很高。对于大多数基于深度学习的应用程序，即使在实验阶段，也必须在推理时预留 15 亿倍的计算预算，以保证它们在实际使用时的实用性[4]，而物联网处理能力的限制也增加了语音识别应用实时响应的难度。为了降低噪声，本地物联网语音控制设备需要几十毫秒来计算[5]。因此，目前越来越多应用于物联网语音识别的模型选择将用户数据和训练好的神经网络模型外包给云服务器[6]。进而，语音的所有音频特征数据不仅会暴露给智能物联网下的语音控制服务供应商，还会暴露给云服务供应商。此外，由于用户与云服务供应商之间的通信距离较长，对语音识别的带宽和时延提出了更高的要求。

　　本章介绍一种外包隐私保护语音识别框架（OPSR），用于 LSTM 网络和边缘计算中的智能物联网设备。在该框架中，介绍了一系列基于加法秘密共享的边缘服务器安全交互协议，以实现轻量级的外包计算。最后，结合通用可组合安全理论和实验结果，证明了框架的正确性和安全性。

🔍 8.2　研究现状

　　语音翻译系统[7-9]通常能够识别一种语言发出的语音，并将识别出的文本翻译成另一种语言，然而在公共交通或购物中心等嘈杂环境中由于背景噪声的存在，很难识别说话人的声音并进行翻译。文献[5]介绍了一种抗噪声语音翻译技术在通用智能设备中的应用。在提出的语音翻译系统中，两个用户与他们自己安装语音翻译应用程序的智能设备进行对话。系统将录制好的语音信号发送到服务器进行语音信号处理、语音识别和翻译，并将翻译结果返回到用户的智能设备。文献[6]介绍了机器学习的基本概念、算法及其应用。从机器学习的更广泛的定义开始，然后介绍各种学习模式，包括监督方法、非监督方法和深度学习范式。并且讨论了机器学习算法在不同领域中的应用，包括模式识别、传感器网络、异常检测、物联网和健康监测。

　　为了优化云计算和物联网设备的性能，学者们提出了一种新的边缘计算范式。Nguyen 等人[10]专门为物联网设备设计了一种基于分散式、改进内容中心网络的移动边缘计算平台，根据分层移动边缘计算网络拓扑，在每个区域内组织了一个网关，以减少集中式控制器的计算开销。通过修改卷积神经网络，引入了一种协议，帮助服务供应商在移动边缘计算节点上部署其服务，并协助移动边缘计算节点发现相邻节点中的服务。边缘计算通过处理接近数据源的网络边缘数据并平衡负载，显著降低了响应时间，提高了物联网设备[11]的电池寿命。但是，由于音频特性仍然会暴露给云服务器和服务供应商，所以隐私泄露问题没有在该范式中得到解决。一般来说，同态加密和允许对密态数据进行计算的加法秘密共享是解决这一问题的理想方法。因此，早在 2007 年，Smaragdis 等人[12]针对隐马尔可夫模型提出了一种基于两方秘密共享的隐私保护框架，可以在多方之间进行隐私保护语音识别。多年后，Pathak 等人[13]提出了保护隐私的用户验证和用户识别系统的框架，其中系统能够在不观察用户提供的语音输入的情况下执行必要的操作，利用同态加密保护高斯混合模型的数据隐私。然而，目前基于同态加密的框架都是耗时、内存密集型的，导致其在实际应用中不具有实用性。到目前为止，大多数类似的框架均针对传统的语音识别技术，这些语音识别技术[14]在 2007 年已经完全被基于 LSTM 网络的语音识别技术超越。因此，目前不仅需要解决基于 LSTM 网络的物联网语音识别框架中的隐私泄露问题，还需要保持较高的效率。

8.3　问题描述

8.3.1　系统模型

OPSR 的系统模型如图 8-2 所示，由 7 个参与者组成：用户 U、智能语音设备 AD、两台边缘服务器 S_1 和 S_2、可信第三方 T、智能物联网设备 I 和智能物联网语音控制服务供应商 SP 组成。其中 S_1 和 S_2 负责安全外包密态计算。

AD 收集 U 的音频特征，并将其发送给 S_1 和 S_2。随后，I 就可以接收到边缘服务器的反馈，并恢复加密的"打开"命令或"关闭"命令。A 表示包含具有时序关系的预处理音频特征的矩阵，在发送到 S_1 和 S_2 之前，为了实现对音频特征的加密和隐私保护，A 被分成两个随机共享的 A_1 和 A_2，其中 $A=A_1+A_2$。在数据处理过程中，T 只生成随机数，这意味着 T 可以是一台轻量级服务器，甚至是一台笔记本计算机。除随机数外，加法秘密共享协议所需的其他值直接在 S_1 和 S_2 之间交换。假设 f 为 LSTM 网络的输出，经过一系列的计算，S_1 和 S_2 分别输出 f_1 和 f_2 到 I。因此，在计算过程中，所有的音频特征或神经网络参数都以密文的形式被计算出来。通过进行简单的计算，即 $f=f_1+f_2$，I 可以从密态数据中恢复输出。同样，如果 SP 想终止当前边缘服务器中的训练网络，它还可以通过计算 SP=SP$_1$+SP$_2$ 检索最新的神经网络参数，并将其部署到其他边缘服务器上。

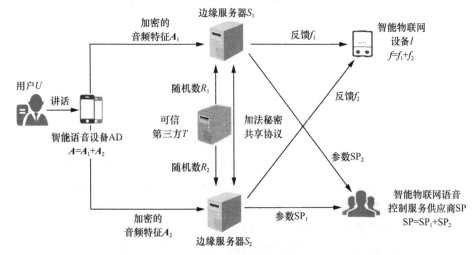

图 8-2　OPSR 的系统模型

8.3.2　安全模型

本章采用标准的半诚实安全模型[15]，它也被称为被动或诚实且好奇的模型。根据该模型的定义，系统中的两台边缘服务器诚实地按照协议要求执行协议[16]。然而，它们仍然可以被动地学习有关协议的信息，并在好奇心的驱使下，试图通过已知的输入信息等为自己获取更多的益处。

此外，假定在所提模型中最多只能有一台边缘服务器被攻击或破坏，并且没有参与者试图共谋。否则，敌手只需要将两个被盗的共享秘密相加，就可以直接获得原始音频特征信息。即使 S_1 和 S_2 有足够的密码学知识，他们也只能学习预先分配的参数和根据协议从其他参与者那里接收到的消息。一般来说，假设完全诚实的参与者之间存在安全的通信信道是合理的。此外，T 在协议中可以学到的只是一些无意义的随机数。因此，正如所假设的，T 可以是任意诚实的轻量级终端设备。最后，除了边缘服务器，其他参与者不能被破坏，也不能不诚实。

🔍 8.4　模型构造

8.4.1　基于秘密共享的安全函数

加法秘密共享协议主要用于安全多方计算和隐私保护。基于加法秘密共享的安全计算协议性能优异,可用于设计高效的物联网密态计算模型[17]。根据通用可组合安全框架[18],可以将加法秘密共享协议看作大量的"组件",利用这些"组件"之间的相互组合,构建一个更大且同样安全的系统,这样的系统具有如下引理。

引理 8.1　如果一个协议的所有子协议都是完全可仿真的,那么该协议就是完全可仿真的。

这里只是简要地介绍了几种现有的子协议"组件",这些"组件"对于后续的描述而言是必不可少的,接下来将介绍更多的协议来扩展"组件"集。需要注意的是,本章中的所有协议,包括新提出的协议,都运行在两方设置下[19],并且有一个可信的第三方来生成均匀的随机数。

(1)安全加法协议(SecAdd)。给定一个输入二元组 (μ, v),该协议输出 (ζ_1, ζ_2),且有 $\zeta_1 + \zeta_2 = \mu + v$。在这个过程中,不需要两个参与者和第三方进行交互。

(2)安全乘法协议(SecMul)。该协议基于 Beaver 三元组[20],给定一个输入二元组 (μ, v),该协议为两个参与者输出另一个二元组 (ζ_1, ζ_2),并且该二元组满足 $\zeta = \zeta_1 + \zeta_2 = \mu \cdot v$。在协议执行过程中,第三方必须生成一个随机的三元组 (a, b, c) 且 $c = a \cdot b$,以保证两个输入不能被敌手区分,从而达到保护隐私的目的。

(3)安全比较协议(SecCmp)。使用最高有效位来比较两个输入 μ 和 v 的大小。在比较过程中,这两个输入分别由两个参与者持有,如果 $\mu < v$,则 SecCmp(μ, v) 输出 1;否则输出 0[21]。

在构造 OPSR 之前,需要介绍几种新的安全交互子协议。在这些协议中,初始阶段离线执行,准备阶段和迭代阶段均为在线操作。其中,ϕ_i 表示第 i 次迭代的函数输出,ξ_i 和 ς_i 表示迭代过程中的中间值。

1. 安全矢量连接功能

在 LSTM 网络中,有一个简单但重要的操作将两个短向量连接在一起形成一个更长的向量,如式(8-1)所示。

$$[\boldsymbol{u}, \boldsymbol{v}] = [(u_0, u_1, u_2, \cdots), (v_0, v_1, v_2, \cdots)] = (u_0, u_1, \cdots, v_0, v_1, \cdots) \tag{8-1}$$

很明显,S_1 和 S_2 可以通过计算 $[\boldsymbol{u}', \boldsymbol{v}']$ 和 $[\boldsymbol{u}'', \boldsymbol{v}'']$ 来执行安全向量连接函数 SecCon$(\boldsymbol{u}, \boldsymbol{v})$,而不需要彼此通信,如式(8-2)所示。

$$\text{SecCon}(\boldsymbol{u}, \boldsymbol{v}) = [\boldsymbol{u}' + \boldsymbol{u}'', \boldsymbol{v}' + \boldsymbol{v}''] = (u_0' + u_0'', v_0' + v_0'') = [\boldsymbol{u}', \boldsymbol{v}'] + [\boldsymbol{u}'', \boldsymbol{v}''] \tag{8-2}$$

2. 以 e 为底的安全指数函数

假设 u 是加密的输入,且接近于零,输出是以自然常数 e 为底的指数,$\varphi(u) = \mathrm{e}^u$。由于 e 是一个近似值,从而不可能直接计算出函数的精确值。因此,计算该函数的唯一方法是使用逼近函数来模拟它。为了保证计算的安全性,可以采用麦克劳林级数来逼近该函数，因为它对所有复数都具有绝对收敛性。自然指数函数的麦克劳林级数定义为：

$$\varphi(u) = e^u = \sum_{k=0}^{\infty} \frac{1}{k!} \cdot u^k \tag{8-3}$$

由式（8-3）可知，采用迭代算法可以得到安全的自然指数函数 $\text{SecExp}(u)$。给定指数 u，需要计算 $\xi_i = \xi_{i-1} \cdot u$，这里 $\xi_0 = u \cdot u$。如果要满足所需要的精度，则迭代终止条件为 $\xi_i < \epsilon$。

注意，给定精度 ϵ，当 u 越小时，麦克劳林级数收敛速度越快。理想的结果是将输入 u 的数量级保持在相对较小的范围内。假设输入在 0 到 1 之间，迭代次数在 10 到 20 之间，可以得到一个精度不小于 10^{-10} 的近似值。

初始化阶段。S_1 和 S_2 分别得到随机输入 u_1 和 u_2，满足 $u = u_1 + u_2$。然后，让 i 表示这一轮迭代。S_1 计算 $\varphi_0' = 1 + 1 \cdot u_1$，$S_2$ 计算 $\varphi_0'' = 1 \cdot u_2$。在给定精度 ϵ 的情况下，迭代过程如下。

迭代过程。该过程主要通过交替调用 $\text{SecMul}(\cdot)$ 和 $\text{SecAdd}(\cdot)$ 来实现。首先，S_1 和 S_2 一起计算 $(\xi_0', \xi_0'') = \text{SecMul}(u, u/2)$ 和 $\varphi_1 = \text{SecAdd}(\varphi_0, \xi_0)$。然后，迭代计算 $\xi_i = \text{SecMul}(\xi_{i-1}, u/(i+2))$，并通过调用 $\text{SecCmp}(\xi_i)$ 确定精度是否满足要求。如果满足了终止条件，则终止迭代，并输出 φ_i' 和 φ_i''；否则通过调用 $\text{SecAdd}(\cdot)$ 来计算 $\varphi_i = \text{SecAdd}(\varphi_{i-1}, \xi_{i-1})$，并继续迭代。使用 Sigma 函数，最终的结果可以重述为：

$$\varphi(u) = e^u \approx \sum_{i=0}^{\infty} \frac{1}{i!} \cdot u^i = 1 + \sum_{i=1}^{\infty} \xi_i \tag{8-4}$$

3. 安全倒数函数

除了 $\text{SecExp}(u)$，安全倒数函数 $\text{SecInv}(u)$ 也是在 LSTM 网络中实现安全激活函数的基本"组件"之一。为了保证 OPSR 的全局可加性，利用 Newton-Raphson 迭代方法近似估计 $\varphi(u) = \dfrac{1}{u}$。Newton-Raphson 迭代方法采用基本运算、乘法和加法，依次求出安全倒数函数 $\text{SecInv}(u)$ 的较佳近似值，该方法也被收录在 MATLAB R2018b 数据库中。

与 $\text{SecExp}(u)$ 类似，安全倒数函数 $\text{SecInv}(u)$ 也是由迭代过程构成的。给定除数 u，$\text{SecInv}(u)$ 通过计算 $x_i = x_{i-1} \cdot (2 - u \cdot x_{i-1})$ 求出方程 $\phi(x) = \dfrac{1}{x} - u = 0$ 的根。需要注意的是，为了确定迭代的收敛性，x_0 必须在 $0 < x_0 < \dfrac{2}{u}$ 的范围内进行初始估计。此外，对于 Newton-Raphson 迭代方法，迭代轮数越多，近似值越精确。由于 Newton-Raphson 迭代方法是二次收敛的，只要初始估计满足上述条件，就可以保证每次迭代都可以使得有效数字翻倍。

初始化阶段。S_1 和 S_2 分别得到其均匀随机输入 u_1 和 u_2，满足 $u=u_1+u_2$。可信第三方 T 生成随机数 r，然后将 r 分成随机共享值 r_1 和 r_2，满足 $r=r_1+r_2$，其中 $r_1>0$ 且 $r_2>0$。共享值 r_i 会被分配给相应的边缘服务器 S_i。

准备阶段。迭代前，S_i 使用随机值 r_i，通过计算 $\alpha_1=r_1+u_1$ 和 $\alpha_2=r_2+u_2$ 来掩盖其输入，α_1 和 α_2 是掩盖输入后的结果，然后互相发送掩盖值 α_i。接下来，S_1 和 S_2 通过计算 $\varphi_0' = \dfrac{1}{2(u_1+\alpha_2)}$ 和 $\varphi_0'' = \dfrac{1}{2(u_2+\alpha_1)}$ 来确定初始估计 φ_0，满足 $\varphi_0 = \varphi_0' + \varphi_0''$。

迭代过程。S_1 和 S_2 先调用 SecMul$(\cdot)$ 来协作计算 $(\xi_i', \xi_i'') = $ SecMul(φ_{i-1}, u)，然后赋值 $\xi_i' = 2 - \xi_i'$ 和 $\xi_i'' = -\xi_i''$。通过调用 SecMul$(\cdot)$，服务器可以得到 $\varphi_i = $ SecMul(φ_{i-1}, ξ_i)。重复上述计算过程，直到函数收敛。通常而言，10 轮迭代就可以保证精度达到 10^{-9}。整个迭代过程可以写为：

$$\varphi(u) = \frac{1}{u} \approx \varphi_i = \varphi_{i-1} \cdot (2 - u \cdot \varphi_{i-1}) \tag{8-5}$$

4. 安全平方根

安全平方根是初始化函数中用于生成 LSTM 网络高斯分布随机矩阵的运算。为了执行安全平方根函数 SecSqrt(u)，可以使用 Newton-Raphson 迭代方法近似估计 $\varphi(u) = \sqrt{u}$。与安全倒数函数相比，不同之处在于，其解决了函数 $\phi(x) = x^2 - u = 0$ 的计算，且通过 $x_i = \dfrac{1}{2} \cdot \left(x_{i-1} + \dfrac{u}{x_{i-1}} \right)$ 进行迭代。此外，还有一种迭代二叉搜索方法可以找到平方根，其时间复杂度为 $O(\log N)$，与 Newton-Raphson 迭代方法相同。然而，为了达到同样的精度，这种方法总是要重复很多次。由于收敛速度快，Newton-Raphson 迭代方法也是处理器设计和计算机图形学的主要方法。

初始化阶段。初始化阶段与安全倒数函数相同，但不需要生成和分发随机数。

迭代过程。S_1 和 S_2 交替调用安全乘法函数 SecMul$(\cdot)$ 和安全倒数函数 SecInv$(\cdot)$ 来完成迭代。首先计算 $(\xi_i', \xi_i'') = $ SecInv(φ_{i-1})。接下来，使用安全乘法函数 SecMul$(\cdot)$ 来计算 $\varphi_i = $ SecAdd$\left(\dfrac{1}{2}\varphi_{i-1}, \xi_i \right)$。然后，$S_1$ 和 S_2 完成一次迭代计算 $\varphi_i = $ SecAdd$\left(\dfrac{1}{2}\phi_{i-1}, \xi_i \right)$，并初始化 $\varphi_0 = \dfrac{1}{2}u = \dfrac{1}{2}(u_1 + u_2)$。迭代的收敛速度与安全倒数函数相同，也可以将整个迭代过程写为：

$$\varphi(u) = \sqrt{u} \approx \varphi_i = \frac{1}{2} \cdot \left(\varphi_{i-1} + \frac{u}{\varphi_{i-1}} \right) \tag{8-6}$$

5. 安全自然对数函数

对于对数函数，应该关注自然对数函数 $\varphi(x) = \ln(x)$，这是因为这种对数是现代自然科学中最常用的对数。通过改变基本计算式 $\log_a b = \ln b / \ln a$，也可以将普通对数转化为自然对数的形式。为了保证安全自然对数函数 SecLog(·) 的性能，可以采用麦克劳林级数来近似最终结果。令输入 $v = (u-1)/(u+1)$，自然对数的麦克劳林级数可表示为：

$$\varphi(u) = \ln u = \ln \frac{1+v}{1-v} = 2 \cdot \sum_{k=0}^{\infty} \frac{1}{2k+1} \cdot u^{2k+1} \tag{8-7}$$

鉴于迭代方程的特性，可以反复计算 $\xi_i = \xi_{i-1} \cdot u^2$ 和调用安全比较函数 SecCmp(·) 来判断何时终止迭代。

初始化阶段。初始化过程与安全平方根函数相同。

准备阶段。S_1 和 S_2 首先调用 $d_i = \text{SecInv}(u+1)$ 计算 $u+1$ 的倒数，然后将输入 u 转换成 $v = v_1 + v_2$，其中 $\text{SecMul}(u-1, d)$。设 $s = s_1 + s_2$，以表示 u 的平方，其中 $s_i = \text{SecMul}(v, v)$。

迭代过程。与安全指数函数一样，迭代计算也由 SecMul(·) 和 SecAdd(·) 组成。让 $\xi_0 = v$ 和 $\phi_0 = 0$，S_1 和 S_2 迭代计算 $\xi_i = \text{SecMul}(\xi_{i-1}, s)$ 和 $\phi_i = \text{SecAdd}\left(\varphi_{i-1}, \frac{1}{2i-1} \cdot \xi_{i-1} \right)$，直到 $\text{SecCmp}(\xi_i)$ 返回 0。设 R 为最终迭代轮数，注意，最终的输出用 $2 \cdot \varphi_R$ 代替 φ_R。利用 Sigma 函数，迭代过程可以表示为：

$$\varphi(u) = \ln u \approx 2 \cdot \sum_{i=0}^{\infty} \frac{1}{2i+1} \cdot u^{2i+1} = 2 \cdot \sum_{i=0}^{\infty} \xi_i \tag{8-8}$$

6. 麦克劳林级数的有效性

由于当输入值远大于 0 时，麦克劳林级数收敛速度非常慢，因而需要进一步证明 SecExp(·) 和 SecLog(·) 能够趋近于 0。在 OPSR 中，这两种函数的输入由 3 个因素决定，包括音频特征、神经网络的参数，以及 Sigmoid 函数和 Tanh 函数的输出。如果这 3 种类型的值都接近于 0，则可以确保 SecExp(·) 和 SecLog(·) 永远不会远离 0。然后有：

（1）根据 OPSR 的系统模型，音频特征 A 经过预处理。因此，可以合理地假设，已将数据归一化作为最基本的预处理方法[22-23]应用于音频特征的预处理，归一化使音频特征值保持在 0 到 1 之间。

（2）为了使神经网络能够学习到重要的信息，人们普遍认识到神经网络的参数初始化应该使用较小的随机数，通常小到 10^{-2}。

（3）Sigmoid 函数和 Tanh 函数只能输出 0 到 1 之间的值。除了 4 种中间态的计算外，LSTM 网络的整个过程就是两个函数输出的乘法。综上所述，可以证明 SecExp(·) 和 SecLog(·) 在 OPSR 中可以达到理想的收敛速度。

7. 安全函数示例

为了让读者更容易理解安全函数的核心思想，表 8-1 给出了一个简单的示例，详细描述 SecExp(·) 的计算过程。在这个例子中，S_1 和 S_2 得到了输入为 3 的秘密共享 (1, 2)，并想要计算 e^3。在每次迭代中，它们通过调用 SecAdd(·) 和 SecMul(·) 来更新迭代参数。最后，可以得到 e^3 的两个随机秘密共享。其他过程与第 8.4.1 节中其他安全函数的计算过程是相似的。简单起见，这里只给出一个 SecExp(·) 示例。

表 8-1　安全指数函数 SecExp(·) 示例

阶段	步骤	操作
初始化	1	$u_1 \leftarrow 1$，$u_2 \leftarrow 2$
	2	$\varphi_0' \leftarrow u_1 + 1 \cdot u_1 = 1 + 1 = 2$，$\varphi_0'' \leftarrow u_2 = 2$
	3	S_1 把 $u_1=1$ 和 $\dfrac{u_1}{2}=0.5$ 输入 SecMul(·)，S_2 把 $u_2=2$ 和 $\dfrac{u_2}{2}=1$ 输入 SecMul(·)，计算得到 $(\xi_0',\xi_0'')=(2,2.5)=\text{SecMul}(3,1.5)$。在 SecMul(·) 中，由于生成了随机数对 SecMul(·) 的秘密共享值进行掩盖，因此只需要选择两个随机数代表安全乘法的计算结果
	4	S_1 和 S_2 执行 SecAdd(φ_0,ξ_0)，计算 $\varphi_1' \leftarrow 2+2=4$
	5	S_1 和 S_2 设置迭代次数为 1
迭代	1	S_1 把 $\xi_{i-1}'=2$ 和 $\dfrac{u_1}{i+2}=\dfrac{1}{3}$ 输入 SecMul(·)，S_2 把 $\xi_{i-1}''=2.5$ 和 $\dfrac{u_2}{i+2}=\dfrac{2}{3}$ 输入 SecMul(·)，计算得到 $(\xi_1',\xi_2'')=(3.5,1)=\text{SecMul}\left(\xi_i-1,\dfrac{u}{i+2}\right)$
	2	S_1 和 S_2 执行 SecAdd(φ_0,ξ_0)，计算 $\varphi_{i+1}' \leftarrow \varphi_i' + \xi_i' = 4+3.5=7.5$
	3	$i \leftarrow i+1$，并进行下一次迭代
输出	1	S_1 输出 12.0513，S_2 输出 8.0342，且 12.0513+8.0342=20.0855$\approx e^3$

8.4.2　面向加密音频特征的隐私保护 LSTM 网络

本节介绍了 LSTM 网络的正向传播（FP，Forward Propagation）和基于时间的反向传播（BPTT，Back Propagation Through Time）的隐私保护框架，FP 在预训练神经网络和训练神经网络中都有应用，BPTT 仅被用于 LSTM 网络的训练过程。简单起见，使用符号 x' 和 x'' 来掩盖分布到两台边缘服务器的秘密共享值。矩阵的加法和乘法分别由 SecAdd(·) 和 SecMul(·) 来计算。特别地，由于智能物联网语音控制服务供应商不愿意公开训练后的网络，所以权重矩阵和偏置并不是所有参与者都可以公开使用的，它们被拆分为两台边缘服务器的秘密共享 $W_k = W_k' + W_k''$ 和 $b_k = b_k' + b_k''$，其中 W_k 是权重矩阵，b_k 是偏置向量，$k \in \{f,i,C,O\}$。此外，W_{kh} 和 W_{kx} 表示 W_k 的分裂矩阵，其中 $W_k=[W_{kh}, W_{kx}]$。

1. LSTM 网络的安全正向传播

标准 LSTM 网络的一个隐藏神经元通常由 3 个门组成：遗忘门、输入门和输出门。每个门至少部署一个非线性函数和大量的线性函数来处理来自以前递归式的信息。由于在第 8.4.1 节中已经给出了所有必要的安全"组件"，因此 LSTM 网络的安全正向传播剩下的工作就是将这些子函数适当地结合起来，设计安全的交互子协议。如图 8-3 和协议 8.1 中对应的伪代码所示，给定时间序列 $A = (x_0, x_1, \cdots, x_t)$ 的音频特征数据，S_1 和 S_2 调用在第 8.4.1 节中给出的安全函数，完成 LSTM 网络的 3 个门的计算。t 时刻神经元的输出为 C_t 和 h_t，随后用于更新 $t+1$ 时刻的神经元状态和输出。3 个门的隐私保护计算的细节如下。

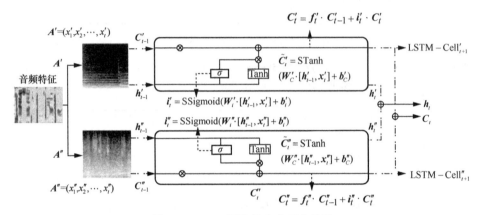

图 8-3　LSTM 网络的安全正向传播

（1）安全的 Sigmoid 函数和 Tanh 函数

为了保持非线性特征，LSTM 网络在每个门中部署至少一个激活函数。因此，必须首先讨论激活函数。神经网络中常用的 3 种激活函数，即 Sigmoid 函数、Tanh 函数和 ReLU 函数。与 CNN 不同，Sigmoid 函数和 Tanh 函数成功地避免了 LSTM 网络的梯度爆炸问题。对于 ReLU 函数，由于其特殊的数学特性，很少被应用到 RNN 中。因此，对于 LSTM 网络，一般只关心如何安全地计算 $\sigma(x)$ 和 Tanh(x)。简单起见，在本节剩下的部分中，使用 SSigmoid(x) 和 STanh(x) 来表示这两个安全函数。

安全的 Sigmoid 函数。Sigmoid 函数也被称为 Logistic 函数，由于其分布与生物神经元的兴奋和抑制状态一致，一度被认为是人工神经网络的核心。令 u 表示输入，为了实现 SSigmoid(u) 与加法秘密共享运算，两台边缘服务器 S_1 和 S_2 首先计算 $(q_1, q_2) = \text{SecExp}(-u)$；然后，$S_1$ 令 $q_1 = 1 + q_1$，通过调用安全倒数函数 SecInv($\cdot$)，最终的输出如式（8-9）所示。

$$\text{SSigmoid}(u) = \text{SecInv}(q_1 + 1, q_2) = \frac{1}{1 + e^{-u}} \tag{8-9}$$

安全的 Tanh 函数。与 Sigmoid 函数相似，Tanh 函数也保持了输入和输出之间的非线性单调上升和下降关系。不同之处在于，它对区间$[-1,1]$内的变化不那么敏感，这更符合人脑神经饱和的规律。由于安全 Sigmoid 函数已经确定，双曲正切函数就可以简单地计算 $\text{Tanh}(u) = 2\sigma(2u) - 1$，如式（8-10）所示。

$$\text{STanh}(u) = 2\text{SSigmoid}(2u) - 1 = \frac{e^u - e^{-u}}{e^u + e^{-u}} = 1 - \frac{2}{1 + e^{2u}} \tag{8-10}$$

协议 8.1　LSTM 网络的安全正向传播

输入：S_1 持有加密音频特征数据 $(x'_0, x'_1, \cdots, x'_t)$、$S_2$ 持有加密音频特征数据 $(x''_0, x''_1, \cdots, x''_t)$、$t$ 时刻输入的数据 $\boldsymbol{x}_t = \boldsymbol{x}'_t + \boldsymbol{x}''_t$

输出：S_1 输出当前神经元的状态 $\boldsymbol{C}'_t$ 和最终的输出结果 $\boldsymbol{h}'_t$、S_2 输出当前神经元的状态 $\boldsymbol{C}''_t$ 和最终的输出结果 $\boldsymbol{h}''_t$

1.　设 $\gamma = 1$，初始化 $f_0, i_0, h_0, \widetilde{C}_t, C_0, O_0$

2.　**while** $\gamma < t$ **do**

3.　　S_1 和 S_2 通过式 $(\boldsymbol{f}'_\gamma, \boldsymbol{f}''_\gamma) = \text{SSigmoid}(\boldsymbol{W}_f \cdot [\boldsymbol{h}_{\gamma-1}, \boldsymbol{x}_\gamma] + \boldsymbol{b}_f)$ 计算遗忘门

4.　　S_1 和 S_2 通过式 $(\boldsymbol{i}'_\gamma, \boldsymbol{i}''_\gamma) = \text{SSigmoid}(\boldsymbol{W}_i \cdot [\boldsymbol{h}_{\gamma-1}, \boldsymbol{x}_\gamma] + \boldsymbol{b}_i)$ 计算输入门

5.　　S_1 和 S_2 通过计算 $(\widetilde{\boldsymbol{C}'_\gamma}, \widetilde{\boldsymbol{C}''_\gamma}) = \text{STanh}(\boldsymbol{W}_C \cdot [\boldsymbol{h}_{\gamma-1}, \boldsymbol{x}_\gamma] + \boldsymbol{b}_C)$ 得到候选神经元的状态

6.　　S_1 和 S_2 通过计算 $(\boldsymbol{C}'_\gamma, \boldsymbol{C}''_\gamma) = \boldsymbol{f}_\gamma \cdot \boldsymbol{C}_{\gamma-1} + \boldsymbol{i}_\gamma \cdot \widetilde{\boldsymbol{C}_\gamma}$ 对神经元状态进行更新

7.　　S_1 和 S_2 通过式 $(\boldsymbol{O}'_\gamma, \boldsymbol{O}''_\gamma) = \text{SSigmoid}(\boldsymbol{W}_O \cdot [\boldsymbol{h}_{\gamma-1}, \boldsymbol{x}_\gamma] + \boldsymbol{b}_O)$ 计算输入门

8.　　LSTM 网络在 t 时刻的输出由 $(\boldsymbol{h}'_\gamma, \boldsymbol{h}''_\gamma) = \boldsymbol{O}_\gamma \cdot \text{STanh}(\boldsymbol{C}_\gamma)$ 决定

9.　　继续下一次循环

10.　**end while**

11.　S_1 和 S_2 分别返回 $(\boldsymbol{C}'_t, \boldsymbol{h}'_t)$ 和 $(\boldsymbol{C}''_t, \boldsymbol{h}''_t)$

（2）遗忘门

遗忘门决定前一个神经元的状态信息 C_{i-1} 在当前神经元中保存了多少。如图 8-4 所示，为实现这一目的，在输入 $\boldsymbol{x}_i$ 经过一系列线性运算后，采用安全的 Sigmoid 函数对其进行归一化，该输出位于 0 到 1 范围内，并将其作为 C_{i-1} 的遗忘权重。由于遗忘门的权重矩阵 $\boldsymbol{W}_f$ 和偏置 $\boldsymbol{b}_f$ 是隐藏的，因此在 t 时刻，S_1 计算如式（8-11）所示。

$$f_t' = \text{SSigmoid}(W_f' \cdot [h_{t-1}', x_t'] + b_f')$$
$$= \text{SSigmoid}(W_{fh}' \cdot h_{t-1}' + W_{fx}' \cdot x_t' + b_f') \tag{8-11}$$
$$= (1 + e^{-W_{fh}' \cdot h_{t-1}' - W_{fx}' \cdot x_t' - b_f'})^{-1}$$

S_2 计算如式（8-12）所示。

$$f_t'' = \text{SSigmoid}(W_f'' \cdot [h_{t-1}'', x_t''] + b_f'')$$
$$= \text{SSigmoid}(W_{fh}'' \cdot h_{t-1}'' + W_{fx}'' \cdot x_t'' + b_f'') \tag{8-12}$$
$$= (1 + e^{-W_{fh}'' h_{t-1}'' - W_{fx}'' \cdot x_t'' - b_f''})^{-1}$$

注意，LSTM 网络是一种时间有序的神经网络。因此，可以用 x_t 表示 t 时刻的输入。

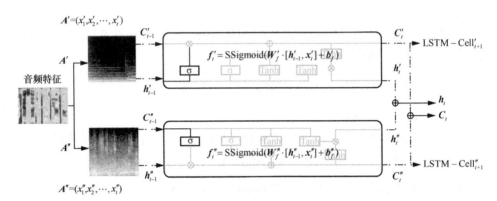

图 8-4　遗忘门

（3）输入门

输入门负责 3 个任务。第 1 个任务是计算一个过滤后的输入向量，可以使用安全的 Sigmoid 函数来完成。图 8-5 显示了遗忘门和输入门之间的唯一区别，即参数被改变了。给定输入权重矩阵 W_i、输入偏置 b_i 和时间 t，S_1 计算如式（8-13）所示。

$$i_t' = \text{SSigmoid}(W_i' \cdot [h_{t-1}', x_t'] + b_i')$$
$$= \text{SSigmoid}(W_{ih}' \cdot h_{t-1}' + W_{ix}' \cdot x_t' + b_i') \tag{8-13}$$
$$= (1 + e^{-W_{ih}' \cdot h_{t-1}' - W_{ix}' \cdot x_t' - b_i'})^{-1}$$

S_2 计算如式（8-14）所示。

$$i_t'' = \text{SSigmoid}(W_i'' \cdot [h_{t-1}'', x_t''] + b_i'')$$
$$= \text{SSigmoid}(W_{ih}'' \cdot h_{t-1}'' + W_{ix}'' \cdot x_t'' + b_i'') \tag{8-14}$$
$$= (1 + e^{-W_{ih}'' \cdot h_{t-1}'' - W_{ix}'' \cdot x_t'' - b_i''})^{-1}$$

然后，通过调用安全的 Tanh 函数，确定一个候选单元状态向量来控制当前单元接收多少输入信息。S_1 计算如式（8-15）所示。

$$
\begin{aligned}
\tilde{C}_t' &= \mathrm{STanh}(W_C' \cdot [h_{t-1}', x_t'] + b_C') \\
&= \mathrm{STanh}(W_{Ch}' \cdot h_{t-1}' + W_{Cx}' \cdot x_t' + b_C') \\
&= 1 - 2(1 + e^{2W_{Ch}' \cdot h_{t-1}' + 2W_{Cx}' \cdot x_t' + 2b_C'})^{-1}
\end{aligned} \tag{8-15}
$$

S_2 计算如式（8-16）所示。

$$
\begin{aligned}
\tilde{C}_t'' &= \mathrm{STanh}(W_C'' \cdot [h_{t-1}'', x_t''] + b_C'') \\
&= \mathrm{STanh}(W_{Ch}'' \cdot h_{t-1}'' + W_{Cx}'' \cdot x_t'' + b_C'') \\
&= 1 - 2(1 + e^{2W_{Ch}'' \cdot h_{t-1}'' + 2W_{Cx}'' \cdot x_t'' + 2b_C''})^{-1}
\end{aligned} \tag{8-16}
$$

最后，根据新输入向量 C_{i-1} 和候选神经元状态向量 C_t，调用安全乘法函数和安全加法函数对神经元状态进行更新。S_1 拥有当前单元格状态的一个共享分量，如式（8-17）所示。

$$
C_t' = f_t' \cdot C_{t-1}' + i_t' \cdot C_t' \tag{8-17}
$$

S_2 拥有当前单元格状态的另一个共享分量，如式（8-18）所示。

$$
C_t'' = f_t'' \cdot C_{t-1}'' + i_t'' \cdot C_t'' \tag{8-18}
$$

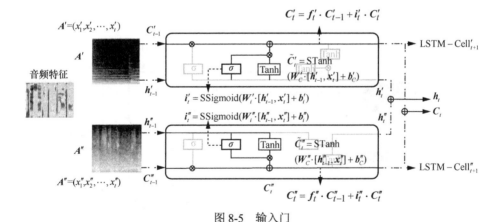

图 8-5　输入门

（4）输出门

输出门如图 8-6 所示，从上述分析可以得出，LSTM 网络的输出同时受长期记忆和当前输入的影响。获益于遗忘门的控制，网络可以在很长一段时间内保存信息。由于输入门的存在，即将到来的新数据中无关紧要的内容会立即被丢弃。

上述事实导致了如下输出门的计算，利用输出权重矩阵 $\boldsymbol{W}_O$ 和输出偏置 $\boldsymbol{b}_O$ 计算候选输出向量。S_1 计算如式（8-19）所示。

$$
\begin{aligned}
\boldsymbol{O}_t' &= \mathrm{SSigmoid}(\boldsymbol{W}_O' \cdot [\boldsymbol{h}_{t-1}', \boldsymbol{x}_t'] + \boldsymbol{b}_O') \\
&= \mathrm{SSigmoid}(\boldsymbol{W}_{Oh}' \cdot \boldsymbol{h}_{t-1}' + \boldsymbol{W}_{Ox}' \cdot \boldsymbol{x}_t' + \boldsymbol{b}_O') \\
&= (1 + \mathrm{e}^{-\boldsymbol{W}_{Oh}' \cdot \boldsymbol{h}_{t-1}' - \boldsymbol{W}_{Ox}' \cdot \boldsymbol{x}_t' - \boldsymbol{b}_O'})^{-1}
\end{aligned} \tag{8-19}
$$

S_2 计算如式（8-20）所示。

$$
\begin{aligned}
\boldsymbol{O}_t'' &= \mathrm{SSigmoid}(\boldsymbol{W}_O'' \cdot [\boldsymbol{h}_{t-1}'', \boldsymbol{x}_t''] + \boldsymbol{b}_O'') \\
&= \mathrm{SSigmoid}(\boldsymbol{W}_{Oh}'' \cdot \boldsymbol{h}_{t-1}'' + \boldsymbol{W}_{Ox}'' \cdot \boldsymbol{x}_t'' + \boldsymbol{b}_O'') \\
&= (1 + \mathrm{e}^{-\boldsymbol{W}_{Oh}'' \cdot \boldsymbol{h}_{t-1}'' - \boldsymbol{W}_{Ox}'' \cdot \boldsymbol{x}_t'' - \boldsymbol{b}_O''})^{-1}
\end{aligned} \tag{8-20}
$$

然后，最终的输出由候选输出 $\boldsymbol{O}_t$ 和当前单元状态 $\boldsymbol{C}_t$ 确定，采用安全乘法函数和安全 Tanh 函数，S_1 计算如式（8-21）所示。

$$
\boldsymbol{h}_t' = \boldsymbol{O}_t' \cdot \mathrm{STanh}(\boldsymbol{C}_t') = \boldsymbol{O}_t'(1 - 2(1 + \mathrm{e}^{2\boldsymbol{C}_t'})^{-1}) \tag{8-21}
$$

S_2 计算如式（8-22）所示。

$$
\boldsymbol{h}_t'' = \boldsymbol{O}_t'' \cdot \mathrm{STanh}(\boldsymbol{C}_t'') = \boldsymbol{O}_t''(1 - 2(1 + \mathrm{e}^{2\boldsymbol{C}_t''})^{-1}) \tag{8-22}
$$

然后将 $\boldsymbol{h}_t'$ 和 $\boldsymbol{h}_t''$ 作为反馈发送到智能物联网设备 I。I 可以把它们加起来以解密密文，即 $\boldsymbol{h}_t = \boldsymbol{h}_t' + \boldsymbol{h}_t''$。

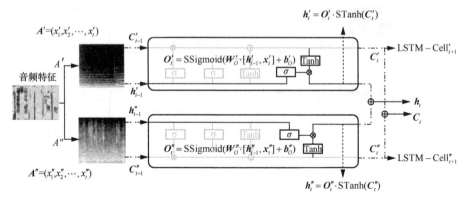

图 8-6　输出门

2. LSTM 网络的安全反向传播

（1）高斯初始化

LSTM 网络训练的起点始终是权重矩阵的初始化。使用适当的初始化方法不仅可以提高结果的精度，而且可以提高收敛速度，避免出现梯度消失和爆炸的问题。在 LSTM 网络中，最常用的初始化方法是随机高斯初始化。因此，必须给出一种输出服从高斯分布的安全随机生成器。在随机生成算法中，Box Muller 方法是最有效的一种算法，可以将可信第三方 T 生成的均匀分布随机数直接转化为高斯分布随机数。因此，这里利用基于秘密共享的计算函数对 Box Muller 方法进行重构，构建了一种安全随机高斯初始化函数 GInit($\cdot$)。

初始化阶段。T 生成两个均匀随机数 θ 和 r，r 满足 0<r<1。然后，它们被拆分成共享值 $\theta = \theta_1 + \theta_2$ 和 $r = r_1 + r_2$，并将 θ_i 和 r_i 发送到相应的边缘服务器 S_i 处。

随机数生成。令 $r_1 = 1 - r_1$ ，S_1 和 S_2 协同计算 $p_i = \text{SecLog}(r)$ 和 $q_i = \text{SecSqrt}(-2 \cdot p)$，并采用 $u_i = \text{SecSin}(2\pi\theta)$ 和 $v_i = \text{SecCos}(2\pi\theta)$ 处理 θ。然后，通过调用两次安全乘法协议来计算 $o_1 = \text{SecMul}(q, u)$ 和 $o_2 = \text{SecMul}(q, v)$，$o_1$ 和 o_2 是两个随机数，属于两个独立的高斯分布。为了初始化权重矩阵，这里必须重复执行这个函数，直到分配完所有值。

注意，除了在第 8.4.1 节中给出的安全函数外，还必须在 GInit($\cdot$) 中使用安全正弦函数 SecSin($\cdot$) 和安全余弦函数 SecCos($\cdot$)。它们都可以用两个相似的麦克劳林级数来计算，如式（8-23）和式（8-24）所示。

$$\sin(x) = \sum_{i=0}^{\infty} \frac{(-1)^n}{2i+1} x^{(2i+1)!} \qquad (8\text{-}23)$$

$$\cos(x) = \sum_{i=0}^{\infty} \frac{(-1)^n}{2i} x^{(2i)!} \qquad (8\text{-}24)$$

可以发现，这两个求和计算式与在设计安全自然对数函数 SecLog($\cdot$) 时使用的级数基本相同。简洁起见，这里不讨论这两个函数的细节。

（2）基于 BPTT 的 LSTM 网络计算

LSTM 网络的训练过程基于 BPTT 算法。幸运的是，Sigmoid 函数 $\sigma(x)$ 和 Tanh 函数 Tanh(x) 的数学性质满足 $\sigma'(x) = \sigma(x)(1 - \sigma(x))$ 和 $\text{Tanh}'(x) = 1 - \text{Tanh}^2(x)$，这意味着它们的导数是原函数的一种变体。此外，BPTT 算法是梯度下降（GD, Gradient Descent）算法的应用之一。GD 算法由导数的线性运算组成。因此，可以简单地使用原始的函数 $\sigma(x)$ 和 Tanh(x) 表示基于 BPTT 的 LSTM 网络训练过程。也就是说，LSTM 网络的安全训练过程可以简单地通过调用加法秘密共享协议来实现，就像在 FP 中所完成的那样。简洁起见，这里没有给出详细的推导过程，只列出了最终计算式。对于原始的权重矩阵训练，可以反复调用安全随机高斯初始化函数 GInit($\cdot$) 对其进行初始化。另外，基于 BPTT 的 LSTM 网络训练过程如图 8-7 所示。考虑加密的音频特征 A_1 和 A_2，边缘服务器首先完成了 LSTM 网络神经元的安全 FP 计算。然后，根据 FP 的计算结果，在可信第三方的帮助下，执行安全 BPTT

的迭代协议，将加密的遗忘信息或其他信息输出给语音识别服务供应商。特别需要注意的是，BPTT 的计算方向与 FP 的计算方向相反。

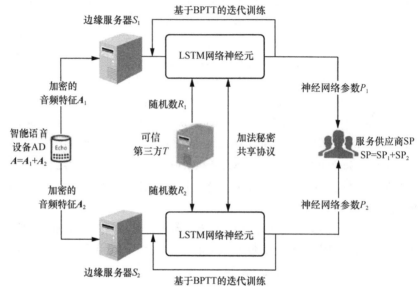

图 8-7　基于 BPTT 的 LSTM 网络训练过程

假设隐私保护的 LSTM 的 FP 迭代过程已经完成，令 δ_{t-1} 表示在时间 $t-1$ 时的误差向量，它可以通过对 t 时刻输出 h_t 的偏导函数来进行计算，如式（8-25）所示。

$$\delta_{t-1} = \delta_{O,t}W_{Oh} + \delta_{f,t}W_{fh} + \delta_{i,t}W_{ih} + \delta_{\tilde{C},t}W_{Ch} = f(h_{t-1}) \tag{8-25}$$

分别用 $\delta_{O,t}$、$\delta_{f,t}$、$\delta_{i,t}$ 和 $\delta_{\tilde{C},t}$ 表示 h_{t-1} 的偏导数，它们可以采用加法秘密共享协议来进行计算，如式（8-26）～式（8-30）所示。其中，C_t、f_t、i_t 和 O_t 是在 FP 过程中得到的，δ_t 表示在时间 t 的误差向量。

$$\delta'_{O,t}, \delta''_{O,t} = \delta_t \cdot \text{STanh}(C_t) \cdot O_t \cdot (1 - O_t) \tag{8-26}$$

$$\delta'_{f,t}, \delta''_{f,t} = \delta_t \cdot O_t \cdot \text{STanh}(C_t) \cdot C_{t-1} \cdot f_t \cdot (1 - f_t) \tag{8-27}$$

$$\delta'_{i,t}, \delta''_{i,t} = \delta_t \cdot O_t \cdot \text{STanh}'(C_t) \cdot \tilde{C} \cdot i_t \cdot (1 - i_t) \tag{8-28}$$

$$\delta'_{\tilde{C},t}, \delta''_{\tilde{C},t} = \delta_t \cdot O_t \cdot \text{STanh}'(C_t) \cdot i_t \cdot (1 - \tilde{C}^2) \tag{8-29}$$

$$\text{STanh}'(C_t) = 1 - \text{STanh}(C_t)^2 \tag{8-30}$$

给定误差之和 $\kappa \in \{O, f, i, C\}$、权重矩阵 W_κ 及偏置 b_κ 的梯度计算式如式（8-31）～

式（8-33）所示，其中 ∇ 表示梯度符号，满足 $[\nabla W_{\kappa h}, \nabla W_{\kappa x}] = \nabla W_{\kappa} = [\nabla W'_{\kappa h} + \nabla W''_{\kappa h}, \nabla W'_{\kappa x} + \nabla W''_{\kappa x}]$。令批处理大小为 k，原始误差向量为 $\delta_k = 1$，通过迭代式（8-33）可以在 k 时刻之前得到误差。

$$\nabla W'_{\kappa h}, \nabla W''_{\kappa h} = \sum_{i=1}^{k} \mathrm{SecMul}(\delta_{\kappa,j}, h_{t-1}) \tag{8-31}$$

$$\nabla W'_{\kappa x}, \nabla W''_{\kappa x} = \mathrm{SecMul}(\delta_{\kappa,j}, x_t) \tag{8-32}$$

$$\nabla b'_{\kappa}, \nabla b''_{\kappa} = \sum_{j=1}^{k} \delta_{\kappa,j} \tag{8-33}$$

假设 LSTM 网络的学习率是 LR，并且是公开可用的。然后，可以使用梯度值来更新权重矩阵和偏置。

$$W'_{\mathrm{new},\kappa}, W''_{\mathrm{new},\kappa} = W_{\mathrm{old},\kappa} - \nabla W_{\kappa} \cdot \mathrm{LR} \tag{8-34}$$

$$b'_{\mathrm{new},\kappa}, b''_{\mathrm{new},\kappa} = b_{\mathrm{old},\kappa} - \nabla b_{\kappa} \cdot \mathrm{LR} \tag{8-35}$$

与 FP 不同的是，在 BPTT 中，所有加密参数都会被发送给智能物联网语音控制服务供应商 SP，而不是智能物联网设备 I，因为这些信息具有很高的商业价值，服务供应商不愿意与他人共享。同时，它们也满足加法运算性质，并且可以通过将共享值相加来解密。

3. 多方计算的可行性

将 OPSR 部署在安全两方计算设置下，如果引入更多的边缘服务器，在当前设置下是不可用的，需要进一步讨论扩展到多方计算的可行性。OPSR 完全基于 4 种基本的安全函数，为了维持秘密共享的可加性，可以利用麦克劳林级数和 Newton-Raphson 迭代方法来近似这些函数，近似函数仅由加法和乘法组成。对于加法，证明它可以由多个参与者安全地计算是很简单的。因此，OPSR 多方计算的可行性在很大程度上取决于 SecMul(·)。然后，由于 SecMul(·) 最初是为文献[24] 中的多方计算设置设计的，因此可以推断，如果引入更多的边缘服务器，OPSR 仍然可以完成部署。

🔍 8.5　理论分析

8.5.1　OPSR 的正确性

在 OPSR 开始运行时，原始音频特征 A 被拆分为 $A = A_1 + A_2$。然后，采用设计的安全计算协议对 A 进行大量的线性运算和非线性运算。严格地说，最终

的输出 p 和 f 可能不等于原始算法的值。下面给出了理论推导来证明 OPSR 的输出是精确的值。

首先，在第 8.4.1 节中给出的安全函数已经被证明，无论调用多少次，输出仍然是正确的。其次，除 SecCon(·) 外，给出的 SecExp(·)、SecInv(·)、SecSqrt(·)、SecLog(·) 利用主流数学软件中常用的算法来逼近实际的输出。同时，除 SecInv(·) 外，所有函数的运算都基于乘法运算和加法运算。对于 SecInv(·)，它实际上调用了一个额外的函数 Secretc(·)，它也是所设计的 4 个函数之一。因此，理论上，如果功率允许，该函数可以达到任意精度。只要精度达到神经网络通常要求的程度，就可以说函数是可加的，与原函数一样正确。激活函数 SSigmoid(·) 和 STanh(·) 是上述函数的线性组合。这意味着它们的输出 φ 满足 $\varphi = \varphi_1 + \varphi_2$。最后可以得出如下结论：将给定 Ψ 作为一个任意的函数，有 $\Psi = \Psi_1 + \Psi_2$，仅当 $\Psi = \psi(\chi_1, \chi_2, \cdots)$ 时，这里 ψ 是任意线性映射，$\chi_i (i = 1, 2, \cdots)$ 可以是任意安全函数。根据推理，可以保证 $p = p_1 + p_2$ 和 $f = f_1 + f_2$，因为 FP 和 BPTT 可以被视为 Ψ 函数。

8.5.2　OPSR 的安全性

为了证明本章协议的安全性，首先给出半诚实模型安全性[17]的正式定义。

定义 8.1　如果存在一个 PPT 模拟器 S，且 S 能在现实世界中为敌手 $\mathcal{A}$ 生成一个视图，若该视图与它的真实视图在计算上不可区分，那么可以说协议 π 是安全的。

此外，除了在第 8.4.1 节中提到的引理 8.1 外，还需要以下引理。

引理 8.2[25]　如果随机元素 r 均匀分布在 $\mathbb{Z}_n$ 上，且与任意变量 $x \in \mathbb{Z}_n$ 无关，则 $r \pm x$ 也是均匀随机的，且与 x 无关。

引理 8.3　在半诚实模型中，SecAdd、SecMul 和 SecCmp 协议是安全的。

由于 SecCon 协议只在本地执行，因此，根据定义 8.1 证明它的安全性非常简单。只需要证明其他协议的安全性。

定理 8.1　在半诚实模型中，SecExp、SecInv、SecSqrt 和 SecLog 协议是安全的。

证明　在 SecExp 中，给定迭代数量 τ，S_1 持有 $\text{View}_1 = (u_1, \mathcal{G}_1', \mathcal{F}_1', \epsilon_1)$，其中 $\mathcal{G}' = \{\xi_0', \xi_1', \cdots, \xi_\tau'\}$，$\mathcal{F}_1' = \{\varphi_0', \varphi_1', \cdots, \varphi_{\tau-1}'\}$，$\xi_i'$ 和 φ_i' 分别为 SecMul 和 SecAdd 的输出。同时，给定 u_1，可以得到下一次迭代的输入。根据引理 8.3，可以保证 $\mathcal{G}_1'$ 和 $\mathcal{F}_1'$ 是均匀随机值的集合。因此，这些算法都能被 S 完美地模拟出来，并且不能在 PPT 内被 $\mathcal{A}$ 区分。类似地，S_2 持有 View_2，这是可模拟的和不可区分的。正如在第 8.4 节中所提到的，其他 3 个协议是通过类似的多项式来实现的，这些多项式是由 SecAdd、SecMul、SecCmp 可证明安全的协议组成的。

定理 8.2　在半诚实模型中，SSigmoid 和 STanh 协议是安全的。

证明　对于 SSigmoid，S_1 和 S_2 的视图分别为 $\text{View}_1 = (u_1, q_1)$ 和 $\text{View}_2 = (u_2, q_2)$。最后输出 $\sigma_i = \text{SecInv}(f) = \text{SecInv}(1 + \text{SecExp}(-u))$。因为 SecInv 和 SecExp 在定理 8.1

中被证明是安全的，σ_i 和 u_i 是均匀随机的和可模拟的。因此，View_1 是可模拟的，$\mathcal{A}$ 在计算上不可区分该视图与 S 模拟的视图。类似地，对于 View_2，S 还可以在 PPT 内生成 $\mathcal{A}$ 在计算上不可区分的模拟视图。因此，可以得出结论，SSigmoid 在半诚实模型中是安全的。此外，由于 $\text{STanh}(u) = 2\text{SSigmoid}(2u) - 1$，STanh 可以根据 SSigmoid 的输出进行本地计算，不需要执行任何协议来交换数据。因此，STanh 与 SSigmoid 具有相同的安全性。

定理 8.3　在半诚实模型中，用于 LSTM 网络 FP 的交互协议是安全的。

证明　在 FP 过程中，最后利用可模拟的构造块 SSigmoid 或 STanh 计算出 3 个门的所有输出。从 SecAdd 和 SecMul 的计算结果可以得到这两个安全函数的输入，根据引理 8.2 和引理 8.3，所有的输入都可以看作随机元素，这意味着它们也可以被 S 模拟。然后，由于定理 8.2 证明 SSigmoid 和 STanh 协议是安全的，可以推断出交互协议的真实视图和 S 模拟的视图对敌手在计算上是不可区分的。

定理 8.4　在半诚实模型中，用于 LSTM 网络 BPTT 的交互协议是安全的。

证明　与 FP 相比，BPTT 中唯一的计算差异是 GInit。因此，为了证明 BPTT 中交互协议的安全性，只需要证明 GInit 在半诚实模型中是安全的，另一个证明与定理 8.3 的证明完全相同。关于 GInit，S_1 的真实视图是 $\text{View}_1 = (\theta_1, r_1, p_1, o_1, u_1, v_1)$，其中 θ_1 和 r_1 是由可信第三方统一生成的随机值，其他是在定理 8.1 和引理 8.3 中被证明是安全协议的输出。因此，S_1 的真实视图是可模拟的，且与 S 生成的模拟视图在计算上是不可区分的。类似地，可以证明 View_2 也是可模拟的，且 $\mathcal{A}$ 在 PPT 内不能区分它们。

🔍 8.6　性能评估

本节给出了基于加法秘密共享的安全 Sigmoid/Tanh 函数和隐私保护 LSTM 网络交互协议的实验结果。为了实现本章介绍的 OPSR，这里使用 NumPy 库在 Python3 中并行计算矩阵。音频数据是 TIMIT 语料库的一部分，具有 123 个系数，来自一个基于傅里叶变换的滤波器库[26]。所有数据都在 Raspberry Pi 3 Model B（RP3B）嵌入式芯片上加密，该芯片在 Dueros 的智能设备[24]开放平台上被广泛使用。然后，将加密数据发送到两台边缘服务器处，提供给隐私保护 LSTM 网络训练和预训练的物联网语音识别服务。每台服务器都配备 Intel (R) Core (TM) i5-7400CPU @3.00GHz 和 8.00GB 的运行内存。

8.6.1　OPSR 的性能

OPSR 由安全 FP 和安全 BPTT 两部分组成。对于一个预训练的 LSTM 网络，只需要进行正向计算训练。但是对于训练网络的过程，两者都需要计算。因此，这里尝试比较它们在不同条件下的表现，以评估他们的准确性和效率。

在计算过程中，FP 和 BPTT 迭代调用安全 Sigmoid 函数和安全 Tanh 函数。在经过一系列线性和非线性运算后，其误差会不断扩大，导致最终输出不准确。FP 和 BPTT 的计算误差如图 8-8 所示，对于第 8.4.1 节中的安全函数，从图 8-8（a）中可以看出，随着迭代次数 λ 的增加，FP 和 BPTT 误差的减小慢于安全 Sigmoid 函数。然而，FP 和 BPTT 的计算误差要小得多，这是由于在本章中采用了初始化权重矩阵方法。在本节的实验中，权重矩阵被设置为 $-10^{-2} \sim 10^{-2}$ 的高斯分布随机数，这是在神经网络训练中常用的一种方法，有助于提高收敛速度。此外，从图 8-8（b）中可以看出，训练步骤的数量几乎无法影响 OPSR 的误差。这样，可以保证误差不会随着神经网络的收敛而增大。进一步证明了 OPSR 对神经网络训练是有效的，只需要几次迭代，误差完全可以忽略不计。

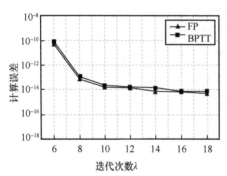
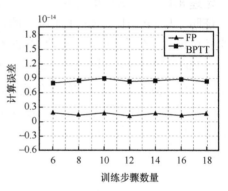

（a）不同迭代次数λ下安全Sigmoid函数的误差　　（b）不同训练步骤数量下LSTM网络的误差（λ=10）

图 8-8　FP 和 BPTT 的计算误差

此外，本节评估了隐私保护框架的效率和开销。在给定数据比特长度为 l=32 和迭代次数为 10 的情况下，将具有 123 个特征的 2000 个音频数据样本应用到具有 32 个神经单元的 LSTM 网络中，将时间步长设为 8。因此，权重矩阵 $W_{K,K} \in \{O, f, i, C\}$ 的大小是 155×32，输出 w 大小为 8×32，偏置向量大小为 1×32。每个训练样本的运行时间和隐私保护 LSTM 网络的通信开销见表 8-2，每个训练样本每轮迭代不超过 0.2s 的运行时间和约 0.94MB 的通信开销。本地智能语音控制设备 RP3B 在加密时的额外开销约为 1ms，主要用于生成随机值。特别地，在本章的框架中，BPTT 阶段的通信开销要比 FP 阶段的通信开销小得多，这是因为最耗时的操作 $\mathrm{Res}_{\mathrm{inter}} = \delta_t \cdot O_t \cdot \mathrm{STanh}'(C_t)$ 只需要计算一次，这也解释了为什么本节没有在表 8-3 中分别列出 BPTT 每个门的运行时间和通信开销。

表 8-2　每个训练样本的运行时间和隐私保护 LSTM 网络的通信开销

阶段	每个样本的运行时间/ms		每个样本的通信开销/MB	
	初始化	迭代	初始化	迭代
RP3B 加密	0.9	—	—	—
FP 阶段	92.95	189.39	1.08	0.94
BPTT 阶段	37.16	74.78	0.39	0.25

接下来，评估由两台边缘服务器执行的隐私保护 LSTM 网络中 3 个门的性能。处理每个训练样本时每个 LSTM 网络门的运行时间和通信开销见表 8-3。可以发现，由于采用了高效的并行算法，这 3 个门的运行时间和通信开销都很小。理论上，给定迭代次数 l，遗忘门、输入门和输出门的通信开销分别为 $3l+2$、$6l+6$ 和 $6l+3$。假设相应矩阵的平均长度为 n，那么 3 个门有相同的通信开销复杂度 $O(l \cdot n^2)$。值得注意的是，FP 中 3 个门的大部分操作都是不相关的。因此，可以通过并行计算来进一步提高框架的效率。

表 8-3　处理每个训练样本时每个 LSTM 网络门的运行时间和通信开销

门	FP			
	每个样本的运行时间/ms		每个样本的通信开销/MB	
	初始化	迭代	初始化	迭代
遗忘门	12.48	25.44	0.246	0.218
输入门	45.97	93.67	0.503	0.445
输出门	34.49	70.28	0.334	0.279

与相关方案的运行时间和通信开销对比见表 8-4，不同方案的对比见表 8-5，可以看出，物联网语音识别明文框架与后 3 种框架之间最大的区别在于语音特征数据缺乏安全性和私密性。同时，传统框架无法支持服务供应商安全地使用不受信任的第三方服务器。此外，关于计算开销，基于同态加密的框架比基于加法秘密共享的框架效率更低。为了处理扬声器的一帧语音数据，基于同态加密的隐私保护高斯混合模型（GMM）方案[13]需要 1073.47ms，而 Smaragdis 等人[12]提出的隐私保护隐马尔可夫模型（HMM）方案的运行时间和通信开销是 OPSR 方案的两倍多。对于明文方案，由于缺乏隐私保护机制，其效率远高于隐私保护方案。但是，正如第 8.1 节中提到的，在应用程序中必须面对更大的安全风险。近年来，与传统的 HMM 和 GMM 相比，基于 LSTM 网络的模型具有更高的精度和更广泛的应用。因此，在保护隐私的同时，OPSR 在准确性和效率上均优于现有工作。

表 8-4　与相关方案的运行时间和通信开销对比

	每个样本的运行时间/ms	每个样本的通信开销/MB
OPSR 方案	395.18	2.435
明文方案[27]	17.23	0
基于同态的 GMM[13]	1073.47	47.6
基于两方的 HMM[12]	874.49	6.61

表 8-5　不同方案的对比

	安全和隐私	可加性	效率	支持深度学习	服务器开源
明文方案[27]	×	√	√	√	√
基于同态的 GMM[13]	√	√	×	×	√
基于两方的 HMM[12]	√	√	√	×	√
OPSR 方案	√	√	√	√	√

8.6.2　保密 LSTM 网络交互协议的性能

由于采用迭代法实现 SSigmoid 函数或 STanh 函数,因此,在安全 LSTM 网络中,每个门最耗时的操作是计算这些函数。此外,如前所述,STanh 函数可以通过本地计算 SSigmoid 函数得到。这里,主要评估 SSigmoid(·)的性能,STanh(·)的性能与之基本相同。

为了计算 SSigmoid 函数中的 $f(x)=e^x$ 和 $f(x)=1/x$,本节在框架中引入了 SecExp(·)和 SecInv(·)的迭代,这就不可避免地导致了输出的误差。在图 8-9 中给出了不同迭代次数 λ 下计算误差的变化情况,可以看出,当迭代次数为 10 时,计算误差仅为 10^{-9},在实际计算中完全可以忽略不计。因此,在接下来的实验中,本节将迭代次数默认设置为 10。安全平方根函数 SecSqrt(·)和安全对数函数 SecLog(·)分别使用与 SecInv(·)和 SecExp(·)相同的近似方法。因此,它们的计算误差和收敛性也是相同的,这里不再赘述。

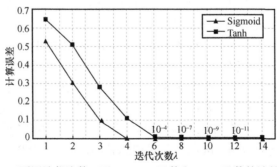

图 8-9　不同迭代次数 λ 下 Sigmoid 函数和 Tanh 函数的计算误差

由于数据精度和安全性受比特长度 l 的影响较大，本节对 SSigmoid 函数在不同情况下的运行时间变化进行了实验。注意，初始化和迭代的运行时间不仅与 SSigmoid 的不同阶段有关，还与 SecMul 有关，通信开销的计算也是如此。如图 8-10（a）和图 8-10（b）所示，运行时间和通信开销都随着比特长度 l 的增加而增加。然而，它们的单位仍然是 ms 和 KB，这在实际应用中是完全可以接受的，通常智能物联网设备的语音识别允许几秒的时延。特别地，如果需求的安全级别不是很高，在 l=32 时就足以保护隐私。因此，在以下实验中均设置 $l = 32$。

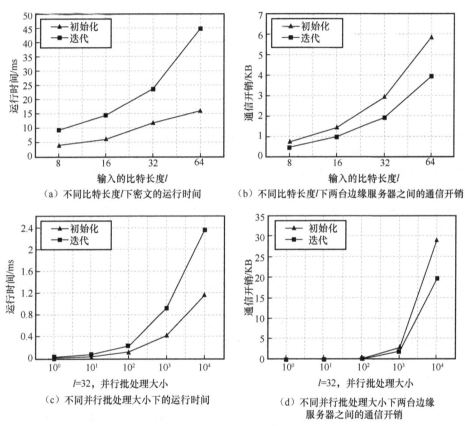

（a）不同比特长度 l 下密文的运行时间　　（b）不同比特长度 l 下两台边缘服务器之间的通信开销

（c）不同并行批处理大小下的运行时间　　（d）不同并行批处理大小下两台边缘服务器之间的通信开销

图 8-10　SSigmoid 函数性能

在神经网络中，数据通常采用向量或矩阵表示，如果一次只能处理一个元素，则效率太低了。在 NumPy 的帮助下，本节进一步并行评估了 SSigmoid 函数的性能。如图 8-10（c）所示，虽然 SSigmoid 函数的运行时间随着并行批处理大小的增加而增加，但增加的速度比较慢，当并行批处理大小扩展 10^4 倍时，其运行时间仅增加约 10^2 倍。然而，不可避免的是，通信开销的增长与并行批处理大小成正比，如图 8-10（d）所示。

🔍 8.7　本章小结

本章介绍了一种基于秘密共享的隐私保护 LSTM 网络密态计算方法[17]。在基于加法秘密共享的线性和非线性子协议的基础上，首先分别为 LSTM 网络的每个门设计了相应的安全交互协议。该协议将音频特征数据随机拆分为多个秘密共享值，在密态环境下对所有数据进行有效处理。因此，所有参与者的隐私都可以得到保护。与基于同态加密和混淆电路的框架相比，OPSR 大大降低了隐私保护计算开销和通信开销。

参考文献

[1]　RISTESKA STOJKOSKA B L, TRIVODALIEV K V. A review of Internet of Things for smart home: challenges and solutions[J]. Journal of Cleaner Production, 2017(140): 1454-1464.

[2]　LIN J P, NIU J W, LI H. PCD: a privacy-preserving predictive clinical decision scheme with E-health big data based on RNN[C]//Proceedings of the 2017 IEEE Conference on Computer Communications Workshops (INFOCOM WKSHPS). Piscataway: IEEE Press, 2017: 808-813.

[3]　YUAN X J, CHEN Y X, ZHAO Y, et al. CommanderSong: a systematic approach for practical adversarial voice recognition[EB]. 2018.

[4]　SZEGEDY C, LIU W, JIA Y Q, et al. Going deeper with convolutions[C]//Proceedings of the 2015 IEEE Conference on Computer Vision and Pattern Recognition (CVPR). Piscataway: IEEE Press, 2015: 1-9.

[5]　TAKASHIMA R, KAWAGUCHI Y, SUN Q H, et al. An application of noise-robust speech translation using asynchronous smart devices[C]//Proceedings of the 2017 Asia-Pacific Signal and Information Processing Association Annual Summit and Conference (APSIPA ASC). Piscataway: IEEE Press, 2017: 1592-1595.

[6]　SHANTHAMALLU U S, SPANIAS A, TEPEDELENLIOGLU C, et al. A brief survey of machine learning methods and their sensor and IoT applications[C]//Proceedings of the 2017 8th International Conference on Information, Intelligence, Systems & Applications (IISA). Piscataway: IEEE Press, 2017: 1-8.

[7]　WAHLSTER W. Verbmobil: foundations of speech-to-speech translation[EB]. 2013.

[8]　HE X D, DENG L. Speech recognition, machine translation, and speech translation—a unified discriminative learning paradigm[lecture notes[J]. IEEE Signal Processing Magazine, 2011, 28(5): 126-133.

[9]　BAHDANAU D, CHO K, BENGIO Y. Neural machine translation by jointly learning to align and translate[EB]. 2014.

[10] NGUYEN T D, HUH E N, JO M. Decentralized and revised content-centric networking-based service deployment and discovery platform in mobile edge computing for IoT devices[J]. IEEE Internet of Things Journal, 2019, 6(3): 4162-4175.

[11] SATRIA D, PARK D, JO M. Recovery for overloaded mobile edge computing[J]. Future Generation Computer Systems, 2017(70): 138-147.

[12] SMARAGDIS P, SHASHANKA M V S. A framework for secure speech recognition[C]// Proceedings of the 2007 IEEE International Conference on Acoustics, Speech and Signal Processing - ICASSP '07. Piscataway: IEEE Press, 2007: IV-969-IV-972.

[13] PATHAK M A, RAJ B. Privacy-preserving speaker verification and identification using Gaussian mixture models[J]. IEEE Transactions on Audio, Speech, and Language Processing, 2013, 21(2): 397-406.

[14] FERNÁNDEZ S, GRAVES A, SCHMIDHUBER J. An application of recurrent neural networks to discriminative keyword spotting[C]//International Conference on Artificial Neural Networks. Heidelberg: Springer, 2007: 220-229.

[15] BONAWITZ K, IVANOV V, KREUTER B, et al. Practical secure aggregation for privacy-preserving machine learning[C]//Proceedings of the 2017 ACM SIGSAC Conference on Computer and Communications Security. New York: ACM Press, 2017: 1175–1191.

[16] DAMGÅRD I, ORLANDI C, SIMKIN M. Yet another compiler for active security or: efficient MPC over arbitrary rings[C]//Lecture Notes in Computer Science. Cham: Springer International Publishing, 2018: 799-829.

[17] MA Z, LIU Y, LIU X M, et al. Lightweight privacy-preserving ensemble classification for face recognition[J]. IEEE Internet of Things Journal, 2019, 6(3): 5778-5790.

[18] HOFHEINZ D, SHOUP V. GNUC: a new universal composability framework[J]. Journal of Cryptology, 2015, 28(3): 423-508.

[19] LINDELL Y, RIVA B. Blazing fast 2PC in the offline/online setting with security for malicious adversaries[C]//Proceedings of the 22nd ACM SIGSAC Conference on Computer and Communications Security. New York: ACM Press, 2015: 579-590.

[20] BEAVER D. Efficient multiparty protocols using circuit randomization[C]//Advances in Cryptology — CRYPTO'91. Heidelberg: Springer, 2007: 420-432.

[21] DAMGÅRD I, FITZI M, KILTZ E, et al. Unconditionally secure constant-rounds multi-party computation for equality, comparison, bits and exponentiation[C]//Theory of Cryptography. Heidelberg: Springer, 2006: 285-304.

[22] SOLA J, SEVILLA J. Importance of input data normalization for the application of neural networks to complex industrial problems[J]. IEEE Transactions on Nuclear Science, 1997, 44(3): 1464-1468.

[23] OGASAWARA E, MARTINEZ L C, DE OLIVEIRA D, et al. Adaptive normalization: a novel data normalization approach for non-stationary time series[C]//Proceedings of the 2010 International Joint Conference on Neural Networks (IJCNN). Piscataway: IEEE Press, 2010: 1-8.

[24] JIA K, KENNEY M, MATTILA J, et al. The application of artificial intelligence at Chinese

digital platform giants: Baidu, Alibaba and Tencent[J]. SSRN Electronic Journal, 2018.

[25] BOGDANOV D, LAUR S, WILLEMSON J. Sharemind: a framework for fast privacy-preserving computations[C]//European Symposium on Research in Computer Security. Heidelberg: Springer, 2008: 192-206.

[26] GRAVES A, MOHAMED A R, HINTON G. Speech recognition with deep recurrent neural networks[C]//Proceedings of the 2013 IEEE International Conference on Acoustics, Speech and Signal Processing. Piscataway: IEEE Press, 2013: 6645-6649.

[27] CHAN W, JAITLY N, LE Q, et al. Listen, attend and spell: a neural network for large vocabulary conversational speech recognition[C]//Proceedings of the 2016 IEEE International Conference on Acoustics, Speech and Signal Processing (ICASSP). New York: ACM Press, 2016: 4960-4964.